逻辑与形而上学教科书系列

模型论

ω-稳定理论与代数闭域

姚宁远 著

復旦大學出版社

前言

一般认为,模型论这门学科创立于 1930 年,源自 Tarski 的真理论. Tarski 在其论文 [21, 22] 中首次使用了“模型论”这个术语. 一直到 1960 年代,模型论都被归为“泛代数 + 数理逻辑”. 即模型论的研究对象是抽象的数学结构,这里的所谓“结构”来自“可定义集”,而经典的数学结构被认为只是一些特例. 模型论研究内容的一个转折点是 1960 年 Morley 对于范畴性定理的证明 [12]. 在 Morley 工作的基础上,Shelah 发展出了著名的分类理论,又被称作稳定性理论 [20]. 分类理论的思想是: 根据结构中是否能定义相应的组合对象(如树结构、序结构等)对结构进行分类. 在 1980 年代,Zil′ber 将组合几何与代数几何相结合,发展出了“几何稳定性理论”[18],奠定了代数几何的模型论基础. 在 1990 年代,著名的模型论学家 Hrushovski 应用稳定性理论中的工具,首次证明了代数闭域上的函数域的 Mordell-Lang 猜想 [4],引起了数学界的轰动.

模型论中对于域的研究也始于 Tarski,他主要研究了实数域理论(实闭域理论)和复数域理论(特征为零的代数闭域)的可判定性问题 [24]. 在稳定性理论的视角下,ω-稳定理论处于模型论版图的核心,而代数闭域是最典型的 ω-稳定理论. 当前模型论的一个重要研究方向就是试图在非稳定结构中推广稳定理论所具有的模型论性质. 从几何稳定性的角度来看,模型论学家 Zil′ber 认为范畴性理论本质上都来自代数闭域,这便是著名的 Zil′ber 猜想. 进一步地,Cherlin 和

Zil′ber 猜测具有有限 Morley 秩的单群都是代数闭域上的代数群,称为“Cherlin-Zil′ber 猜想”,至今未被解决,是模型论中最重要的猜想之一.

本书主要介绍了模型论的 ω-稳定理论以及模型论在代数闭域中的应用. 在教学实践中,我们发现很多具有一定逻辑基础、希望进一步学习模型论的学生,由于缺乏代数基础而无法深入学习模型论. 对模型论而言,代数方法和逻辑方法同样重要,模型论中很多概念是对某一类代数性质的抽象化,因此具体的代数例子对理解模型论概念至关重要. 基于这种考量,本书在第 5 章和第 6 章中用较大的篇幅介绍了相关的代数背景,并讨论了代数对象在模型论中的对应物,力图将两者融合. 本书适用于有一定数理逻辑基础,希望进一步学习模型论的高年级本科生或研究生. 我们假定读者了解诸如序数、基数等集合论的基本概念,可参考 [27] 的 1—6 章. 此外,读者也需要有一定的数理逻辑基础,可参考 [26] 的 1—6 章.

我们将在第 1 章快速回忆语言、公式、模型、紧致性等一阶逻辑的基本概念. 我们还将介绍型空间、饱和模型、齐次模型,并不加证明地给出它们的基本性质. 在本书的后续章节中,这些概念和性质将被经常使用. 在本章的最后两节,我们介绍了 Ramsey 定理和量词消去的判定方法. 在模型论中, Ramsey 定理经常被用来构造不可辨元序列. 本书的3.1节使用 Ramsey 定理证明了稳定理论中型的可定义性. 量词消去是模型论中非常重要的一个概念. 一般而言,要理解一个一阶结构,首先要理解其可定义集合,而量词消去将极大简化可定义集合的复杂性. 然而并非每个理论都具有量词消去,我们给出了一个更一般的“量词消去”版本,可以判断某一理论的模型的可定义集是否均来自某一类特殊可定义集的 Boole 组合.

第 2 章讨论了强极小理论,主要介绍了维数理论和虚元消去. 在模型论中,“维数”是一个非常重要的概念,用来刻画可定义集合的复杂度. 模型论学家总是希望在某一类理论中找到某种“维数”,并基于“维数”是否存在对理论进行分类. 强极小理论中的维数是代数维数, 在代数闭域中体现为超越度, 在向量空间理论中体现为线性维数, 从 ω-稳定理论的角度来看恰好是 Morley 秩. 对强极小理论而言, 有相同维数的模型是同构的, 也就是说其模型由其维数来决定. 我们常常需要面对这样一个问题: 一个可定义集 X 上的可定义等价关系 E 的商集 X/E 是否仍然是可定义的 (例如可定义群 G 关于其可定义子群 H 的陪集空间 G/H)? 我们称 X/E 中的元素为虚元. 如果以上问题的答案总是肯定的, 则称该理论具有虚元消去. 显然, 虚元消去是非常重要的性质. 在本章中, 我们证明了某一类强极小理论具有弱虚元消去, 这一点将用于证明代数闭域的虚元消去.

第 3 章讨论了 ω-稳定理论, 它包含了强极小理论, 其 Morley 秩可视作强极小理论中的代数维数的一种推广. 在代数闭域中, Morley 秩恰好就是 Krull 维数. 我们应用稳定理论中型的可定义性以及非分叉扩张的有限性, 证明了 Morley 秩的可定义性. 基于 Morley 秩, 我们讨论了 ω-稳定理论中的分叉独立性. 最后我们用有限等价定理对非分叉扩张给出刻画, 并证明了非分叉扩张在同构作用下相互共轭.

在第 4 章中, 我们首先研究了 ω-稳定群及其泛型, 证明了 ω-稳定群的结构本质上被其泛型决定, 推论4.4.4是这一结论的严格表述. 我们还证明了 Zil′ber 不可分解定理, 该定理是处理可定义群的有效工具. 在最后一节, 我们证明了 Hrushovski 群构型定理, 它表明: 若定义在型 p 上的运算满足某种构型, 则我们可以找到一个可解释群 G 使得 p 恰好是 G 的泛型. Hrushovski 群构型定理有着广泛的应用, Hrushovski 和 Pillay 基于该方法证明了实闭域和 p-进闭域上的可定义群在局部都是代数的 [5]. Hrushovski 群构型定理还可以被推广至一般的稳定理论, 乃至非稳定的情形. 读者可以参考 [16] 来了解更多细节.

从第 5 章开始, 我们介绍模型论在代数闭域中的应用. 在第 5 章中, 我们证明了代数闭域的量词消去、虚元消去, 以及 Hilbert 零点定理. 本章的最后两节建立了 k 上的型 p 和 k-不可约 Zariski 闭集 V_p 之间的一一对应, 这是本章的核心知识点. 作为推论, 我们得到了 k 上的 Zariski 闭集 V 上的型空间 $S_V(k)$ 与 V 的坐标环的谱 spec($k[V]$) 之间的对应关系. 本章的第 7 节和第 8 节的部分内容来自 [19], 读者可以参考 [19] 了解更多细节.

在第 6 章, 我们从模型论的角度研究了代数簇的性质. 由于代数闭域具有虚元消去, 因此 (抽象) 代数簇 V 的结构仍然是可定义的, 并且仿射代数簇的一些性质可以被推广, 如 $S_V(k)$ 中的型与 V 的 k-不可约闭子集一一对应. 我们还用模型论中量词消去的方法给出射影代数簇的完备性, 该证明思路来自 [23]. 另一方面, 我们证明了完备代数簇本质上也是射影代数簇 (Chow 引理). 此外, 本章还讨论了代数簇的光滑性以及完备代数簇在局部域上的紧致性.

第 7 章讨论代数群. 代数群是定义在代数闭域中的群, 因此都是 ω-稳定群. 我们在第 4 章中已经讨论过 ω-稳定群的很多性质了. 本章的重点是 Hrushovski-Weil 群块定理, 它为特征为零的代数闭域中的可定义群赋予一个代数簇结构, 从而证明了可定义群都是代数群. Pillay 应用该定理的证明思路, 证明了在序-极小结构和 p-进闭域中的可定义群具有一个 Nash 流行结构 [14, 17].

本书中 $\aleph_0$ 表示可数的无限基数, ω 表示第一个无限序数, $\mathbb{N}$ 表示自然数的集合. 这三个记号事实上是同一个集合, 只是强调的侧重点不同. 我们用 $\mathbb{Z}$, $\mathbb{N}^{>0}$, $\mathbb{Q}$, $\mathbb{R}$ 和 $\mathbb{C}$ 分别表示整数集合、正整数集合、有理数集合、实数集合及复数集合.

我首先要感谢复旦大学哲学学院给予的支持. 我还要特别感谢我的博士研究生张镇涛, 他从学术的角度认真地校对了本书, 并在证明细节和组织结构等多方面提出了非常有价值的建议. 最后, 我要衷心地感谢本书的责任编辑陆俊杰老师, 他对本书进行了细致的校对, 并提出了宝贵的修改意见. 陆老师的专业和耐心极大地提升了本书的质量.

目录

前言 **i**

1 一阶逻辑与模型论 **1**

1.1 一阶结构与一阶语言 1
1.2 一阶公式和语义 5
1.3 理论与模型 14
1.4 紧致性 17
1.5 型空间, 饱和性, 齐次性 20
1.6 Ramsey 定理与不可辨元序列 25
1.7 量词消去 30

2 强极小理论 **37**

2.1 预几何 37
2.2 强极小集合与强极小理论 40
2.3 多类型语言和虚元 50
2.4 典范参数 53
2.5 强极小理论的虚元消去 55

3 ω-稳定理论 **59**

3.1 稳定理论与型的可定义性 59
3.2 ω-稳定理论与 Morley 秩 68
3.3 分叉独立性 80

3.4 平稳性 84
3.5 有限等价关系定理 87

4 ω-稳定群 93

4.1 ω-稳定群 93
4.2 Zil′ber 不可分解定理 101
4.3 函数芽 107
4.4 典范函数芽与可定义群的构造 111
4.5 Hrushovski-Weil 群构形定理 116

5 代数闭域 123

5.1 交换环和域的基本性质 123
5.2 ω-稳定域 133
5.3 代数闭域的范畴性和量词消去 138
5.4 量词消去的推论 141
5.5 Noether 环与 Noether 空间 144
5.6 Zariski 闭集与 Hilbert 零点定理 155
5.7 Zariski 闭集的可定义性 162
5.8 Zariski 集的维数 166

6 代数簇 175

6.1 仿射代数簇, 拟仿射代数簇, 正则函数 175
6.2 代数簇 184
6.3 代数簇的切空间与光滑性 195
6.4 射影代数簇 207
6.5 射影代数簇的完备性 213
6.6 局部域上的完备代数簇 221

7 代数群 225

7.1 代数群 225

7.2 Abel 簇 230
7.3 代数群的仿射商群 233
7.4 Borel 群闭包定理与导群 240
7.5 Hrushovski-Weil 群块定理 243

参考文献 **253**

索引 **257**

1

一阶逻辑与模型论

我们假设读者具有一定的数理逻辑基础,因此本章将快速地复习一阶逻辑的语法和语义,并且引入一些新的记号. 如果读者在阅读本章时感到困难,可以参考 [26] 的第 3—5 章.

1.1 一阶结构与一阶语言

定义 1.1.1. 一个**一阶结构** $\mathcal{M}$(简称结构)包含以下对象:

(i) 一个非空集合 M, 称为 $\mathcal{M}$ 的论域;

(ii) 一族集合 $\mathcal{R}^{\mathcal{M}} = \{R_i^{\mathcal{M}} \subseteq M^{n_i} | \, i \in I, \; n_i \in \mathbb{N}^{>0}\}$, 即每个 $R_i^{\mathcal{M}}$ 都是 M 上的一个 n_i-元关系;

(iii) 一族映射 $\mathcal{F}^{\mathcal{M}} = \{f_j^{\mathcal{M}} : M^{n_j} \to M | \, j \in J, \; n_j \in \mathbb{N}^{>0}\}$, 即每个 $f_j^{\mathcal{M}}$ 都是 M 上的一个 n_j-元映射;

(iv) 一个常数集合 $\mathcal{C}^{\mathcal{M}} = \{c_k^{\mathcal{M}} \in M | \, k \in K\}$.

一般记作 $\mathcal{M} = (M, \mathcal{R}^{\mathcal{M}}, \mathcal{F}^{\mathcal{M}}, \mathcal{C}^{\mathcal{M}})$. 结构 $\mathcal{M}$ 的基数指的是其论域 M 的基数 $|M|$, 记作 $|\mathcal{M}|$.

对于一个给定的结构 $\mathcal{M}=(M,\mathcal{R}^{\mathcal{M}},\mathcal{F}^{\mathcal{M}},\mathcal{C}^{\mathcal{M}})$,可以用相应的一阶语言来描述它.

定义 1.1.2. 设 $\mathcal{M}=(M,\mathcal{R}^{\mathcal{M}},\mathcal{F}^{\mathcal{M}},\mathcal{C}^{\mathcal{M}})$ 是定义 1.1.1 中给出的结构,则 $\mathcal{M}$ 的语言 $\mathcal{L}$ 包括以下符号:

(i) 关系符号集(或谓词符号集)$\mathcal{R}=\{R_i|\, i\in I\}$,其中 R_i 称为 n_i-元关系符号;

(ii) 函数符号集 $\mathcal{F}=\{f_j|\, j\in J\}$,其中 f_j 称为 n_j-元函数符号;

(iii) 常元符号集 $\mathcal{C}=\{c_k|\, k\in K\}$,其中每个 c_k 都称为常元符号.

此时,也称 $\mathcal{M}$ 是一个 $\mathcal{L}$-结构. 语言 $\mathcal{L}$ 的基数定义为 $|\mathcal{R}\cup\mathcal{F}\cup\mathcal{C}|+\aleph_0$,记作 $|\mathcal{L}|$.

反过来,也可以先给出一阶语言 $\mathcal{L}$,然后通过在一个非空集合 M 中解释 $\mathcal{L}$ 中的符号来得到一个 $\mathcal{L}$-结构 $\mathcal{M}=(M,\cdots)$.

例 1.1.3. 环的语言 $\mathcal{L}_{\text{ring}}=\{+,-,\times,u_0,u_1\}$,其中 $+,-$ 和 $\times$ 是 2-元函数符号,u_0 和 u_1 是常元符号,则 $\mathcal{Z}_{\text{ring}}=(\mathbb{Z},+,-,\times,0,1)$ 是一个 $\mathcal{L}_{\text{ring}}$- 结构.

序的语言 $\mathcal{L}_{\text{order}}=\{<\}$,其中 $<$ 是 2-元关系符号,则线序 $\mathcal{Z}_{\text{order}}=(\mathbb{Z},<)$ 是一个 $\mathcal{L}_{\text{order}}$-结构.

有序环的语言 $\mathcal{L}_{\text{o-ring}}=\{<,+,-,\times,u_0,u_1\}$,其中 $<$ 是 2-元关系符号,$+$ 和 $\times$ 是 2-元函数符号,u_0 和 u_1 是常元符号,则 $\mathcal{Z}_{\text{o-ring}}=(\mathbb{Z},<,+,-,\times,0,1)$ 是一个 $\mathcal{L}_{\text{o-ring}}$-结构.

定义 1.1.4. 设 $\mathcal{M}$ 和 $\mathcal{N}$ 是两个 $\mathcal{L}$-结构,论域分别为 M 和 N. 如果一个映射 $h:M\to N$ 满足:

(i) 对每个常元符号 $c\in\mathcal{L}$,都有 $h(c^{\mathcal{M}})=c^{\mathcal{N}}$;

(ii) 对每个 n-元的函数符号 $f \in \mathcal{L}$, 以及 $(a_1, \cdots, a_n) \in M^n$, 都有

$$h(f^{\mathcal{M}}(a_1, \cdots, a_n)) = f^{\mathcal{N}}(h(a_1), \cdots, h(a_n));$$

(iii) 对每个 n-元的关系符号 $R \in \mathcal{L}$, 以及 $(a_1, \cdots, a_n) \in M^n$, 都有

$$(a_1, \cdots, a_n) \in R^{\mathcal{M}} \implies (h(a_1), \cdots, h(a_n)) \in R^{\mathcal{N}},$$

则称 h 是 ($\mathcal{M}$ 到 $\mathcal{N}$ 的) **同态**. 用 $h : \mathcal{M} \to \mathcal{N}$ 来表示 h 是 $\mathcal{M}$ 到 $\mathcal{N}$ 的同态.

- 如果同态 $h : \mathcal{M} \to \mathcal{N}$ 是单射且对每个 n-元的关系符号 $R \in \mathcal{L}$, 以及 $(a_1, \cdots, a_n) \in M^n$, 都有 $(a_1, \cdots, a_n) \in R^{\mathcal{M}}$ 当且仅当 $(h(a_1), \cdots, h(a_n)) \in R^{\mathcal{N}}$, 则称 h 是 ($\mathcal{M}$ 到 $\mathcal{N}$ 的) **嵌入**.
- 如果嵌入 $h : \mathcal{M} \to \mathcal{N}$ 还是满射, 则称 h 是 ($\mathcal{M}$ 到 $\mathcal{N}$ 的) **同构**. 如果存在 $\mathcal{M}$ 到 $\mathcal{N}$ 的同构, 则称 $\mathcal{M}$ 与 $\mathcal{N}$ **同构**, 记作 $\mathcal{M} \cong \mathcal{N}$.

结构 $\mathcal{M}$ 到其自身的同构映射称为 $\mathcal{M}$ 的**自同构**. $\mathcal{M}$ 的所有自同构在映射复合下构成一个群, 记作 $\mathrm{Aut}(\mathcal{M})$, 称其为 $\mathcal{M}$ 的**自同构群**.

记号: 在本书中, 约定结构 $\mathcal{M}, \mathcal{N}, \mathcal{A}, \mathcal{B}, \mathcal{M}_i, \ldots$ 的论域分别为 $M, N, A, B, M_i, \cdots$. 为了方便表述, 在没有歧义的情况下, 我们直接用结构 $\mathcal{M}$ 的论域 M 代指结构本身.

定义 1.1.5. 设 $\mathcal{M}$ 和 $\mathcal{N}$ 是两个 $\mathcal{L}$-结构. 如果 $M \subseteq N$, 且包含映射 $i : M \to N$, $x \mapsto x$ 是 $\mathcal{M}$ 到 $\mathcal{N}$ 的嵌入, 则称 $\mathcal{M}$ 是 $\mathcal{N}$ 的 **$\mathcal{L}$-子结构** (简称子结构), 并且称 $\mathcal{N}$ 是 $\mathcal{M}$ 的**膨胀**, 记作 $\mathcal{M} \subseteq_{\mathcal{L}} \mathcal{N}$ 或 $\mathcal{N} \supseteq_{\mathcal{L}} \mathcal{M}$, 其中下标 $\mathcal{L}$ 也可以省略.

设 $\mathcal{M}$ 是一个 $\mathcal{L}$-结构, 且 $A \subseteq M$. 如果 A 满足:

(i) 对每个常元符号 $c \in \mathcal{L}$, 有 $c^{\mathcal{M}} \in M$;

(ii) 对每个 n-元函数符号 $f \in \mathcal{L}$, 有 $f^{\mathcal{M}}(A^n) \subseteq A$,

则 $\mathcal{L}$ 中的每个符号 X 在 M 中的解释 $X^{\mathcal{M}}$ 都可以自然地限制在 A 上, 从而得到一个论域为 A 的结构. 此时, 称 A 为 M 的子结构. 一般而言, 对任意的 $S \subseteq M$, 令 $\langle S \rangle_{\mathcal{M}}$ 是 $\mathcal{M}$ 的包含 S 的所有子结构之交, 容易验证 $\langle S \rangle_{\mathcal{M}}$ 也是 $\mathcal{M}$ 的子结构, 从而是包含 S 的最小的子结构. 称 $\langle S \rangle_{\mathcal{M}}$ 是由 S 生成的子结构. 如果 S 还是有限集, 则称 $\langle S \rangle_{\mathcal{M}}$ 是有限生成的. 特别地, 如果 $\mathcal{L}$ 是关系语言, 即 $\mathcal{L}$ 中没有常元符号和函数符号, 则 M 的每个非空子集 B 都可以被自然地解释为 M 的子结构.

定义 1.1.6. 设 $\mathcal{L}$ 是一个语言. 如果 $\mathcal{L}_0 \subseteq \mathcal{L}$, 则称 $\mathcal{L}_0$ 是 $\mathcal{L}$ 的子语言. 显然, 对任意的 $\mathcal{L}$-结构 M, 如果我们忘掉 $\mathcal{L} \backslash \mathcal{L}_0$ 中的符号在 M 中的解释, 则得到一个 $\mathcal{L}_0$-结构, 记作 $M \upharpoonright \mathcal{L}_0$. 称 $M_0 = M \upharpoonright \mathcal{L}_0$ 是 M 在 $\mathcal{L}_0$ 上的**约化**, 而 M 是 M_0 在 $\mathcal{L}$ 上的**扩张**.

扩张是模型论中常用的一种方法, 下面是一些典型的例子.

例 1.1.7. 设 $\mathcal{M}$ 是一个 $\mathcal{L}$-结构.

(i) 设 $R_0 \subseteq M^n$ 是 M 上的一个 n-元关系. 引入一个新的关系符号 X, 令 $\mathcal{L}' = \mathcal{L} \cup \{X\}$, 同时将 X 在 M 中解释为 $X^{\mathcal{M}}$, 则 $\mathcal{M}$ 被扩张为一个 $\mathcal{L}'$-结构 $\mathcal{M}'$, 一般记作 $\mathcal{M}' = (\mathcal{M}, X^{\mathcal{M}})$.

(ii) 设 $\{a_1, \cdots, a_m\} \subseteq M$, 并引入新的常元符号 $c_1, \cdots, c_m$, 令 $\mathcal{L}' = \mathcal{L} \cup \{c_1, \cdots, c_m\}$, 同时将每个 c_i 分别解释为 a_i, 则 $\mathcal{M}$ 被扩张为一个 $\mathcal{L}'$-结构 $\mathcal{M}'$, 一般记作 $\mathcal{M}' = (\mathcal{M}, a_1, \cdots, a_m)$.

(iii) 设 $A \subseteq M$. 将 A 的每个元素看成一个新的常元符号, 令 $\mathcal{L}_A = \mathcal{L} \cup A$, 同时将每个 $a \in A$ 在 M 中解释为 a 自己, 则 $\mathcal{M}$ 被扩张为一个 $\mathcal{L}_A$-结构 $\mathcal{M}_A$, 一般记作 $\mathcal{M}_A = (\mathcal{M}, a)_{a \in A}$.

设 $\mathcal{M}$ 是一个 $\mathcal{L}$-结构且 $A \subseteq M$, 则

$$\mathrm{Aut}(\mathcal{M}_A) = \{\sigma \in \mathrm{Aut}(\mathcal{M}) \mid \sigma(a) = a, \ \forall a \in A\},$$

即 Aut($\mathcal{M}_A$) 是所有保持 A 中各点不变的 $\mathcal{M}$ 的自同构. 它是 Aut($\mathcal{M}$) 的一个子群. 借用代数学中的记号, 我们也常把 Aut($\mathcal{M}_A$) 记作 Aut(M/A).

1.2 一阶公式和语义

1.2.1 一阶逻辑的项与公式

在上一节中, 我们介绍了一阶结构和其一阶语言. 在本节中, 我们主要讲述如何用语言描述结构的一阶性质. 先引入**项**的定义.

定义 1.2.1. 给定语言 $\mathcal{L}$, 则 $\mathcal{L}$-**项**可以根据如下规则递归定义:

(i) 每个常元符号 $c \in \mathcal{L}$ 都是 $\mathcal{L}$-项;

(ii) 每个变元符号 x 都是 $\mathcal{L}$-项;

(iii) 如果 $f \in \mathcal{L}$ 是 n-元函数符号且 $t_1, \cdots, t_n$ 是 $\mathcal{L}$-项, 则 $f(t_1, \cdots, t_n)$ 是 $\mathcal{L}$-项;

(iv) 每个 $\mathcal{L}$-项都是有限次应用 (**i**), (**ii**), (**iii**).

例 1.2.2. 令 $\mathcal{L}_{\text{ring}} = \{+, -, \times, 0, 1\}$, 实数域 $\mathcal{R} = \{\mathbb{R}, +, -, \times, 0, 1\}$ 是一个 $\mathcal{L}_{\text{ring}}$-结构, 则任何一个含有 n 个变元的 $\mathcal{L}_{\text{ring}}$-项 $t(x_1, \cdots, x_n)$ 都被解释为 $\mathbb{Z}$ 上的一个 n-元多项式函数. 事实上, 如果 $\mathcal{M} = \{M, +^{\mathcal{M}}, -^{\mathcal{M}}, \times^{\mathcal{M}}, 0^{\mathcal{M}}, 1^{\mathcal{M}}\}$ 是交换环, 令 $\mathbb{Z}^{\mathcal{M}} = \{u^{\mathcal{M}} | u\text{是不含变元的项}\}$, 则 $\{\mathbb{Z}^{\mathcal{M}}, +^{\mathcal{M}}, -^{\mathcal{M}}, \times^{\mathcal{M}}, 0^{\mathcal{M}}, 1^{\mathcal{M}}\}$ 是 $\mathcal{M}$ 最小的子结构, 它本身也是一个交换环, 而项 $t(x_1, \cdots, x_n)$ 总是被解释为 $\mathbb{Z}^{\mathcal{M}}$ 上的 n-元多项式函数.

注 1.2.3. 我们可以用"项"来重新描述子结构: 设 $\mathcal{M}$ 是一个结构,

$A \subseteq M$, 则 A 生成的子结构为

$$\{t^{\mathcal{M}}(a_1, \cdots, a_n) \mid t(x_1, \cdots, x_n)\text{是项}, a_1, \cdots, a_n \in A, n \in \mathbb{N}\}.$$

特别地, 如果 $\mathcal{M}$ 是一个交换环, 则 A 生成的子结构为

$$\{f(a) \mid f(x)\text{是}\mathbb{Z}^{\mathcal{M}}\text{上的多项式}, a \in A\}.$$

有了项的概念, 就可以定义公式了.

定义 1.2.4. 给定语言 $\mathcal{L}$, 则 $\mathcal{L}$-**公式**可以根据如下规则递归定义:

(i) 如果 t_1 和 t_2 是 $\mathcal{L}$-项, 则 $t_1 = t_2$ 是 $\mathcal{L}$-公式;

(ii) 如果 $R \in \mathcal{L}$ 是 n-元关系符号且 $t_1, \cdots, t_n$ 是 $\mathcal{L}$-项, 则 $R(t_1, \cdots, t_n)$ 是 $\mathcal{L}$-公式;

(iii) 如果 ϕ 和 ψ 是 $\mathcal{L}$-公式, 则 $\neg\phi$, $(\phi \vee \psi)$ 和 $(\phi \wedge \psi)$ 都是 $\mathcal{L}$-公式;

(iv) 如果 ϕ 是 $\mathcal{L}$-公式, 则 $\forall x_i \phi$ 和 $\exists x_i \phi$ 都是 $\mathcal{L}$-公式;

(v) 所有的公式都是由有限次应用规则 (**i**), (**ii**), (**iii**), 以及 (**iv**) 得到的.

我们把由前两个规则 (**i**) 和 (**ii**) 得到的公式称为**原子 $\mathcal{L}$-公式**.

定义 1.2.5. 设 x 是一个变元符号, 我们递归地定义 x 在 $\mathcal{L}$-公式 ϕ 中**自由出现**:

(i) 如果变元 x 没有在公式 ϕ 中, 则 x 总是在 ϕ 中自由出现;

(ii) 如果 ϕ 是原子公式, 则 x 总是在 ϕ 中自由出现;

(iii) 如果 ϕ 是 $\neg\psi$, 则 x 在 ϕ 中自由出现当且仅当 x 在 ψ 中自由出现;

(iv) 如果 ϕ 是 $(\theta \wedge \psi)$(或 $(\theta \vee \psi)$, $(\theta \to \psi)$, $(\theta \leftrightarrow \psi)$), 则 x 在 ϕ 中自由出现当且仅当 x 在 ψ 中自由出现或 x 在 θ 中自由出现;

(v) 如果 ϕ 是 $\exists y\psi$(或 $\forall y\psi$), 则 x 在 ϕ 中自由出现当且仅当 $x \neq y$ 且 x 在 ψ 中自由出现.

如果 x 在 ϕ 中自由出现, 则称 x 是 ϕ 的**自由变元**. 否则称 x 是 ϕ 的**约束变元**.

如果一个公式 ϕ 中含有的变元符号都是自由的, 则称这个公式为**无量词**的公式. 显然, 公式 ϕ 是无量词的当且仅当 ϕ 是原子公式的 Boole 组合. 如果公式 ϕ 中的变元都是约束的, 则称 ϕ 为 $\mathcal{L}$-**句子**, 简称句子. 我们常用 $\phi(x_1, \cdots, x_n)$ 来表示: $\mathcal{L}$-公式 ϕ 中出现的自由变元符号均来自集合 $\{x_1, \cdots, x_n\}$.

从现在开始, 我们总是假设 $\mathcal{L}$ 是一个语言. 说语言 $\mathcal{L}$ 可数是指 $|\mathcal{L}| = \aleph_0$. 假设所有公式、句子都是在 $\mathcal{L}$ 中的公式、句子.

1.2.2 初等子结构

在本节中, 除非特殊说明, 所有的项、公式、原子公式都分别是 $\mathcal{L}$-项、$\mathcal{L}$-公式、原子 $\mathcal{L}$- 公式. 下面给出公式的语义, 即一阶逻辑中"真"的概念.

定义 1.2.6. 令 $\mathcal{M}$ 是一个 $\mathcal{L}$-结构, $\phi(x_1, \cdots, x_n)$ 是一个公式, $\bar{a} = (a_1, \cdots, a_n) \in M^n$, 则 $\mathcal{M} \vDash \phi(\bar{a})$ 根据如下规则归纳地定义:

(i) 如果 t_1 和 t_2 是项且 ϕ 是 $t_1 = t_2$, 则

$$\mathcal{M} \vDash \phi(\bar{a}) \text{ 当且仅当 } {t_1}^{\mathcal{M}}(a_1, \cdots, a_n) = {t_2}^{\mathcal{M}}(a_1, \cdots, a_n)\ ;$$

(ii) 如果 ϕ 是 $R(t_1, \cdots, t_n)$, 其中 R 是 n-元关系符号且 $t_1, \cdots, t_n$ 是项, 则

$$\mathcal{M} \vDash \phi(\bar{a}) \text{ 当且仅当 } ({t_1}^{\mathcal{M}}(\bar{a}), \cdots, {t_n}^{\mathcal{M}}(\bar{a})) \in R^{\mathcal{M}}\ ;$$

(iii) 如果 ϕ 是 $\neg\psi$, 则

$$\mathcal{M} \vDash \phi(\bar{a}) \text{ 当且仅当 } \mathcal{M} \nvDash \psi(\bar{a})\,;$$

(iv) 如果 ϕ 是 $(\theta \vee \psi)$, 则

$$\mathcal{M} \vDash \phi(\bar{a}) \text{ 当且仅当 } \mathcal{M} \vDash \theta(\bar{a}) \text{ 或 } \mathcal{M} \vDash \psi(\bar{a})\,;$$

(v) 如果 ϕ 是 $\exists y\psi(\bar{x}, y)$, 则

$$\mathcal{M} \vDash \phi(\bar{a}) \text{ 当且仅当存在 } b \in M \text{ 使得 } \mathcal{M} \vDash \psi(a_1, \cdots, a_n, b).$$

如果有 $\mathcal{M} \vDash \phi(\bar{a})$, 则称 $\mathcal{M}$ **满足**$\phi(\bar{a})$, 或 $\phi(\bar{a})$ 在 $\mathcal{M}$ 中为**真**, 或 a **实现了**ϕ.

引理 1.2.7. 设 $\mathcal{M}$ 和 $\mathcal{N}$ 是两个 $\mathcal{L}$-结构, 则 $h : \mathcal{M} \to \mathcal{N}$ 是一个嵌入当且仅当: 对任意的无量词的公式 $\phi(x_1, \cdots, x_n)$, 以及任意的 $a_1, \cdots, a_n \in M$, 都有

$$\mathcal{M} \vDash \phi(a_1, \cdots, a_n) \text{ 当且仅当 } \mathcal{N} \vDash \phi(h(a_1), \cdots, h(a_n)).$$

证明: 右边推左边是显然的. 左边推右边可以对 $\phi(x_1, \cdots, x_n)$ 的长度归纳证明. ■

我们再引入初等嵌入的概念.

定义 1.2.8. 设 $\mathcal{M}$ 和 $\mathcal{N}$ 是两个 $\mathcal{L}$-结构, 则 $h : M \to N$ 是一个**初等嵌入**当且仅当: 对任意的公式 $\phi(x_1, \cdots, x_n)$, 以及任意的 $a_1, \cdots, a_n \in M$, 都有

$$\mathcal{M} \vDash \phi(a_1, \cdots, a_n) \text{ 当且仅当 } \mathcal{N} \vDash \phi(h(a_1), \cdots, h(a_n)).$$

特别地,当 $M \subseteq N$, 且 h 是包含映射时,称 $\mathcal{M}$ 是 $\mathcal{N}$ 的**初等子结构**(或**初等子模型**),记作 $\mathcal{M} \prec \mathcal{N}$.

定理 1.2.9 (Tarski-Vaught 准则). 设 $\mathcal{M} \subseteq_{\mathcal{L}} \mathcal{N}$, 则 $\mathcal{M} \prec \mathcal{N}$ 当且仅当: 对任意的 $\mathcal{L}$-公式 $\phi(x, y_1, \cdots, y_n)$, 以及任意的 $b_1, \cdots, b_n \in M$, 如果 $\mathcal{N} \models \exists x \phi(x, b_1, \cdots, b_n)$, 则存在 $a \in M$ 使得 $\mathcal{N} \models \phi(a, b_1, \cdots, b_n)$.

证明: 由左边推出右边是显然的. 下面证明右边可以推出左边, 即证明: 对每个 $\phi(x_1, \cdots, x_n)$ 及 $a_1, \cdots, a_n \in M$, 都有

$$\mathcal{M} \models \phi(a_1, \cdots, a_n) \text{ 当且仅当 } \mathcal{N} \models \phi(a_1, \cdots, a_n). \tag{1.1}$$

下面对 ϕ 的长度归纳证明. 如果 ϕ 是无量词的, 则式 (1.1) 显然成立. 下面设 ϕ 是

$$\exists y \theta(x_1, \cdots, x_n, y),$$

且 θ 满足归纳假设. 对任意的 $a_1, \cdots, a_n \in M$, 如果 $\mathcal{M} \models \exists y \theta(a_1, \cdots, a_n, y)$, 则存在 $b \in M$ 使得 $\mathcal{M} \models \theta(a_1, \cdots, a_n, b)$. 根据归纳假设, $\mathcal{N} \models \theta(a_1, \cdots, a_n, b)$, 故有 $\mathcal{N} \models \exists y \theta(a_1, \cdots, a_n, y)$. 另一方面, 由题设, 总是有

$$\mathcal{N} \models \exists y \theta(a_1, \cdots, a_n, y) \Longrightarrow \mathcal{M} \models \exists y \theta(a_1, \cdots, a_n, y).$$

故式 (1.1) 总是成立. ■

注 1.2.10. 如果将公式 $\phi(x, y_1, \cdots, y_n)$ 视作一个"方程", $b_1, \cdots, b_n$ 视作"参数/系数", 那么, 直观上来看, $\mathcal{M} \prec \mathcal{N}$ 当且仅当: 任何一个参数/系数来自 M 的方程如果在 N 中有解, 那么可以在 M 中找到解.

定义 1.2.11. 设 $\mathcal{M}$ 和 $\mathcal{N}$ 是两个 $\mathcal{L}$-结构, $A \subseteq M$ 且 $B \subseteq N$. $\eta : A \to B$ 是一个单射.

(i) 如果对于任意的 $x=(x_1,\cdots,x_n)$, 无量词公式 $\phi(\bar{x})$ 及任意的 $\bar{a}\in A^n$, 都有 $\mathcal{M}\vDash\phi(\bar{a})$ 当且仅当 $\mathcal{N}\vDash\phi(\eta(\bar{a}))$, 则称 $\eta:A\to B$ 是一个**部分 $\mathcal{L}$-嵌入**. 如果 η 是双射, 则称 η 是**部分 $\mathcal{L}$-同构**.

(ii) 如果对于任意的公式 $\phi(\bar{x})$ 及任意的 $\bar{a}\in A^n$, 都有 $\mathcal{M}\vDash\phi(\bar{a})$ 当且仅当 $\mathcal{N}\vDash\phi(\eta(\bar{a}))$, 则称 $\eta:A\to B$ 是一个**部分 $\mathcal{L}$-初等嵌入**.

注 1.2.12. 设 $\mathcal{M}$ 和 $\mathcal{N}$ 是两个 $\mathcal{L}$-结构, 如果存在 $\mathcal{M}$ 到 $\mathcal{N}$ 的部分初等嵌入, 则对任意的 $\mathcal{L}$-句子 σ, 总有 $\mathcal{M}\vDash\sigma$ 当且仅当 $\mathcal{N}\vDash\sigma$, 即 $\mathcal{M}$ 与 $\mathcal{N}$ 初等等价 (见定义 1.3.4).

1.2.3 可定义集

定义 1.2.13. 设 $\mathcal{M}$ 是一个 $\mathcal{L}$-结构. 称 $X\subseteq M^n$(在结构 $\mathcal{M}$ 中) 是**可定义**的当且仅当存在一个公式 $\phi(x_1,\cdots,x_n,y_1,\cdots,y_m)$ 及 $\bar{b}\in M^m$, 使得

$$X=\{(a_1,\cdots,a_n)\in M^n|\ \mathcal{M}\vDash\phi(a_1,\cdots,a_n,b_1,\cdots,b_m)\}.$$

此时, 称 $\phi(\bar{x},\bar{b})$ 定义了 X. 若存在 $A\subseteq M$, 使得 $\bar{b}\in A^m$, 则称 X 是**A-可定义的**或**定义在 A 上**. 称一个函数 $f:M^n\to M^m$ 是 A-可定义的是指集合 $\{(\bar{a},\bar{b})|\ f(\bar{a})=\bar{b}\}$ 是 A-可定义的.

定义 1.2.14. 设 $\mathcal{M}$ 一个 $\mathcal{L}$-结构, $A\subseteq M$ 是一个子集, 则 A 在 M 中的**可定义闭包**为集合

$$\{b\in M|\ \{b\}\text{是}A\text{-可定义集}\},$$

记作 $\mathrm{dcl}_{\mathcal{M}}(A)$. A 在 M 中的**代数闭包**为集合

$$\{b\in M|\ \text{存在一个有限的}A\text{-可定义集}X\text{使得}b\in X\},$$

记作 $\mathrm{acl}_{\mathcal{M}}(A)$.

注 1.2.15. 设 $\mathcal{M}$ 是一个 $\mathcal{L}$-结构, $A \subseteq M$ 是一个子集, 则

(i) $\mathrm{dcl}_{\mathcal{M}}(A) \subseteq \mathrm{acl}_{\mathcal{M}}(A)$.

(ii) $\mathrm{acl}_{\mathcal{M}}(\mathrm{acl}_{\mathcal{M}}(A)) = \mathrm{acl}_{\mathcal{M}}(A)$, $\mathrm{dcl}_{\mathcal{M}}(\mathrm{dcl}_{\mathcal{M}}(A)) = \mathrm{dcl}_{\mathcal{M}}(A)$.

(iii) 若 $\mathcal{M}$ 是 $\mathcal{N}$ 的初等子模型, 并且 $\mathcal{M}$ 的论域 M 包含 A, 则

$$\mathrm{acl}_{\mathcal{M}}(A) = \mathrm{acl}_{\mathcal{N}}(A) \subseteq M,\ \mathrm{dcl}_{\mathcal{M}}(A) = \mathrm{dcl}_{\mathcal{N}}(A) \subseteq M.$$

(iv) 若 $b \in M$, 则 $b \in \mathrm{dcl}_{\mathcal{M}}(A)$ 当且仅当有个 $\emptyset$-可定义函数 $f(x_1, \cdots, x_n)$ 及 $a_1, \cdots, a_n \in A$, 使得 $b = f(a_1, \cdots, a_n)$.

(v) 令 $\mathcal{L}_{\text{ring}}$ 为环的语言, $\mathcal{M} = (M, +, -, \times, 0, 1)$ 是一个交换环, 则对任意的 $A \subseteq M$, $\mathrm{dcl}_{\mathcal{M}}(A)$ 和 $\mathrm{acl}_{\mathcal{M}}(A)$ 都是 M 的子环. 如果 $\mathcal{M}$ 还是域, 则 $\mathrm{dcl}_{\mathcal{M}}(A)$ 和 $\mathrm{acl}_{\mathcal{M}}(A)$ 都是 M 的子域.

记号: 设 $\mathcal{M}$ 是一个 $\mathcal{L}$-结构, $A \subseteq M$, $a = (a_1, \cdots, a_n) \in M^n$ 是一个 n-元组, 如果 $\{a_1, \cdots, a_n\} \subseteq \mathrm{acl}_{\mathcal{M}}(A)$, 则称 a 在 A 的代数闭包中, 记作 $a \in \mathrm{acl}_{\mathcal{M}}(A)$. 同理, 如果 $\{a_1, \cdots, a_n\} \subseteq \mathrm{dcl}_{\mathcal{M}}(A)$, 则称 a 在 A 的可定义闭包中, 记作 $a \in \mathrm{dcl}_{\mathcal{M}}(A)$.

以下性质表明以上记法是合理的.

性质 1.2.16. 设 $\mathcal{M}$ 是一个 $\mathcal{L}$-结构, $A \subseteq M$, 若 $a = (a_1, \cdots, a_n) \in M^n$, 则 $a \in \mathrm{acl}_{\mathcal{M}}(A)$ 当且仅当存在 $\mathcal{L}_A$-公式 $\phi(x)$ 使得 $M \models \phi(a)$ 且 $\phi(M)$ 有限; $a \in \mathrm{dcl}_{\mathcal{M}}(A)$ 当且仅当存在 $\mathcal{L}_A$-公式 $\phi(x)$ 使得 $M \models \phi(a)$ 且 $|\phi(M)| = 1$.

性质1.2.16是引理2.4.3的直接推论.

记号: 我们一般将 $\mathrm{acl}_{\mathcal{M}}(A \cup \{a_1, \cdots, a_n\})$ 记作 $\mathrm{acl}_{\mathcal{M}}(A, a)$, 将 $\mathrm{dcl}_{\mathcal{M}}(A \cup \{a_1, \cdots, a_n\})$ 记作 $\mathrm{dcl}_{\mathcal{M}}(A, a)$. 同理, 如果 $B \subseteq M^k$, 则

$\mathrm{acl}_{\mathcal{M}}(A, B)$ 表示 $\mathrm{acl}_{\mathcal{M}}(A \cup \tilde{B})$, 其中

$$\tilde{B} = \{x| \text{存在}\ b = (b_1, \cdots, b_k) \in B, \text{以及}\ 1 \leqslant i \leqslant k, \text{使得}\ x = b_i\}.$$

同样地, $\mathrm{dcl}_{\mathcal{M}}(A, B)$ 表示 $\mathrm{dcl}_{\mathcal{M}}(A \cup \tilde{B})$.

定义 1.2.17. 设 $\mathcal{M}$ 是一个 $\mathcal{L}$-结构, $A, B \subseteq M$, 如果对任意的 $b \in B$, $b \notin \mathrm{acl}_{\mathcal{M}}(A, B \backslash \{b\})$, 则称 B 在 A 上**代数不相关**.

定义 1.2.18. 设 $\mathcal{M}$ 是一个 $\mathcal{L}$-结构, $A \subseteq M$, $a \in M^n, b \in M^k$. 如果 $a \in \mathrm{dcl}_{\mathcal{M}}(A, b)$ 且 $b \in \mathrm{dcl}_{\mathcal{M}}(A, a)$, 则称 a 和 b 在 A 上**相互可定义**, 记作 $a \sim_A b$.

注 1.2.19. 设 $\mathcal{M}$ 是一个 $\mathcal{L}$-结构, $A \subseteq M, a \in M^n, b \in M^k$. 容易验证, $a \sim_A b$ 当且仅当存在 A-可定义集合 $X \subseteq M^n, Y \subseteq M^k$, 以及 A-可定义双射函数 $f : X \to Y$, 使得 $a \in X, b \in Y$ 且 $f(a) = b$.

设 $\mathcal{M}$ 是一个 $\mathcal{L}$-结构. 给定一个公式 $\phi(x_1, \cdots, x_n, y_1, \cdots, y_l)$, 其中 $x_i \neq y_j$. 令 $\bar{c} = (c_1, \cdots, c_l) \in M^l$, $X \subseteq M$. 用 $\phi(X^n, \bar{c})$ 表示集合 $\{a \in X^n | M \vDash \phi(a, \bar{c})\}$, 当没有歧义时, 我们也把 $\phi(X^n, \bar{c})$ 简写为 $\phi(X, \bar{c})$. 显然, 当 X 是 A-可定义集时, $\phi(X, \bar{c})$ 是 $A \cup \{c_1, \cdots, c_l\}$-可定义的.

设 $\mathcal{M}$ 是论域为 M 的 $\mathcal{L}$-结构, $A \subseteq M$. 若 $x = (x_1, \cdots, x_n)$ 且 $\phi(\bar{x})$ 是一个 $\mathcal{L}_A$-公式, 则存在 $a_1, \cdots, a_l \in A$ 及一个 $\mathcal{L}$-公式 $\psi(x, y_1, \cdots, y_l)$, 使得

$$\begin{aligned} \phi(M) &= \{\bar{c} \in M^n | \mathcal{M}_A \vDash \phi(\bar{c})\} \\ &= \{\bar{c} \in M^n | \mathcal{M} \vDash \psi(\bar{c}, a_1, \cdots, a_l)\} \\ &= \psi(M, a_1, \cdots, a_l). \end{aligned}$$

即 $X \subseteq M^n$ 在结构 $\mathcal{M}$ 中是 A-可定义的当且仅当 X 在结构 $\mathcal{M}_A$ 中是 $\emptyset$-可定义的.

定义 1.2.20. 设 $\mathcal{M}$ 是一个论域为 M 的 $\mathcal{L}$-结构, $A \subseteq M$, $X \subseteq M^n$. 用 $\mathrm{Def}_A(X)$ 表示 X 的 A- 可定义的子集的全体, 即

$$\mathrm{Def}_A(X) = \{Y \subseteq X | Y\text{是}A\text{-可定义的}\}.$$

用$\mathrm{Def}_A(\mathcal{M})$表示 $\mathcal{M}$ 中的全体 A-可定义集合, 即

$$\mathrm{Def}_A(\mathcal{M}) = \bigcup_{n\in\mathbb{N}^{>0}} \mathrm{Def}_A(M^n).$$

注 1.2.21. $\mathrm{Def}_A(X)$ 是一个 Boole 代数, 即 $\mathrm{Def}_A(X)$ 关于交、并、补运算封闭, 其基数 $|\mathrm{Def}_A(X)| \leqslant |\mathcal{L}| + |A|$.

我们可以从可定义集的角度重新表述 Tarski-Vaught 准则 (定理1.2.9).

定理 1.2.22 (Tarski-Vaught 准则)**.** 设 $\mathcal{M} \subseteq_{\mathcal{L}} \mathcal{N}$, 则 $\mathcal{M} \prec \mathcal{N}$ 当且仅当: 对每个非空 $X \in \mathrm{Def}_{\mathcal{M}}(N)$, 都有 $X \cap M$ 非空.

下面给出模型论中的一个经典定理.

定理 1.2.23 (下行的 Löwenheim-Skolcm 定理)**.** 设 $\mathcal{M}$ 是一个 $\mathcal{L}$-结构, $X \subseteq M$, 则存在 $M_0 \prec M$ 使得 $X \subseteq M_0$ 且 $|M_0| \leqslant |X| + |\mathcal{L}|$.

证明: 递归定义 $X_0 \subseteq X_1 \subseteq \cdots \subseteq X_n \subseteq \cdots$ 如下: $X_0 = X$. 设 X_n 已经定义好, 令 F_n 为 $\mathrm{Def}_{X_n}(M)$ 上的选择函数, 即对任意的 $Y \in \mathrm{Def}_{X_n}(M)$, $F_n(Y) \in Y$. 令 $X_{n+1} = X_n \cup F_n(\mathrm{Def}_{X_n}(M))$. 显然, X_{n+1} 和每个 $Y \in \mathrm{Def}_{X_n}(M)$ 相交非空, 且

$$|X_{n+1}| \leqslant |\mathrm{Def}_{X_n}(M)| + |X_n| + |\mathcal{L}|.$$

令 $M_0 = \bigcup_{n\in\mathbb{N}} X_n$, 则 M_0 和每个 $Y \in \mathrm{Def}_{M_0}(M)$ 相交非空. 容易验证 M_0 包含了所有的常数, 且对函数封闭, 故 M_0 是 M 的子结构. 由

于 M_0 满足 Tarski-Vaught 测试,因此也是初等子结构. 同样,容易验证 $|M_0| \leqslant |X| + |\mathcal{L}|$. ■

1.3 理论与模型

定义 1.3.1. 设 $\mathcal{M}$ 是一个 $\mathcal{L}$-结构, Σ 是一个 $\mathcal{L}$-句子集合, σ 是一个 $\mathcal{L}$-句子.

(i) 如果对每个 $\sigma' \in \Sigma$ 都有 $\mathcal{M} \vDash \sigma'$, 则称 $\mathcal{M}$ 是 Σ 的**模型**, 记作 $\mathcal{M} \vDash \Sigma$.

(ii) 如果 Σ 有一个模型, 则称 Σ 是**一致的**(也称为**相容的**或**可满足的**).

(iii) 如果 Σ 的模型均是 $\{\sigma\}$ 的模型, 则称 Σ **蕴涵**σ, 记作 $\Sigma \vDash \sigma$.

(iv) 如果 Σ 一致, 且对任意的句子 σ' 都有若 $\Sigma \vDash \sigma'$, 则 $\sigma' \in \Sigma$, 则称 Σ 是一个 $\mathcal{L}$-**理论**.

显然, 任何一致的句子集 Σ 的 "闭包" $T = \{\sigma | \Sigma \vDash \sigma\}$ 都是理论, 称 Σ 为 T 的**公理**. 如果理论 T 的一组公理是有限的, 则称 T 是**有限可公理化**的. 如果对每个句子 σ, 都有 $\sigma \in T$ 或 $\neg\sigma \in T$, 则称 T 是**完备的**$\mathcal{L}$-理论. 在模型论中, 一般不区分理论 T 和它的公理. 称一个句子 σ 一致, 是指单点集 $\{\sigma\}$ 一致.

定义 1.3.2. 设 $\mathcal{K}$ 是一族 $\mathcal{L}$-结构, 则

$$\mathrm{Th}(\mathcal{K}) = \{\sigma' | \, \sigma' \text{是} \mathcal{L}\text{-句子, 且对任意的} \mathcal{M} \in \mathcal{K} \text{都有} \mathcal{M} \vDash \sigma'\}.$$

若 $\mathcal{K} = \{\mathcal{M}\}$, 则 $\mathrm{Th}(\mathcal{K})$ 也记作 $\mathrm{Th}(\mathcal{M})$, 并称 $\mathrm{Th}(\mathcal{M})$ 为$\mathcal{M}$ **的理论**. 显然 $\mathrm{Th}(\mathcal{M})$ 是完备的理论.

定义 1.3.3. 设 $\mathcal{K}$ 是一族 $\mathcal{L}$-结构, 如果存在 $\mathcal{L}$-理论 T 使得

$$\mathcal{K} = \{\mathcal{M} | \mathcal{M}\text{是}\mathcal{L}\text{-结构且}\mathcal{M} \vDash T\},$$

则称 $\mathcal{K}$ 是一个**广义初等类**. 如果 T 是有限可公理化的, 则称 $\mathcal{K}$ 是**初等类**.

定义 1.3.4. 设 $\mathcal{M}$ 和 $\mathcal{N}$ 是两个 $\mathcal{L}$-结构, 如果 $\mathrm{Th}(\mathcal{M}) = \mathrm{Th}(\mathcal{N})$, 则称 $\mathcal{M}$ 和 $\mathcal{N}$ **初等等价**, 记作 $\mathcal{M} \equiv \mathcal{N}$.

显然. 同构的结构一定初等等价; 反之, 根据 Löwenheim-Skolem 定理, 初等等价的无限结构不一定同构. 对于有限结构而言, 初等等价就是同构, 即: 如果结构 $\mathcal{M}$ 与 $\mathcal{N}$ 初等等价, 且 M 有限, 则 $\mathcal{M} \cong \mathcal{N}$.

例 1.3.5. 令 $\mathcal{L}_G = \{*, e\}$ 是群的语言, 其中 $*$ 是 2-元函数符号, e 是常元符号. 设 t_1, t_2 是 $\mathcal{L}_G$- 项, 一般把 $*(t_1, t_2)$ 记作 $t_1 * t_2$.

(i) 如果结构 $\mathcal{M} = \{M, *^{\mathcal{M}}, e^{\mathcal{M}}\}$ 满足下面三个句子:

(a) $\sigma_1 : \forall x((e * x = x) \wedge (x * e = x))$;

(b) $\sigma_2 : \forall x \forall y \forall z\, (x * (y * z) = (x * y) * z)$;

(c) $\sigma_3 : \forall x \exists y((x * y = e) \wedge (y * x = e))$,

则称 $\mathcal{M}$ 是一个**群**. 所有的群构成的结构族 $\mathcal{K}$ 显然是一个初等类.

(ii) 令 σ_4 为句子 $\forall x \forall y\, (x * y = y * x)$. 如果群 $\mathcal{M}$ 还满足 σ_4, 则称 $\mathcal{M}$ 为**交换群**, 否则称 $\mathcal{M}$ 为**非交换群**.

例 1.3.6. 令 $\mathcal{L}_{\text{ring}} = \{*, +, o, e\}$ 是环的语言, 其中 $*$ 和 $+$ 均是 2-元函数符号, o 和 e 是常元符号. 显然, 语言 $\mathcal{L}_{\text{ring}}$ 是 $\mathcal{L}_G$ 的扩张. 类似地, 设 t_1, t_2 是 $\mathcal{L}_{\text{ring}}$-项, 一般把 $*(t_1, t_2)$ 记作 $t_1 * t_2$, 把 $+(t_1, t_2)$ 记作 $t_1 + t_2$. 如果 $\mathcal{L}_{\text{ring}}$-结构 $\mathcal{M}$ 满足:

(i) $\mathcal{M} \upharpoonright \{+, o\}$ 是一个交换群;

(ii) $\mathcal{M} \models \forall x((e * x = x) \wedge (x * e = x))$;

(iii) $\mathcal{M} \models \forall x \forall y \forall z\, (x * (y * z) = (x * y) * z)$;

(iv) $\mathcal{M} \models \forall x \forall y \forall z((x * (y + z) = (x * y) + (x * z)) \wedge ((y + z) * x = (y * x) + (z * x)))$,

则称 $\mathcal{M}$ 是一个**环**. 我们把 $*^{\mathcal{M}}$ 和 $+^{\mathcal{M}}$ 分别称为 $\mathcal{M}$ 的**乘法**和**加法**, $o^{\mathcal{M}}$ 和 $e^{\mathcal{M}}$ 分别称为 $\mathcal{M}$ 的**零元**和**幺元**. 如果 $\mathcal{M}$ 是一个环且关于乘法交换, 即 $\mathcal{M} \models \sigma_4$, 则称 $\mathcal{M}$ 是一个**交换环**. 如果交换环 $\mathcal{M}$ 还满足 $\forall x((x \neq o) \rightarrow \exists y(x * y = e))$, 则称 $\mathcal{M}$ 是一个**域**. 此时, 对每个非零的 $a \in M$, 都存在唯一的 $b \in M$, 使得 $a *^{\mathcal{M}} b = e^{\mathcal{M}}$. 称 b 为 a 的 (乘法) 逆, 记作 a^{-1}. 如果域 $\mathcal{M}$ 的论域 M 是有限集合, 则称 $\mathcal{M}$ 是**有限域**.

例 1.3.7. 设 $\mathcal{M}$ 是一个域, 令 θ_n 为句子 $\forall y_0 \cdots \forall y_n \exists x(x^n + \sum_{k=0}^{n-1} y_k x^k = 0)$. 如果对每个正整数 n, $\mathcal{M}$ 都满足 θ_n, 则称 $\mathcal{M}$ 是一个**代数闭域**. 代数闭域的理论记作ACF.

例 1.3.8 (向量空间). 设 $(F, +_F, \times_F, 0_F, 1_F)$ 是一个域, $\mathcal{L}_{VF} = \{0, +\} \cup F$, 其中, $+$ 是二元函数, 0 是常元, F 中的每个元素都是一个 1- 元函数. 如果结构 $\mathcal{V} = (V, 0^{\mathcal{V}}, +^{\mathcal{V}}, \{f^{\mathcal{V}} | f \in F\})$ 满足:

(i) $(V, +^{\mathcal{V}}, 0^{\mathcal{V}})$ 是一个交换群;

(ii) 每个 $f \in F$ 都解释为群结构 $(V, +^{\mathcal{V}}, 0^{\mathcal{V}})$ 的自同态 $f^{\mathcal{V}} : V \rightarrow V$, 一般将 $f^{\mathcal{V}}(x)$ 记作 $f \cdot x$;

(iii) 对任意的 $x \in V$, 有 $0_F \cdot x = 0^{\mathcal{V}}$;

(iv) 对任意的 $x \in V$, 有 $1_F \cdot x = x$;

(v) 对任意的 $f, g \in F$, 以及任意的 $x \in V$, 有 $(f \cdot x) +^{\mathcal{V}} (g \cdot x) = (f +_F g) \cdot x$;

(vi) 对任意的 $f, g \in F$, 以及任意的 $x \in V$, 有 $f \cdot (g \cdot x) = (f \times_F g) \cdot x$,

则称 V 是 F 上的**向量空间**. F上的向量空间 是一个初等类. 我们将这个初等类的理论记作 T_{VF}.

1.4 紧致性

紧致性定理是模型论中最基本的定理之一, 这里的"紧致"指的是完备理论的 Stone 空间是一个紧空间.

定理 1.4.1 (紧致性定理). 设 Σ 是一个 $\mathcal{L}$-句子集, 则 Σ 一致当且仅当 Σ 的每个有限子集都是一致的.

设 $\phi(x_1, \cdots, x_n)$ 是一个 $\mathcal{L}$-公式, $c_1, \cdots, c_n$ 是 $\mathcal{L}$ 中的常元符号. 令 $\phi(c_1, \cdots, c_n)$ 表示将 ϕ 中自由出现的变元符号 $x_1, \cdots, x_n$ 同时替换为 $c_1, \cdots, c_n$ 而得到的新公式. 显然, $\phi(c_1, \cdots, c_n)$ 是一个 $\mathcal{L}$-句子, 且 $\mathcal{M} \models \phi(c_1, \cdots, c_n)$ 当且仅当 $\mathcal{M} \models \phi({c_1}^{\mathcal{M}}, \cdots, {c_n}^{\mathcal{M}})$. 同理, 若 $\Sigma(x_1, \cdots, x_n) = \{\phi_i(x_1, \cdots, x_n) | \ i \in I\}$ 是一个公式集, 则 $\Sigma(c_1, \cdots, c_n)$ 表示将 Σ 中自由出现的变元符号 $x_1, \cdots, x_n$ 同时替换为 $c_1, \cdots, c_n$ 而得到的新的句子集.

定义 1.4.2. 设 $\Sigma(x_1, \cdots, x_n)$ 是一个 $\mathcal{L}$-公式集, 令 $c_1, \cdots, c_n$ 是不属于 $\mathcal{L}$ 的新常元符号, $\mathcal{L}' = \mathcal{L} \cup \{c_1, \cdots, c_n\}$ 是 $\mathcal{L}$ 的扩张. 称 $\Sigma(x_1, \cdots, x_n)$ 一致是指 $\mathcal{L}'$-句子集 $\Sigma(c_1, \cdots, c_n)$ 是一致的, 如果 $\Sigma(c_1, \cdots, c_n)$ 的模型都是公式 $\phi(c_1, \cdots, c_n)$ 的模型, 则称 $\Sigma(x_1, \cdots, x_n)$ 蕴涵 $\phi(x_1, \cdots, x_n)$, 记作 $\Sigma \models \phi$.

显然, 根据定义1.4.2, 紧致性定理也适用于含有自由变元的公式集.

定理 1.4.3 (紧致性定理). 设 $\Sigma(x_1, \cdots, x_n)$ 是一个 $\mathcal{L}$-公式集, 则 Σ 一致当且仅当 Σ 的每个有限子集都是一致的.

我们已经知道了下行的 Löwenheim-Skolem 定理, 利用紧致性定理, 也可证明上行的 Löwenheim-Skolem 定理. 首先引入一些概念.

定义 1.4.4. 设 $\mathcal{M}$ 是一个论域为 M 的 $\mathcal{L}$-结构, 则 $\mathcal{M}$ 的**原子图**(记作 $\text{Diag}(\mathcal{M})$) 定义为 $\mathcal{L}_{\mathcal{M}}$-句子集:

$$\begin{aligned}\text{Diag}(\mathcal{M}) = \{\phi(a_1,\cdots,a_n) \mid \phi(x_1,\cdots,x_n)\text{是一个无量词的}\mathcal{L}\text{-公式},\\ a_1,\cdots,a_n \in M, \text{且}\mathcal{M} \models \phi(a_1,\cdots,a_n)\}.\end{aligned}$$

注 1.4.5. 设 $\mathcal{M}$ 和 $\mathcal{N}$ 是论域分别为 M 和 N 的两个 $\mathcal{L}$-结构. 令 $h: M \to N$ 是一个映射. 现在将 $\mathcal{N}$ 扩张为一个 $\mathcal{L}_{\mathcal{M}}$-结构 $\mathcal{N}'$: 将 $\mathcal{L}_{\mathcal{M}}$ 中的新常元 $a \in M$ 在 $\mathcal{N}'$ 中解释为 $h(a)$, 即 $a^{\mathcal{N}'} = h(a)$, 并将 $\mathcal{N}'$ 表示为 $\mathcal{N}' = (\mathcal{N}, h(a))_{a\in M}$, 则 h 是 $\mathcal{M}$ 到 $\mathcal{N}$ 的嵌入当且仅当 $(\mathcal{N}, h(a))_{a\in M} \models \text{Diag}(\mathcal{M})$.

一个直接的推论如下.

推论 1.4.6. 设 $\mathcal{M}$ 和 $\mathcal{N}$ 是两个 $\mathcal{L}$-结构, 且 $M \subseteq N$, 则 $\mathcal{M}$ 是 $\mathcal{N}$ 的子结构当且仅当 $\mathcal{L}_{\mathcal{M}}$ 结构 $\mathcal{N}_{\mathcal{M}} = (\mathcal{N}, a)_{a\in M}$ 是 $\text{Diag}(\mathcal{M})$ 的模型.

定义 1.4.7. 设 $\mathcal{M}$ 是一个论域为 M 的 $\mathcal{L}$-结构, 则 $\mathcal{M}$ 的**初等图**(记作 $\text{Diag}_{\text{el}}(\mathcal{M})$) 定义为 $\mathcal{L}_{\mathcal{M}}$-句子集:

$$\begin{aligned}\text{Diag}_{\text{el}}(\mathcal{M}) = \{\phi(a_1,\cdots,a_n) \mid \phi(x_1,\cdots,x_n)\text{是一个}\mathcal{L}\text{-公式},\\ a_1,\cdots,a_n \in M, \text{且}\mathcal{M} \models \phi(a_1,\cdots,a_n)\}.\end{aligned}$$

注 1.4.8. 显然, 对任意的 $\mathcal{L}$-结构 $\mathcal{M}$ 都有 $\text{Diag}(\mathcal{M}) \subseteq \text{Diag}_{\text{el}}(\mathcal{M})$. 类似地, h 是 $\mathcal{M}$ 到 $\mathcal{N}$ 的初等嵌入当且仅当 $(\mathcal{N}, h(a))_{a\in M} \models \text{Diag}_{\text{el}}(\mathcal{M})$. 在大多数情况下, 如果 $\mathcal{M}$ 可以初等嵌入到 $\mathcal{N}$, 我们就把 $\mathcal{M}$ 看作 $\mathcal{N}$ 的初等子结构. 因此, 如果要构造 $\mathcal{M}$ 的初等膨胀, 只需构造 $\text{Diag}_{\text{el}}(M)$ 的模型即可.

定理 1.4.9 (上行的 Löwenheim-Skolem 定理). 设 $\mathcal{M}$ 是一个无限的 $\mathcal{L}$-结构, $\kappa \geqslant |\mathcal{M}| + |\mathcal{L}|$ 是一个无限基数, 则存在 $\mathcal{N} \succ \mathcal{M}$ 使得 $|\mathcal{N}| = \kappa$.

证明: 令 $\{c_i | i \in \kappa\}$ 是一组新常元, $\mathcal{L}^* = \mathcal{L}_{\mathcal{M}} \cup \{c_i | i \in \kappa\}$. 显然 $\mathcal{L}^*$-句子集 $\mathrm{Diag}_{\mathrm{el}}(\mathcal{M}) \cup \{c_i \neq c_j | i \in \kappa\}$ 的有限子集都是一致的, 从而有一个模型 $\mathcal{N}^*$, 则 $\mathcal{N}^*$ 在 $\mathcal{L}$ 上的约化 $\mathcal{N}$ 是 $\mathcal{M}$ 的初等膨胀. 令 $X = M \cup \{c_i^{\mathcal{N}^*} | i \in \kappa\}$, 则 X 是 N 的一个基数为 κ 的子集. 由下行的 Löwenheim-Skolem 定理, 存在一个 $N_0 \supseteq X$ 使得 $|N_0| = \kappa$ 且 $N_0 \prec \mathcal{N}$. 由于 N_0 包含 M, 容易验证 $\mathcal{M} \succ N_0$. ■

Löwenheim-Skolem 定理告诉我们, 一个具有无限模型的可数理论 T 不能决定其模型, 至少它有基数不同的模型. 因此, 最好的可能是给定一个基数 λ, 问 T 的基数为 λ 的模型是否(在同构意义下)只有一个?

定义 1.4.10. 设 T 是一个理论, λ 是一个无限基数, 称 T 是**λ-范畴的**, 是指 T 的基数为 λ 的模型只有一个.

下面是著名的 Morley 定理, 也叫范畴性定理.

定理 1.4.11 (Morley 定理). 设 T 是一个可数理论, λ 是一个不可数无限基数. 如果 T 是 λ-范畴的, 则对任何不可数基数 κ, T 都是**κ-范畴**的. 此时, 也称 T 是**不可数范畴**的.

具有范畴性的理论非常少, 我们给出一些经典例子.

例 1.4.12. **(i)** $(\mathbb{Q}, <)$ 的理论 $\mathrm{Th}(\mathbb{Q}, <)$ 是可数范畴的, 该理论又被称作无端点的稠密线序理论, 记作 DLO.

(ii) 无原子的 Boole 代数的理论是可数范畴的.

(iii) 随机图的理论是可数范畴的.

(iv) 有限域上的向量空间是任意基数范畴的.

(v) 特征为 0(或者 $p>0$) 的代数闭域理论 (记作 ACF_0 或 ACF_p) 是不可数范畴的.

(vi) 可数域上的向量空间是不可数范畴的.

(vii) $(\mathbb{Z},S,0)$ 的理论是不可数范畴的, 其中 S 是后继函数.

(viii) 空语言上的任何完备理论都是范畴的. 事实上, 令

$$\sigma_n := \exists x_1,\cdots,x_n(\bigwedge_{1\leqslant i<j\leqslant n} x_i\neq x_j), n=1,2,3,\cdots,$$

则对每个 n, $T_n=\{\sigma_n,\ \neg\sigma_{n+1}\}$ 是一个完备的理论, 任何一个含有 n 个元素的集合都是 T_n 的模型. 而 $T=\{\sigma_n|\ n=1,2,3,\cdots\}$ 是唯一具有无限模型的理论.

理论的范畴性可以用来证明其完备性.

定理 1.4.13 (Łós-Vaught 测试)**.** 设 λ 是无限基数, 如果 T 是 λ-范畴的, 则 T 是完备的.

1.5 型空间, 饱和性, 齐次性

设 $\mathfrak{X}$ 是一族集合, 称 $\mathfrak{X}$ 具有**有限交性质**是指: 对任意有限个 $X_0,\cdots,X_n\in\mathfrak{X}$, 都有 $\bigcap_{i=0}^n X_i\neq\emptyset$. 设 $\mathcal{M}$ 是一个 $\mathcal{L}$-结构, $\Sigma(x_1,\cdots,x_n)$ 是一族 $\mathcal{L}$-公式, 令 $\mathfrak{X}=\{\phi(M)|\ \phi\in\Sigma\}$. 显然 $\mathfrak{X}$ 有有限交性质当且仅当 Σ 在 $\mathcal{M}$ 中**有限可满足**, 即对任意有限个 $\phi_0,\cdots,\phi_n$, 存在 $a_0,\cdots,a_n$ 使得 $\mathcal{M}\vDash\bigwedge_{i=0}^n\phi(a_0,\cdots,a_n)$. 由于 $\mathrm{diag}_{\mathrm{el}}(\mathcal{M})\cup\Sigma(x_1,\cdots,x_n)$ 有限一致, 根据紧致性定理, 存在 $\mathcal{N}\succ\mathcal{M}$ 以及 $b_0,\cdots,b_n\in N$ 使得 $\mathcal{N}\vDash\Sigma(b_0,\cdots,b_n)$. 令 $\mathfrak{X}^N=\{\phi(N)|\ \phi\in\Sigma\}$, 则 $(b_0,\cdots,b_n)\in\bigcap_{\phi\in\Sigma}\phi(N)$. 这就是说, $\mathcal{M}$ 中具有有限交性质的一族

可定义集在$\mathcal{M}$的某个初等扩张中有一个公共交点, 但是在 $\mathcal{M}$ 中不一定有公共交点.

例 1.5.1. 考虑结构

$$\mathcal{R}=(\mathbb{R},+,-,\times,0,1,<),$$

则区间族 $\mathfrak{X}=\{(0,1/n)|\ n\in\mathbb{N}^{>0}\}$ 具有有限交性质, 然而 $\bigcap\mathfrak{X}=\emptyset$.

定义 1.5.2. 设 $\mathcal{M}=(M,\cdots)$ 是一个结构. 我们称 $\mathcal{M}$ 是κ-**饱和**的是指: 对任意的基数 $<\kappa$ 的 (参数) 集合 A, 如果 $\mathfrak{X}\subseteq\mathcal{P}(M)$ 是一族具有有限交性质的 A-可定义集, 则 $\bigcap\mathfrak{X}\neq\emptyset$. 如果 $\mathcal{M}$ 是 $|\mathcal{M}|$-饱和的, 则称 $\mathcal{M}$ 是饱和的.

对自然数 $n\in\mathbb{N}^{>0}$ 归纳可以证明以下性质.

性质 1.5.3. 如果结构 $\mathcal{M}=(M,\cdots)$ 是 κ-饱和的, 则对任意的 $n\in\mathbb{N}^{>0}$, 以及任意的基数小于 κ 的 (参数) 集合 A, 如果 $\mathfrak{X}\subseteq\mathcal{P}(M^n)$ 是一族具有有限交性质的 A-可定义集, 则 $\bigcap\mathfrak{X}\neq\emptyset$.

一般而言, 饱和模型的存在依赖于集合论中关于大基数的存在性的假设 (如不可达基数的存在性). 然而对于任意基数 κ, 只要我们愿意扩大结构 $\mathcal{M}$ 的基数, 总能找到 $\mathcal{M}$ 的 κ-饱和的初等膨胀 $\mathcal{N}$.

性质 1.5.4. 设 $\mathcal{M}$ 是一个结构, κ 是一个基数, 则存在 $\mathcal{M}$ 的初等膨胀 $\mathcal{N}$, 它是 κ-饱和的.

定义 1.5.5. 设 T 是一个理论, $\Sigma(x_1,\cdots,x_n)$ 是一个 $\mathcal{L}$-公式集, 如果 $T\cup\Sigma(x_1,\cdots,x_n)$ 是一致的, 则称 Σ 是 T 的部分 n-型; 如果 Σ 还是完备的, 即对每个 $\mathcal{L}$-公式 $\phi(x_1,\cdots,x_n)$, 都有 $\phi\in\Sigma$ 或 $\neg\phi\in\Sigma$, 则称 Σ 是 T 的完全 n-型, 简称 n-型. T 的全体 n-型构成的集合记作 $S_n(T)$, 称为 T 的 n-型空间.

对每个 $\mathcal{L}$-公式 $\psi(x_1,\cdots,x_n)$, 令 $[\psi]=\{p\in S_n(T)|\ \psi\in p\}$. 规定 $S_n(T)$ 的形如 $[\psi]$ 的子集为开集, 则它们生成了 $S_n(T)$ 上的一个拓扑

空间, 该空间是一个紧的、完全不连通的 Hausdorff 空间, 称作 T 的 Stone 空间. 每个形如 $[\psi]$ 的子集都是开闭集, 反之, 任何一个开闭集都形如 $[\psi]$.

定义 1.5.6. 设 $(\mathcal{B}, \wedge, \neg, \leqslant 0, 1)$ 是一个 Boole 代数. 如果 $\eta \subseteq \mathcal{B}$ 满足:

(i) $0 \notin \eta, 1 \in \eta$;

(ii) 对任意的 $a, b \in \mathcal{B}$, 若 $a \in \eta$ 且 $a \leqslant b$, 则 $b \in \eta$;

(iii) 对任意的 $a, b \in \mathcal{B}$, 若 $a, b \in \eta$, 则 $a \wedge b \in \eta$,

则称 η 是 $\mathcal{B}$ 上的一个滤子. 如果 η 还满足

(iv) 对任意的 $a \in \mathcal{B}$, 或者 $a \in \eta$, 或者 $\neg a \in \eta$,

则称 η 是 $\mathcal{B}$ 上的一个超滤. 称 $\mathcal{B}$ 上所有的超滤构成的空间为 $\mathcal{B}$ 的 Stone 空间, 记作 $S(\mathcal{B})$. 形如

$$[b] = \{\eta \in S(\mathcal{B}) \mid b \in \eta\}, \, b \in \mathcal{B}$$

的集合构成 $S(\mathcal{B})$ 的拓扑基, 使得 $S(\mathcal{B})$ 是一个拓扑空间. 在该拓扑下, $S(\mathcal{B})$ 是一个完全不连通的紧致的 Hausdorff 空间.

定理 1.5.7 (Stone 表示定理)**.** 设 $\mathcal{B}$ 是一个 Boole 代数. 令 $\mathcal{B}^*$ 是 $S(\mathcal{B})$ 的开闭子集族构成的 Boole 代数, 则 $b \mapsto [b]$ 是 $\mathcal{B}$ 到 $\mathcal{B}^*$ 的同构.

注 1.5.8. 设 T 是一个 $\mathcal{L}$-理论. 令 $\mathcal{F}_n$ 为自由变元来自 $x_1, \cdots, x_n$ 的 $\mathcal{L}$-公式的集合. 对任意的 $\mathcal{L}$-公式 $\phi, \psi \in \mathcal{F}_n$, 规定 $\phi \sim \psi$ 当且仅当

$$T \models \forall x_1, \cdots, x_n(\phi(x_1, \cdots, x_n) \leftrightarrow \psi(x_1, \cdots, x_n)),$$

则 $\sim$ 是 $\mathcal{F}_n$ 上的等价关系, 称这个等价关系为 " mod T 等价" . 而商集 $\mathcal{B}_n = \mathcal{F}_n / \sim$ 是一个 Boole 代数. $\mathcal{B}_n$ 的 Stone 空间 $S(\mathcal{B}_n)$ 的开

闭子集均形如

$$[\psi]^* = \{\eta \in S(\mathcal{B}_n) \mid (\psi/\sim) \in \eta\},$$

其中 $\psi \in \mathcal{F}_n$. 则

$$f: S_n(T) \to S(\mathcal{B}_n),\ p \mapsto \{(\psi/\sim) \mid \psi \in p\}$$

是一个同胚映射.

设 $\Sigma(x_1, \cdots, x_n)$ 是 T 的部分型, 如果存在 $\mathcal{M} \models T$ 以及 $\bar{a} \in M^n$ 使得 $\mathcal{M} \models \Sigma(\bar{a})$, 则称 $\bar{a}$(在 $\mathcal{M}$ 中) **实现**了 Σ, 记作 $\bar{a} \models \Sigma$. 如果 Σ 是一个完全型, 且 $\bar{a} \models \Sigma$, 则将 Σ 记作 $\mathrm{tp}_{\mathcal{M}}(\bar{a})$, 在不产生歧义的情况下也记作 $\mathrm{tp}(\bar{a})$.

定义 1.5.9. 设 $\mathcal{M}$ 是一个 $\mathcal{L}$-结构, $A \subseteq M$, $\Sigma(x_1, \cdots, x_n)$ 是一族 $\mathcal{L}_A$-公式. 如果 Σ 在 $\mathcal{M}$ 中有限可满足, 则称 Σ 是 ($\mathcal{M}$ 中的)A 上的**部分 n-型**. 如果 Σ 还是完备的, 即对每个 $\mathcal{L}_A$-公式 $\phi(x_1, \cdots, x_n)$, 都有 $\phi \in \Sigma$ 或 $\neg\phi \in \Sigma$, 则称 Σ 是 A 上的**完全 n-型**, 简称 A 上的 n-型. A 上的全体 n-型构成的集合记作 $S_n(\mathcal{M}, A)$, 或者简记为 $S_n(A)$, 称为 A 上的 n-型空间. 我们用 $S(\mathcal{M}, A)$(或 $S(A)$) 表示 $\bigcup_{n<\omega} S_n(\mathcal{M}, A)$.

类似地, 设 $\psi(x_1, \cdots, x_n)$ 是一个 $\mathcal{L}_A$-公式, 规定 $[\psi] = \{p \in S_n(A) \mid \psi \in p\}$, 则形如 $[\psi]$ 的集合生成了 $S_n(A)$ 上的一个拓扑, 使得 $S_n(A)$ 是一个紧的、完全不连通的 Hausdorff 空间. 每个形如 $[\psi]$ 的子集都是开闭集, 反之, 任何一个开闭集都形如 $[\psi]$.

同理, 令 $S(\mathrm{Def}_A(M^n))$ 为 Boole 代数 $\mathrm{Def}_A(M^n)$ 的 Stone 空间, 则 $S(\mathrm{Def}_A(M^n))$ 与 $S_n(A)$ 自然地同胚.

性质 1.5.10. 设 $\mathcal{M}$ 是一个结构, $A \subseteq M$, $\Sigma(x_1, \cdots, x_n)$ 是一族 $\mathcal{L}_A$-公式.

(i) Σ 是 A 上的 n-型当且仅当 Σ 是 $\mathcal{L}_A$ 理论 $\mathrm{Th}(\mathcal{M}_A)$ 的 n-型.

(ii) $\mathcal{M}$ 是 κ-饱和的当且仅当：对每个基数小于 κ 的 $B \subseteq M$，以及每个 $p \in S_1(B)$，都存在 $a \in M$ 使得 $a \models p$.

(iii) 若 $\mathcal{N} \succ \mathcal{M}$，则

$$S_n(\mathcal{M}, A) = S_n(\mathcal{N}, A) = S_n(\text{Th}(\mathcal{M}_A)) = S_n(\text{Th}(\mathcal{N}_A)).$$

如果 $\mathcal{N} \succ \mathcal{M}$ 是 $|A|^+$-饱和的，则对每个 A 上的 n-型 Σ，都存在 $\bar{a} \in N^n$ 使得 $\mathcal{N} \models \Sigma(\bar{a})$，此时称 $\bar{a}$ 实现了 Σ，记作 $\bar{a} \models \Sigma$. 若 $p(x_1, \cdots, x_n) \in S_n(A)$，且 $\bar{a} \models p$，则将 p 记作 $\text{tp}_{\mathcal{M}}(\bar{a}/A)$，在不产生歧义的情况下也记作 $\text{tp}(\bar{a}/A)$. 显然此时有 $S_n(A) = \{\text{tp}(\bar{a}/A) | \bar{a} \in N^n\}$.

定义 1.5.11. 设 $\mathcal{M}$ 是一个 $\mathcal{L}$-结构，κ 是一个基数. 如果对每个自然数 n，以及基数 $< \kappa$ 的 $A \subseteq M$，$\bar{a}, \bar{b} \in M^n$，$c \in M$，当 $\text{tp}(\bar{a}/A) = \text{tp}(\bar{b}/A)$ 时，总是存在 $d \in M$ 使得 $\text{tp}(\bar{a}, c/A) = \text{tp}(\bar{b}, d/A)$，则称 $\mathcal{M}$ 是**κ-齐次**的. 如果 $\mathcal{M}$ 是 $|\mathcal{M}|$-齐次的，则称 $\mathcal{M}$ 是齐次的.

显然，当 $\text{tp}(\bar{a}/A) = \text{tp}(\bar{b}/A)$ 时，如果映射 $f : A \cup \{a_1, \cdots, a_n\} \to A \cup \{b_1, \cdots, b_n\}$ 满足对每个 $a \in A$，$a \mapsto a$，对每个 $i \leqslant n$，$a_i \mapsto b_i$，则 f 是一个固定 A 的部分初等嵌入. 齐次性告诉我们，f 总是可以被扩张为更大的部分初等嵌入. 如果希望把 f 扩张为一个自同构，就需要更强的性质.

定义 1.5.12. 设 $\mathcal{M}$ 是一个 $\mathcal{L}$-结构，κ 是一个基数. 如果对每个自然数 n，以及基数 $< \kappa$ 的 $A \subseteq M$，$\bar{a}, \bar{b} \in M^n$，当 $\text{tp}(\bar{a}/A) = \text{tp}(\bar{b}/A)$ 时，总是存在 $f \in \text{Aut}(M/A)$ 使得 $f(\bar{a}) = \bar{b}$，则称 $\mathcal{M}$ 是强 κ-齐次的. 如果 $\mathcal{M}$ 是强 $|\mathcal{M}|$-齐次的，则称 $\mathcal{M}$ 是强齐次的.

性质 1.5.13. 设 $\mathcal{M}$ 是一个 $\mathcal{L}$-结构，κ 是一个基数.

(i) $\mathcal{M}$ 总是有一个既是 κ-饱和，又是强 κ-齐次的初等膨胀 $\mathcal{N}$.

(ii) 如果 $\mathcal{M}$ 是 κ-饱和的，$\mathcal{M}_0 \equiv \mathcal{M}$ 且 $|\mathcal{M}_0| \leq \kappa$，则存在 $\mathcal{M}_0$ 到 $\mathcal{M}$ 的初等嵌入.

(iii) 如果 $\mathcal{M}$ 是齐次的,则它也是强齐次的.

(iv) 如果 $\mathcal{M}$ 是饱和的,则它是强齐次的.

(v) 如果 κ 是一个不可达基数且 $|M| < \kappa$, 则 $\mathcal{M}$ 有一个基数为 κ 的饱和初等膨胀.

定义 1.5.14. 设 T 是一个 $\mathcal{L}$-理论, κ 是一个充分大的基数(如强不可达基数). 称 T 的基数为 κ 的饱和模型为 T 的**大魔型**.

注 1.5.15. 大魔型的存在性依赖于理论 T 的性质以及不可达基数的存在性(见 [8], 6.2 节), 然而在实际应用中, 我们主要使用大魔型的"充分饱和性"和"充分齐次性", 即对充分大的基数 κ, 它都具有 κ-饱和性和强 κ-齐次性, 根据性质 1.5.13-(**i**), 这样的模型总是存在的. 引入大魔型只是为了简化表述. 因此我们总是假设任何理论 T 都有一个大魔型 $\mathbb{M}$, 而根据性质 1.5.13-(**ii**), T 的其他(小)模型都可以看作 $\mathbb{M}$ 的初等子结构.

1.6 Ramsey 定理与不可辨元序列

设 X 是一个集合, $n \in \mathbb{N}$ 是一个自然数. 称 $[X]^n = \{A \subseteq X \mid |A| = n\}$ 为 X 的 n-**元素子集**. 特别地, 当 $n = 2$ 时, $[X]^2$ 是 X 上的(无向的)完全图.

定理 1.6.1 (无限 Ramsey 定理). 对任意无限集合 X, 任意的 $n \in \mathbb{N}$ 及 $0 < k \in \mathbb{N}$, 若 $f : [X]^n \to \{0, \cdots, k-1\}$ 是一个函数, 则存在无限的 $A \subseteq X$, 使得 f 限制在 $[A]^n$ 上是一个常函数. 称 A 是 f 的一个**齐次子集**.

证明: 对 n 归纳证明. 基础步显然成立. 假设 $n = m$ 时定理是成立的. 现在设函数 $f : [X]^{m+1} \to \{0, \cdots, k-1\}$.

断言: 对任意的 $a \in X$, 以及任意的无限的 $Z \subseteq X - \{a\}$, 存在无限的 $Y \subseteq Z$ 使得 f 在 $\{\{a\} \cup B | B \in [Y]^m\}$ 上是常值函数.

证明断言: 任取无限的 $Z \subseteq X \backslash \{a\}$. 定义 $g : [Z]^m \to \{0, \cdots, k-1\}$ 为 $g(B) = f(\{a\} \cup B)$. 根据归纳假设, 存在无限的 $Y \subseteq Z$, 使得 g 在 $[Y]^m$ 上是常值函数. 而对任意的 $B \in [Y]^m$, 有 $g(B) = f(\{a\} \cup B)$. 故 f 在 $\{\{a\} \cup B | B \in [Y]^m\}$ 上是常值函数. □断言证毕

我们可迭代以上过程: 任取 $a_0 \in X$, 则存在无限的 $Y_0 \subseteq X \backslash \{a_0\}$, 使得 f 在 $\{\{a_0\} \cup B | B \in [Y_0]^m\}$ 上是常值函数. 然后将 f 限制在 $[Y_0]^{m+1}$ 上, 则**断言**告诉我们, 对任意的 $a_1 \in Y_0$, 存在无限的 $Y_1 \subseteq Y_0 \backslash \{a_1\}$, 使得 f 在 $\{\{a_1\} \cup B | B \in [Y_1]^m\}$ 上是常值函数. 持续迭代, 可以得到序列 $\{a_i | i \in \mathbb{N}\}$ 和集合序列 $\{Y_i | i \in \mathbb{N}\}$, 使得:

(i) 对任意的 $i \in \mathbb{N}, 0 < j \in \mathbb{N}$, 有 $a_{i+j} \in Y_i$;

(ii) 对任意的 $i \in \mathbb{N}$, 有 $\{a_k | k \leqslant i\} \cap Y_i = \emptyset$;

(iii) 对任意的 $i \in \mathbb{N}$, Y_i 是一个无限集合, 且 $X \supset Y_i \supset Y_{i+1}$;

(iv) 对任意的 $i \in \mathbb{N}$, f 在 $\{\{a_i\} \cup B | B \in [Y_i]^m\}$ 上是常值函数.

令 $D_i = \{\{a_i\} \cup B | B \in [Y_i]^m\}$. 现在 f 在每个 D_i 上都是常值函数, 因此, 根据鸽巢原理, 存在 $\mathbb{N}$ 的一个无限子集 I 及某个 $0 \leqslant s_0 \leqslant k-1$, 使得对任意的 $i \in I$, 都有 f 在 D_i 上取常值 s_0. 令 $A = \{a_i | i \in I\}$. 任取 $B = \{a_{j_1}, \cdots, a_{j_{m+1}}\} \in [A]^{m+1}$, 其中 $j_1 < \cdots < j_{m+1}$, 则 $a_{j_2}, \cdots, a_{j_{m+1}} \in Y_{j_1}$, 从而 $B' = \{a_{j_2}, \cdots, a_{j_{m+1}}\} \in [Y_{j_1}]^m$. 故 $B = \{a_{j_1}\} \cup B' \in D_{j_i}$. 由于 $j_i \in I$, 故 $f(B) = s_0$. 这就证明了对任意的 $B \in [A]^{m+1}$, 均有 $f(B) = s_0$, 即 f 限制在 $[A]^{m+1}$ 上是一个常函数. 因此无限 Ramsey 定理成立. ■

利用紧致性定理和无限 Ramsey 定理, 可以得到有限版本的 Ramsey 定理.

定理 1.6.2 (有限 Ramsey 定理)**.** 对任意的自然数 r, n 和 $k > 0$, 都存在一个充分大的自然数 $\mathrm{Ram}(r)$ 使得任意函数

$$f : [\{1, \cdots, \mathrm{Ram}(r)\}]^n \to \{0, 1, \cdots, k\}$$

都有一个含有 r 个元素的齐次子集 A. 即 f 限制在 $[A]^n$ 上是一个常函数.

接下来, 我们将用 Ramsey 定理来构造不可辨元序列. 设 T 是一个一致的 $\mathcal{L}$-理论, $(I, <_I)$ 是一个无限的线序结构.

定义 1.6.3. 设 $\mathcal{L}$-结构 $\mathcal{M}$, $A \subseteq M$, $(a_i | \, i \in I)$ 是 M 中的 m-元组的序列. 如果对任意的 $n \in \mathbb{N}$, 任意的 $i_1 <_I \cdots <_I i_n \in I$ 和 $j_1 <_I \cdots <_I j_n \in I$, 以及任意的 $\mathcal{L}_A$-公式 $\phi(x_1, \cdots, x_n)$ (其中 $|x_1| = \cdots = |x_n| = m$), 均有

$$\mathcal{M} \vDash \phi(a_{i_1}, \cdots, a_{i_n}) \leftrightarrow \phi(a_{j_1}, \cdots, a_{j_n}),$$

则称 $(a_i | \, i \in I)$(在 $\mathcal{M}$ 中的) 是A **上的不可辨元序列**, 或 $(a_i | \, i \in I)$ (在 M 中的) 是A-**不可辨元序列**.

根据定义, $(a_i | \, i \in I)$ 是 A-不可辨元序列直观上指的是: 如果只用 A 中的元素作为参数, 则结构 M 不能区分下标序相同的两个 n-元组 $(a_{i_1}, \cdots, a_{i_n})$ 和 $(a_{j_1}, \cdots, a_{j_n})$. 一个极端的例子是 $(a_i | \, i \in I)$ 是一个常序列. 事实上, 若 $(a_i | \, i \in I)$ 是 A-不可辨元序列, 且某个 a_i 恰好是 A 中的元素 a, 则公式 $x = a$ 是 $\mathcal{L}_A$-公式, 且 $M \vDash a_i = a$, 则必然有 $M \vDash a_j = a$ 对一切 $j \in I$ 均成立, 从而 $(a_i | \, i \in I)$ 是常序列 $(a, a, a, \cdots)$. 我们把常序列的 A-不可辨元序列称作平凡的 A-不可辨元序列.

一个不平凡的例子是一个没有端点的稠密线序 $(I, <_I)$: 任意的单调的序列 (在结构 $(I, <_I)$ 中) 是 $\emptyset$-不可辨的.

定理 1.6.4. 设 $(I, <_I)$ 是一个无限线序, $\mathcal{M}$ 是一个无限的 $\mathcal{L}$-结构. 对任意的 $A \subseteq M$, 存在 $\mathcal{M}$ 的初等膨胀 $\mathcal{N}$, 使得 N 中有一个序列

$(b_i| i \in I)$ 是非平凡的 A-不可辨元序列.

证明: 令 $C = \{c_i| i \in I\}$ 是一族新常元, $\mathcal{L}' = \mathcal{L} \cup C \cup M$. 对每个 $\mathcal{L}_A$-公式 $\phi(x_1, \cdots, x_n)$, 令 Σ_ϕ 为 $\mathcal{L}'$-句子集:

$$\left\{\phi(c_{i_1}, \cdots, c_{i_n}) \leftrightarrow \phi(c_{j_1}, \cdots, c_{j_n})| \ i_1 <_I \cdots <_I i_n \in I, j_1 <_I \cdots <_I j_n \in I\right\}.$$

令

$$\Sigma = \bigcup_{\phi \in \mathcal{L}_A} \Sigma_\phi, \ \ \Gamma = \text{Diag}_{\text{el}}(M) \cup \Sigma \cup \{\neg(c_i = c_j)| \ i \neq j \in I\}. \tag{1.2}$$

若 Γ 是一致的, 即存在 $\mathcal{N} \models \Gamma$. 则 $\mathcal{N} \models \text{Diag}_{\text{el}}(M)$, 故 $\mathcal{N} \succ \mathcal{M}$. $\mathcal{N} \models \Sigma$ 表明 $\{c_i| i \in I\}$ 在 N 中的解释 $(b_i| i \in I)$ 是 A-不可辨元序列. 而 $\mathcal{N} \models \{\neg(c_i = c_j)| i \neq j \in I\}$ 表明 $(b_i| i \in I)$ 是非平凡的 A-不可辨元序列.

断言: Γ 是有限一致的.

证明断言: 设 $\Gamma_0 \subseteq \Gamma$ 是有限子集. 由于 $\Sigma_{\phi\wedge\psi} \models \Sigma_\phi \cup \Sigma_\psi$, 不失一般性, 可以假设存在 $\mathcal{L}_A$-公式 $\phi(x_1, \cdots, x_n)$, 使得 $\Gamma_0 \subseteq \text{Diag}_{\text{el}}(M) \cup \Sigma_\phi \cup \{\neg(c_i = c_j)| \ i \neq j \in I\}$. 设 $|M| = \lambda$, 且 $M = \{a_\alpha | \alpha \in \lambda\}$ 是 M 中元素的一个枚举. 定义 $f : [M]^n \to \{0, 1\}$ 为: 对任意的 $\alpha_1 < \cdots < \alpha_n \in \lambda$, 有 $f(\{a_{\alpha_1}, \cdots, a_{\alpha_n}\}) = 1$ 当且仅当 $M \models \phi(a_{\alpha_1}, \cdots, a_{\alpha_n})$. 显然, f 是一个函数. 根据定理1.6.1, 存在 M 的一个无限子集 X, 使得 f 在 $[X]^n$ 上是常值. 令 $D = \{\alpha| \ a_\alpha \in X\} \subseteq \lambda$ 是 X 中元素的下标集合. 设 f 在 $[X]^n$ 上的值恒为零, 则对任意的 $\alpha_1 < \cdots < \alpha_n \in D$ 有 $M \models \neg\phi(a_{\alpha_1}, \cdots, a_{\alpha_n})$. 故对任意的 $\alpha_1 < \cdots < \alpha_n \in D$ 及 $\beta_1 < \cdots < \beta_n \in D$, 有

$$M \models \phi(a_{\alpha_1}, \cdots, a_{\alpha_n}) \leftrightarrow \phi(a_{\beta_1}, \cdots, a_{\beta_n}) \tag{1.3}$$

恒成立. 同理, 当 f 在 $[X]^n$ 上的值恒为 1 时, 式 (1.3) 也恒成立. 现在

$$\Gamma_0 \subseteq \mathrm{Diag_{el}}(M) \cup \Sigma_\phi \cup \{\neg(c_i = c_j) | \, i \neq j \in I\},$$

且 Γ_0 有限, 故存在有限的 $I_0 \subseteq I$, 使得

$$\Gamma_0 \subseteq \mathrm{Diag_{el}}(M) \cup \Sigma_{\phi, I_0} \cup \{\neg(c_i = c_j) | \, i \neq j \in I_0\},$$

其中

$$\begin{aligned}\Sigma_{\phi, I_0} = & \{\phi(c_{i_1}, \cdots, c_{i_n}) \leftrightarrow \phi(c_{j_1}, \cdots, c_{j_n}) | \\ & i_1 <_I \cdots <_I i_n \in I_0, \, j_1 <_I \cdots <_I j_n \in I_0\}.\end{aligned}$$

任取 D 中的一个基数为 $|I_0|$ 的子集 D_0. 令 $g : I_0 \to D_0$ 是保序的双射. 对每个 $i \in I_0$, 将 c_i 解释为 $a_{g(i)} \in X \subseteq M$, 从而将 M 扩张为一个 $\mathcal{L}_M \cup \{c_i | \, i \in I_0\}$-结构. 显然 $M \vDash \mathrm{Diag_{el}}(M)$. 由于式 (1.3) 对一切 $\alpha_1 < \cdots < \alpha_n \in D$ 和 $\beta_1 < \cdots < \beta_n \in D$ 恒成立, 并且 g 是保序双射, 因此在以上的解释之下, 扩张后的

$$M \vDash \Sigma_{\phi, I_0} \cup \{\neg(c_i = c_j) | \, i \neq j \in I_0\}.$$

故 $\mathcal{L}_M \cup \{c_i | \, i \in I_0\}$-结构 $M \vDash \Gamma_0$. 这就证明了**断言**. □断言证毕

由于 Γ 有限一致, 从而一致. ■

推论 1.6.5. 设 T 是一个理论, $(I, <_I)$ 是一个无限的线序集, $\Delta(x_i)_{i\in\omega}$ 是一个 $\mathcal{L}$- 公式集, 对任意的 $k \in \omega$, 令 $\Delta_k(x_0, \cdots, x_{k-1})$ 是 Δ 中的变量来自 $\{x_0, \cdots, x_{k-1}\}$ 的公式的集合. 如果存在 $\mathcal{M} \vDash T$ 以及 M 中的序列 $(a_i)_{i\in\omega}$, 使得

$$m_0 < \cdots < m_{k-1} \in \omega \implies \mathcal{M} \vDash \Delta_k(a_{m_0}, \cdots, a_{m_{k-1}}),$$

则存在 T 的模型 $\mathcal{N}$ 及 $(b_i)_{i\in I}\subseteq N$, 使得

$$m_0 <_I \cdots <_I m_{k-1}\in I \implies N\vDash \Delta_k(b_{m_0},\cdots,b_{m_{k-1}})$$

且 $(b_i)_{i\in I}$ 是 N 中的不可辨元序列.

证明: 令 $\Gamma(x_i)_{i\in I}$ 如定理1.6.4中式 (1.2) 所述,

$$\Delta_k^*(x_i)_{i\in I}=\{\phi(x_{m_0},\cdots,x_{m_{k-1}})\in I|\, m_0<\cdots<m_{k-1},\, \phi(x_0,\cdots,x_{k-1})\in\Delta\}$$

令

$$\Gamma^*(x_i)_{i\in I}=\Gamma(x_i)_{i\in I}\cup\bigcup_{k\in\omega}\Delta_k^*(x_i)_{i\in I}.$$

利用紧致性可以证明 Γ^* 有限可满足. 故推论成立. ■

类似地, 利用紧致性还可以证明以下推论.

推论 1.6.6. 设 T 是一个理论, $(I,\ <_I)$ 是一个无限的线序集, $M\vDash T$, $(a_i)_{i\in I}\subseteq M$ 是一个不可辨元序列, 则对任意的线序 $(J,\ <_J)$, 都存在 M 的初等膨胀 N 及 N 中的不可辨元序列 $(b_i)_{i\in J}\subseteq N$, 使得对任意的 $k\in\mathbb{N}^{>0}$, 任意的 $\mathcal{L}$-公式 $\phi(x_0,\cdots,x_{k-1})$, 以及任意的 $m_0<_I\cdots<_I m_{k-1}\in I$ 和 $n_0<_J\cdots<_J n_{k-1}\in J$, 都有

$$N\vDash\phi(a_{m_0},\cdots,a_{m_{k-1}})\iff N\vDash\phi(b_{n_0},\cdots,b_{n_{k-1}}).$$

1.7 量词消去

设 $\mathcal{B}$ 是一个 Boole 代数, $\mathcal{A}$ 是 $\mathcal{B}$ 的子代数, 则

$$\pi: S(\mathcal{B})\to S(\mathcal{A}),\ \eta\mapsto\{a\in A|\ a\in\eta\}$$

是 $S(\mathcal{B})$ 到 $S(\mathcal{A})$ 的连续的满射.

性质 1.7.1. 设 X 是紧致的拓扑空间, Y 是 Hausdorff 空间. 若 $f: X \to Y$ 是连续映射且是双射, 则 f 是同胚映射.

引理 1.7.2. 设 $\mathcal{B}$ 是一个 Boole 代数, $\mathcal{A}$ 是 $\mathcal{B}$ 的子代数, 如果 $\pi: S(\mathcal{B}) \to S(\mathcal{A})$ 是单射, 则 $\mathcal{B} = \mathcal{A}$.

证明: 根据性质1.7.1, π 是同胚. 令 $\mathcal{A}^*$ 为 $S(\mathcal{A})$ 的开闭子集族, $\mathcal{B}^*$ 为 $S(\mathcal{B})$ 的开闭子集族, 则

$$\pi^*: \mathcal{A}^* \to \mathcal{B}^*, X \mapsto \pi^{-1}(X)$$

是同构. 由 Stone 表示定理,

$$\mathrm{id}: \mathcal{A} \to \mathcal{B},\ a \mapsto a$$

是同构, 故 $\mathcal{A} = \mathcal{B}$. ■

设 T 是一个 $\mathcal{L}$-理论, $\Delta(\bar{x})$ 是一族 $\mathcal{L}$-公式, 称 ϕ 是一个 Δ-公式, 如果它是 Δ 中公式的有限 Boole 组合. 设 Δ_0 是 Δ 的子集. 令 $\mathcal{B}_\Delta$ 是所有 Δ-公式在 mod T 等价关系下的商集的 Boole 代数, $\mathcal{B}_{\Delta_0}$ 是所有 Δ_0-公式在 mod T 等价关系下的商集的 Boole 代数, 则 $\mathcal{B}_{\Delta_0}$ 是 $\mathcal{B}_\Delta$ 的子代数. 引理1.7.2的一个直接推论是:

推论 1.7.3. 设 $\mathcal{B}_\Delta$ 和 $\mathcal{B}_{\Delta_0}$ 如上. 如果

$$\pi: S(\mathcal{B}_\Delta) \to S(\mathcal{B}_{\Delta_0}),\ \eta \mapsto \{a \in \mathcal{B}_{\Delta_0} \mid a \in \eta\}$$

是单射, 则对每个 Δ 中的公式 $\varphi(\bar{x})$, 存在一个 Δ_0 中的公式 $\phi(\bar{x})$ 使得

$$T \vDash \forall \bar{x}(\varphi(\bar{x}) \leftrightarrow \phi(\bar{x})).$$

定义 1.7.4. 设 T 是一个 $\mathcal{L}$-理论, Δ 是一族 $\mathcal{L}$-公式. $\Sigma(x_1,\cdots,x_n)$ 是 T 的一个型.

(i) 如果 Σ 中的公式均是 Δ-公式, 则称 Σ 是一个**Δ-n-型**.

(ii) 如果 $\Sigma(x_1,\cdots,x_n)$ 是 Δ-n-型, 且对任意的 Δ-公式 $\phi(x_1,\cdots,x_n)$, 均有 ϕ 与 $\neg\phi$ 其中之一属于 Σ, 则称 Σ 是 T 的**完全 Δ-n-型**.

(iii) 用 $S_n^{\Delta}(T)$ 表示 T 的所有完全 Δ-n-型所构成的集合, 称作 T 的**完全 Δ-n-型空间**.

(iv) 设 $\mathcal{M}\models T$, $\bar{a}\in M^n$, 用 $\mathrm{tp}_{\mathcal{M}}^{\Delta}(\bar{a})$(简记作 $\mathrm{tp}^{\Delta}(\bar{a})$) 表示被 $\bar{a}$ 满足的完全 Δ-n-型.

定义 1.7.5. 设 $\mathcal{M}$ 与 $\mathcal{N}$ 均为 $\mathcal{L}$-结构, $\Delta(x_0,x_1,\cdots)$ 是一族 $\mathcal{L}$-公式, $A\subseteq M$. 称 $f:A\to N$ 是一个部分 Δ-嵌入, 如果 f 是单射且对任意的 Δ-公式 $\varphi(\bar{x})$, 对任意的 $\bar{a}\in A^{|\bar{x}|}$, 有

$$\mathcal{M}\models\varphi(\bar{a}) \iff \mathcal{N}\models\varphi(f(\bar{a})).$$

当 Δ 为全体无量词公式时, 部分 Δ-嵌入恰好为部分嵌入. 当 Δ 为全体公式时, 部分 Δ-嵌入恰好为部分初等嵌入. $f:A\to N$ 是一个部分 Δ-嵌入当且仅当对任意的 $n\in\mathbb{N}^{>0}$, 以及任意的 $\bar{a}\in A^n$, 有 $\mathrm{tp}^{\Delta}(\bar{a})=\mathrm{tp}^{\Delta}(f(\bar{a}))$.

引理 1.7.6. 设 T 是一个 $\mathcal{L}$-理论, $\Delta(x_0,x_1,\cdots)$ 是一族 $\mathcal{L}$-公式, 则以下表述等价:

(i) 对每个 $n\in\mathbb{N}^{>0}$, $\pi:S_n(T)\to S_n^{\Delta}(T)$ 是单射;

(ii) 每个 $\mathcal{L}$-公式都 $\mod T$ 等价于一个 Δ-公式;

(iii) 每个部分 Δ-嵌入恰好是部分初等嵌入.

证明: **(i)** $\Longrightarrow$ **(ii)** 来自引理1.7.2. **(ii)** $\Longrightarrow$ **(iii)** 是显然的. 下面证明 **(iii)** $\Longrightarrow$ **(i)**.

设 $\mathcal{M}$ 是 T 的一个充分饱和的模型, 则

$$S_n(T) = \{\text{tp}(\bar{a}) | \bar{a} \in M^n\},\ S_n^{\Delta}(T) = \{\text{tp}^{\Delta}(\bar{a}) | \bar{a} \in M^n\},$$

而对任意的 $\bar{a} \in M^n$, $\pi(\text{tp}(\bar{a})) = \text{tp}^{\Delta}(\bar{a})$. 现在设 $\bar{a}, \bar{b} \in M^n$, 且 $\text{tp}^{\Delta}(\bar{a}) = \text{tp}^{\Delta}(\bar{b})$, 则

$$f : \{a_1, \cdots, a_n\} \to \{b_1, \cdots, b_n\},\ a_i \mapsto b_i$$

显然是一个部分 Δ-嵌入, 根据假设, f 也是一个部分初等嵌入, 故 $\text{tp}(\bar{a}) = \text{tp}(\bar{b})$. ■

定理 1.7.7. 设 T 是一个 $\mathcal{L}$-理论, $\Delta(x_0, x_1, \cdots)$ 是一族 $\mathcal{L}$-公式, 它包含所有的无量词 $\mathcal{L}$-公式, 则以下表述等价:

(i) 每个 $\mathcal{L}$-公式都 $\mod T$ 等价于一个 Δ-公式;

(ii) 如果 $\mathcal{M}, \mathcal{N} \models T$, A 是 M 的子集, $\mathcal{N}$ 是 $|M|^+$-饱和的, $f : A \to N$ 是一个 Δ-嵌入, 则 f 可以扩张为 $\mathcal{M}$ 到 $\mathcal{N}$ 的 (部分)Δ-嵌入 $f^* : M \to N$.

证明: **(i)** $\Longrightarrow$**(ii)** 设每个 $\mathcal{L}$-公式都 $\mod T$ 等价于一个 Δ-公式, 则一个 Δ-嵌入恰好是一个部分初等嵌入. 令 $\Sigma(x, A) = \text{tp}(a/A)$, 则 $f(\Sigma) \in S_1(f(A))$ 是 $\mathcal{N}$ 中的完全型. 由 $\mathcal{N}$ 的饱和性, 存在 $b \in \mathcal{N}$ 使得 $b \models f(\Sigma)$, 从而 $\text{tp}_{\mathcal{M}}(A, a) = \text{tp}_{\mathcal{N}}(f(A), b)$. 定义 $\bar{f} : A \cup \{a\} \to N$,

$$\bar{f}(x) = \begin{cases} f(x), & 若 x \in A, \\ b, & 若 x = a, \end{cases}$$

则 f 是初等嵌入,从而也是 Δ-嵌入. 由 Zorn 引理,存在一个 Δ-嵌入 $f^*: M \to N$ 是 f 的扩张.

(ii) $\Longrightarrow$(i) 设 **(ii)** 成立.

断言: $\mathcal{M}$ 到 $\mathcal{N}$ 的部分 Δ-嵌入都是部分初等嵌入.

证明断言: 设 $f: A \to N$ 是一个部分 Δ-嵌入. 我们对公式 $\phi(x_1, \cdots, x_n)$ 的长度归纳证明: 对任意的 $\bar{a} = (a_1, \cdots, a_n) \in A^n$,

$$M \models \phi(\bar{a}) \text{ 当且仅当 } N \models \phi(f(\bar{a})). \tag{1.4}$$

当 ϕ 是无量词的公式时,式 (1.4) 自然成立. 当 $\phi(\bar{x})$ 是 $\psi_1(\bar{x}) \vee \psi_2(\bar{x})$ 时,由归纳假设,$\psi_1(\bar{x}), \psi_2(\bar{x})$ 均满足式 (1.4),从而 ϕ 也满足式 (1.4). 当 $\phi(\bar{x})$ 是 $\neg\psi(\bar{x})$ 时,由归纳假设,$\psi(\bar{x})$ 满足式 (1.4),从而 ϕ 也满足式 (1.4).

现在设 $\phi(\bar{x})$ 是 $\exists y\theta(\bar{x}, y)$,则 $M \models \phi(\bar{a})$ 当且仅当存在 $c \in M$ 使得 $M \models \theta(\bar{a}, c)$. 令 Δ-嵌入 $f^*: M \to N$ 是 f 的扩张,根据归纳假设,有

$$M \models \theta(\bar{a}, c) \text{ 当且仅当 } N \models \theta(f(\bar{a}), f^*(c)).$$

故 $N \models \exists y\theta(f(\bar{a}), y)$,即 $N \models \phi(\bar{b})$.

同理,如果 $N \models \phi(f(\bar{a}))$,则存在 $d \in N$ 使得 $N \models \theta(f(\bar{a}), d)$. 令 $\mathcal{M}_1$ 是 $\mathcal{M}$ 的一个 $|N|^+$-饱和膨胀,则 $f^{-1}: f(A) \to M_1$ 也是部分 Δ-嵌入,从而扩张为 Δ-嵌入 $g: N \to M_1$. 由归纳假设,有 $M_1 \models \theta(\bar{a}, g(d))$,从而 $M_1 \models \exists y\, \theta(\bar{a}, y)$. 由于 $\mathcal{M} \prec \mathcal{M}_1$,故式 (1.4) 总是成立的. $\square_{\text{断言证毕}}$

根据以上**断言**,对 T 的任意模型 $\mathcal{M}_0, \mathcal{N}_0$,以及 $A \subseteq M_0$,设 $g: A \to N_0$ 是一个部分 Δ-嵌入,取 $\mathcal{N}_1$ 是 $\mathcal{N}_0$ 的一个 $|M_0|^+$-饱和扩张,则 g 也是 A 到 $\mathcal{N}_1$ 的部分 Δ-嵌入,从而是部分初等嵌入. 即每个部分 Δ-嵌入都是初等嵌入. 根据引理1.7.6,每个 $\mathcal{L}$-公式都 $\bmod T$ 等价于一个 Δ-公式. ■

定义 1.7.8. 设 T 是一个理论. 如果对每个公式 $\phi(\bar{x})$, 都存在一个无量词的公式 $\psi(\bar{x})$, 使得 $T \models \forall \bar{x}(\phi(\bar{x}) \leftrightarrow \psi(\bar{x}))$, 则称 T 具有**量词消去**.

显然, 若 T 有量词消去, $\mathcal{M}$ 是 T 的模型, 则 $\mathcal{M}$ 的每个可定义子集都被一个无量词的 $\mathcal{L}_{\mathcal{M}}$-公式定义. 定理1.7.7的一个直接推论是:

推论 1.7.9. 设 T 是一个 $\mathcal{L}$-理论, $\Delta(x_0, x_1, \cdots)$ 是一族 $\mathcal{L}$-公式, 且包含所有的无量词 $\mathcal{L}$-公式, 则以下表述等价:

(i) T 具有量词消去.

(ii) 设 $\mathcal{M}, \mathcal{N} \models T$, A 是 M 的子集, $\mathcal{N}$ 是 $|M|^+$-饱和的, $f : A \to N$ 是一个部分嵌入, 则 f 可以扩张为 $\mathcal{M}$ 到 $\mathcal{N}$ 的嵌入 $f^* : M \to N$.

(iii) 设 $\mathcal{M}, \mathcal{N} \models T$, A 是 M 的子集, $\mathcal{N}$ 是 $|M|^+$-饱和的, $f : A \to N$ 是一个部分嵌入. 如果 A 是 M 的真子集, 则 f 有一个真扩张 f^*, 它也是部分嵌入.

(iv) 如果 $\mathcal{M}_1, \mathcal{M}_2$ 均是 T 的模型, A 同时是 M_1 和 M_2 的子结构, 则对任意的无量词的 $\mathcal{L}_A$-公式 $\phi(x)$, 均有

$$M_1 \models \exists x \phi(x) \text{ 当且仅当 } M_2 \models \exists x \phi(x).$$

证明: **(i) (ii)** 的等价性来自定理1.7.7. **(ii)$\Longrightarrow$ (iii)** 是显然的. 下面证明 **(iii)$\Longrightarrow$ (ii)**、**(i)$\Longrightarrow$ (iv)** 和 **(iv)$\Longrightarrow$ (iii)**.

(iii)$\Longrightarrow$ (ii): 设 $f : A \to N$ 是一个部分嵌入. 由 Zorn 引理, f 可以扩张为一个极大的部分嵌入 f^*. 显然 f^* 的就是 M 到 N 的嵌入.

(i)$\Longrightarrow$ (iv): 设 T 有量词消去, 且 $\phi(x, \bar{y})$ 是无量词的 $\mathcal{L}$-公式, 存在一个 $\mathcal{L}$-公式 $\psi(\bar{y})$ 使得 $T \models \forall \bar{y}(\exists x \phi(x, \bar{y}) \leftrightarrow \psi(\bar{y}))$. 如果 M_1, M_2 均是 T 的模型, 且 A 是 M_1 和 M_2 的子结构, 则

$$M_1 \models \exists x \phi(x, \bar{a}) \text{ 当且仅当 } M_1 \models \psi(\bar{a}) \text{ 当且仅当 } A \models \psi(\bar{a}),$$

而

$$A \vDash \psi(\bar{a}) \text{ 当且仅当 } M_2 \vDash \psi(\bar{a}) \text{ 当且仅当 } M_2 \vDash \exists x \phi(x, \bar{a}).$$

(iv)⟹ (iii): 设 **(iv)** 成立. 设 $\mathcal{M}, \mathcal{N} \vDash T$, A 是 M 的真子集, $\mathcal{N}$ 是 $|M|^+$-饱和的, $f: A \to N$ 是一个部分嵌入. 只需证明 f 有一个真扩张 f^*, 它也是部分嵌入. 不失一般性, 可以假设 A 是 $\mathcal{M}$ 和 $\mathcal{N}$ 的公共子结构, 而 f 是 A 上的恒等映射. 令 Δ 为全体无量词公式. 任取 $b \in M \backslash A$, 则根据条件, 有 $\text{tp}^{\Delta}_{\mathcal{M}}(b/A)$ 在 $\mathcal{N}$ 中有限可满足. 由 $\mathcal{N}$ 的饱和性, 存在 $b' \in N$ 使得 $b' \vDash \text{tp}^{\Delta}_{\mathcal{M}}(b/A)$, 即 $\text{tp}^{\Delta}_{\mathcal{M}}(A, b) = \text{tp}^{\Delta}_{\mathcal{N}}(A, b')$. 这表明

$$f^*: A \cup \{b\} \to N,\ f^*(x) = \begin{cases} f(x), & x \in A, \\ b', & x = b \end{cases}$$

是一个部分嵌入. ■

2

强极小理论

在本章中,我们总是假设 $\mathcal{L}$ 是一个一阶语言,T 是一个具有无限模型的完备的 $\mathcal{L}$-理论.

2.1 预几何

定义 2.1.1. 设 X 是一个集合,如果映射 $\mathrm{cl}:(\mathcal{P}(X),\subseteq)\to(\mathcal{P}(X),\subseteq)$ 满足:

(i) 单调性 对任意的 $A\subseteq B\subseteq X$,有 $A\subseteq \mathrm{cl}(A)\subseteq \mathrm{cl}(B)$;

(ii) 幂等性 对任意的 $A\subseteq X$,有 $\mathrm{cl}(A)=\mathrm{cl}(\mathrm{cl}(A))$;

(iii) 有限性 对任意的 $A\subseteq X$,以及 $a\in X$,若 $a\in\mathrm{cl}(A)$,则存在 A 的有限子集 A_0 使得 $a\in\mathrm{cl}(A_0)$;

(iv) 交换性 对任意的 $A\subseteq X$,以及 $a,b\in X$,如果 $a\in\mathrm{cl}(A,b)\setminus\mathrm{cl}(A)$,则 $b\in\mathrm{cl}(A,a)$,

则称 $(X,\mathrm{cl}(-))$ 是一个**预几何**. 如果 $\mathrm{cl}(A)=A$,则称 $A\subseteq X$ 是闭的.

设 M 是一个结构, $X \subseteq M^n$, 对任意的 $A \subseteq X$, 令 $\mathrm{acl}(A) = \mathrm{acl}_{\mathcal{M}}(A) \cap X$, 则 $(X, \mathrm{acl}(-))$ 满足以上定义的 (i)-(iii).

例 2.1.2. **(i)** 设 X 是一个集合, 对任意的 $A \subseteq X$, 令 $\mathrm{cl}(A) = A$, 则 (X, cl) 是一个预几何.

(ii) 设 X 是域 K 上的向量空间, 对任意的 $A \subseteq X$, 令 $\mathrm{cl}(A) = A$ 张成的子空间, 则 (X, cl) 是一个预几何.

(iii) 设 X 是域, 对任意的 $A \subseteq X$, 令 $\mathrm{cl}(A) = A$ 在 X 中 (域论意义下) 的代数闭包, 则 (X, cl) 是一个预几何.

定义 2.1.3. 设 $\mathcal{M} \models T$, $C \subseteq M$, $X \subseteq M^n$ 是 C-可定义集合. 如果对任意的 $a, b \in X$, 以及任意的 $A \subseteq X$, 有 $a \in \mathrm{acl}_{\mathcal{M}}(C, A, b) \setminus \mathrm{acl}_{\mathcal{M}}(C, A)$ 蕴涵 $b \in \mathrm{acl}_{\mathcal{M}}(C, A, a)$, 则称 X 具有**交换性质**. 如果 T 的任意模型 $\mathcal{M}$ 的论域 M 都具有交换性质, 则称 T 具有交换性质.

定义 2.1.4. 设 (X, cl) 是一个预几何. 称 $A \subseteq X$ 是**独立的**是指对每个 $a \in A$, 都有 $a \notin \mathrm{cl}(A \setminus \{a\})$.

(i) 如果 $A \subseteq Y \subseteq X$, A 独立, 且 $Y \subseteq \mathrm{cl}(A)$, 则称 A 是 Y 的一组**基**.

(ii) 设 $a = (a_1, \cdots, a_n) \in X^n$, 称 a 独立是指集合 $\{a_1, \cdots, a_n\}$ 独立, 根据交换性, a 独立当且仅当对每个 $i \leqslant n$, 有 $a_i \notin \mathrm{cl}(a_1, \cdots, a_{i-1})$.

注 2.1.5. 在代数闭域中, “独立”恰好就是“代数不相关”. 在向量空间中, “独立”恰好就是“线性不相关”.

引理 2.1.6. 设 (X, cl) 是预几何, $Y \subseteq X$, $A \subseteq Y$ 是 Y 的基, $b \in Y \setminus \mathrm{cl}(\emptyset)$, 如果 $b \notin A$, 则存在 $a \in A$ 使得 $(A \setminus \{a\}) \cup \{b\}$ 是 Y 的基.

证明: 设 $A_0 = \{a_1, \cdots, a_n\} \subseteq A$ 是基数最小的子集使得 $b \in \mathrm{cl}(A_0)$, 则

$$b \in \mathrm{cl}(a_1, \cdots, a_n) \setminus \mathrm{cl}(a_1, \cdots, a_{n-1}),$$

从而有 $a=a_n\in \mathrm{cl}(a_1,\cdots,a_{n-1},b)$, 即

$$\mathrm{cl}(A_0)=\mathrm{cl}(a_1,\cdots,a_n)=\mathrm{cl}(a_1,\cdots,a_{n-1},b).$$

这表明 $Y\subseteq \mathrm{cl}((A\backslash\{a\})\cup\{b\})$.

下面验证 $(A\backslash\{a\})\cup\{b\}$ 是独立的. 若 $b\in \mathrm{cl}(A\backslash\{a\})$, 则存在 $c_1,\cdots,c_m\in A\backslash\{a\}$ 使得 $b\in \mathrm{cl}(c_1,\cdots,c_m)$. 此时有

$$\{a_1,\cdots,a_n\}\subseteq \mathrm{cl}(a_1,\cdots,a_{n-1},b)\subseteq \mathrm{cl}(a_1,\cdots,a_{n-1},c_1,\cdots,c_m),$$

从而有

$$a_n\in \mathrm{cl}(a_1,\cdots,a_{n-1},c_1,\cdots,c_m).$$

这与 A 的独立性矛盾.

若存在 $d\in A\backslash\{a\}$ 使得 $d\in \mathrm{cl}((A\backslash\{a,d\})\cup\{b\})$, 则

$$d\in \mathrm{cl}((A\backslash\{a,d\})\cup\{b\})\backslash \mathrm{cl}((A\backslash\{a,d\})).$$

由交换性, 有 $b\in \mathrm{cl}(A\backslash\{a\})$, 然而我们已经证明了这是不可能的. 故 $(A\backslash\{a\})\cup\{b\}$ 是 Y 的基. ■

引理 2.1.7. 设 (X,cl) 是预几何, $Y\subseteq X$, A,B 均是 Y 的基, 则 $|A|=|B|$.

证明: 先假设 $A=\{a_1,\cdots,a_n\}$ 有限. 假设 $|A|\leqslant|B|$, 令 $B_0=\{b_1,\cdots,b_n\}$ 是 B 的一个有限子集, 则由引理2.1.6, B_0 也是 Y 的基, 从而 $B=B_0$.

如果 A 是无限的, 对每个 $a\in A$, 存在有限的 $B_a\subseteq B$ 使得 $a\in \mathrm{cl}(B_a)$. 令 $B'=\bigcup_{a\in A}B_a$, 则 $|B'|\leqslant|A|\cdot\aleph_0=|A|$, 且

$$A\subseteq\bigcup_{a\in A}\mathrm{cl}(B_a)\subseteq \mathrm{cl}(\bigcup_{a\in A}B_a)=\mathrm{cl}(B'),$$

从而 $\mathrm{cl}(B) \subseteq \mathrm{cl}(A) \subseteq \mathrm{cl}(B')$. 这表明 $B = B'$, 从而 $|B| \leqslant |A|$. 同理可证 $|A| \leqslant |B|$. ■

注 2.1.8. 如果 (X, cl) 是预几何, 则对任意的 Y, 可以诱导出两个新的预几何:

(i) (Y, cl'), 对任意的 $A \subseteq Y$, 规定 $\mathrm{cl}'(A) = \mathrm{cl}(A) \cap Y$;

(ii) (X, cl_Y), 对任意的 $A \subseteq X$, 规定 $\mathrm{cl}_Y(A) = \mathrm{cl}(A \cup Y)$, 称 (X, cl_Y) 为 (X, cl) 在 Y 处的局部化.

定义 2.1.9. 设 (X, cl) 是预几何, $A, Y \subseteq X$.

(i) 定义 A 的**维数**为 A 在 (X, cl) 中的一组基的基数, 记作$\dim(A)$.

(ii) 定义 A 在 Y 上的维数为 A 在 (X, cl_Y) 中的一组基的基数, 记作 $\dim_Y(A)$.

(ii) 设 $a = (a_1, \cdots, a_n) \in X^n$, 定义 a 在 Y 上的维数为 $\{a_1, \cdots, a_n\}$ 在 Y 上的维数, 记作 $\dim_Y(a)$.

2.2 强极小集合与强极小理论

定义 2.2.1. 设 $\mathcal{M} \models T, X \subseteq M^n$ 是可定义集合.

(i) 如果 X 的 M-可定义子集总是有限或者余有限集合, 则称 X 是**极小的**;

(ii) 称公式 $\phi(x)$ 是**强极小的**, 如果 $\phi(x)$ 在 M 的每个初等膨胀中都定义了一个极小集合;

(iii) 称 X 是强极小的, 如果定义 X 的公式是强极小的;

(iv) 称 T 是强极小的, 如果公式 $x = x$ 是强极小的.

显然,强极小集合 X 的无限可定义子集都是强极小的.

例 2.2.2. 容易验证,结构 $(\mathbb{N}, S, <, 0)$ 的理论接受量词消去,故其可定义子集总是有限集或者余有限集,从而是极小的,但其一阶理论不是强极小的.

例 2.2.3. 设 K 是一个无限的域. 考虑 K 上向量空间的语言 $\mathcal{L}_{VK} = \{+, -, 0, \{\lambda\}_{\lambda\in K}\}$, T_{VF} 是 K 上的向量空间的理论 (见例 1.3.8). 容易验证, T_{VK} 具有量词消去,并且具有范畴性,从而是完备的. 设 $V \vDash T_{VK}$, $\varphi(x, y)$ 是一个原子公式,其中 x 是单变元, $y = (y_1, \cdots, y_k)$, 则 $\varphi(x, y)$ 等价于公式

$$\lambda_0 x + \lambda_1 y_1 + \cdots + \lambda_k y_k = 0.$$

对任意的 $b \in V^k$, $\varphi(V, b)$ 或者是单点集,或者是 V. 由量词消去,每个含有参数的单变元公式定义的集合或者是有限集,或者是余有限集. 故 T_{VK} 是强极小的.

我们将在下一章证明代数闭域也是强极小的.

引理 2.2.4. 设 $\mathcal{M}, \mathcal{N} \vDash T$, 则

(i) 存在双射 $f: \mathrm{acl}_{\mathcal{M}}(\emptyset) \to \mathrm{acl}_{\mathcal{N}}(\emptyset)$ 是部分初等嵌入;

(ii) 存在双射 $f: \mathrm{dcl}_{\mathcal{M}}(\emptyset) \to \mathrm{dcl}_{\mathcal{N}}(\emptyset)$ 是部分初等嵌入.

证明: 由于 $\mathcal{M} \equiv \mathcal{N}$, 故 $f: \emptyset \to \emptyset$ 是 $\mathcal{M}$ 到 $\mathcal{N}$ 的部分初等嵌入.

只需证明: 若 $A \subseteq \mathrm{acl}_{\mathcal{M}}(\emptyset)$, $B \subseteq \mathrm{acl}_{\mathcal{M}}(\emptyset)$, 且 $f: A \to B$ 是 $\mathcal{M}$ 到 $\mathcal{N}$ 的部分初等嵌入,则 f 有**进退性质**: 对任意的 $c \in \mathrm{acl}_{\mathcal{M}}(\emptyset)$, 存在 $d \in \mathrm{acl}_{\mathcal{N}}(\emptyset)$ 使得 $f \cup \{(c, d)\}$ 也是部分初等同构; 同样地,对任意的 $d \in \mathrm{acl}_{\mathcal{N}}(\emptyset)$, 存在 $c \in \mathrm{acl}_{\mathcal{M}}(\emptyset)$ 使得 $f \cup \{(c, d)\}$ 也是部分初等嵌入.

设 $c \in \mathrm{acl}_{\mathcal{M}}(\emptyset)$, 则存在 $\mathcal{L}_A$-公式 $\psi(x, a)$ 使得 $\psi(x, a) \vDash \mathrm{tp}_{\mathcal{M}}(c/A)$. 令 $q(x) = f(\mathrm{tp}_{\mathcal{M}}(c/A))$, 则 $q(x) \in S_1(\mathcal{N}, B)$ 且 $\psi(x, f(a)) \vDash q(x)$. 任

取 $d \in \mathcal{N}$ 使得 $d \models \psi(x, f(a))$, 则有 $\mathrm{tp}_{\mathcal{M}}(c, A) = \mathrm{tp}_c N(d, B)$. 即 $f \cup \{(c, d)\}$ 也是部分初等嵌入.

同理, 对任意的 $d \in \mathrm{acl}_{\mathcal{N}}(\emptyset)$, 存在 $c \in \mathrm{acl}_{\mathcal{M}}(\emptyset)$ 使得 $f \cup \{(c, d)\}$ 也是部分初等嵌入.

由 Zorn 引理, 存在 $\mathrm{acl}_{\mathcal{M}}(\emptyset)$ 到 $\mathrm{acl}_{\mathcal{N}}(\emptyset)$ 的双射是部分初等嵌入. 同理可证存在 $\mathrm{dcl}_{\mathcal{M}}(\emptyset)$ 到 $\mathrm{dcl}_{\mathcal{N}}(\emptyset)$ 的部分初等嵌入. ■

根据引理2.2.4, 我们可以称 $\mathrm{acl}_{\mathcal{M}}(\emptyset)$ 为 T 的代数闭包, 且将 $\mathrm{acl}_{\mathcal{M}}(\emptyset)$ 记作 $\mathrm{acl}(\emptyset)$.

引理 2.2.5. 设 T 是强极小的, $\mathcal{M} \models T$, $A \subseteq M$. 如果 $\mathrm{acl}_{\mathcal{M}}(A)$ 是无限集合, 则 $\mathrm{acl}_{\mathcal{M}}(A)$ 是 的初等子结构. 特别地, 如果 $\mathrm{acl}(\emptyset)$ 是无限集合, 则 $\mathrm{acl}(\emptyset)$ 是 T 的**素模型**, 即对任意的 $\mathcal{M} \models T$, 有 $\mathrm{acl}(\emptyset) \prec \mathcal{M}$

证明: 只需证明: 对任意的 $\mathcal{L}_{\mathrm{acl}(A)}$-公式 $\psi(x)$, $\psi(M)$ 非空蕴涵 $\psi(M) \cap \mathrm{acl}(A)$ 也非空. 如果 $\psi(M)$ 有限, 则 $\psi(M) \subseteq \mathrm{acl}(A)$. 如果 $\psi(M)$ 无限, 则 $\neg\psi(M)$ 有限, 由于 $\mathrm{acl}(A)$ 无限, 故 $\psi(M) \cap \mathrm{acl}(A)$ 非空. ■

设 $\mathcal{M}$ 是一个充分饱和的模型, $A \subseteq M$ 是一个基数小于 $|M|$ 的集合, $a \in M^n$. 容易验证 $a \in \mathrm{acl}_{\mathcal{M}}(A)$ 当且仅当 a 在 $\mathrm{Aut}(M/A)$ 的作用下的轨道是有限的, 即 $\{\sigma(a) | \sigma \in \mathrm{Aut}(M/A)\}$ 是一个有限集合.

定理 2.2.6 (交换性). 设 $\mathcal{M} \models T$, $X \subseteq M^n$ 是 $\emptyset$-可定义集合. 设 X 是强极小的, $a, b \in X$, $C \subseteq M$ 是参数集, 若 $a \in \mathrm{acl}_{\mathcal{M}}(C, b) \setminus \mathrm{acl}_{\mathcal{M}}(C)$, 则 $b \in \mathrm{acl}_{\mathcal{M}}(C, a)$.

证明: 设 X 被公式 $\theta(x)$ 定义. 只需证明: 存在 $\mathcal{L}_C$-公式 $\phi(x, y)$, 使得 $\models \phi(a, b)$, 且 $\phi(a, M)$ 有限. 设 $\mathcal{L}_C$-公式 $\psi(x, y)$ 见证了 $a \in \mathrm{acl}_{\mathcal{M}}(C, b)$, 即 $\models \psi(a, b)$ 且 $|\psi(M, b)| = n$ 有限. 显然, b 满足以下公式:

(i) $\theta(x)$;

(ii) $\chi(x)$, 这里 $\chi(x)$ 表示 "$|\psi(M, x)| = n$";

(iii) $\psi(a,x)$.

令 $\phi(a,x)=\theta(x)\wedge\chi(x)\wedge\psi(a,x)$, 则 $\models\phi(a,b)$.

断言: $|\phi(a,M)|$ 有限.

证明断言: 否则, 由 X 的强极小性, 有

$$|X\backslash(\chi(M)\cap\psi(a,M))|=m$$

有限. 令 $\eta(x)$ 表示 "$|X(\chi(M)\cap\psi(x,M))|=m$". 如果 $\eta(M)$ 有限, 则 $a\in\mathrm{acl}_{\mathcal{M}}(C)$, 矛盾. 故存在 $c_1,\cdots,c_{n+1}\in\eta(M)$. 令 $B_i=X\cap\chi(M)\cap\psi(c_i,M)$. 由定义, $|X\backslash B_i|=m$, 故 B_i 在 X 中余有限, 从而 $\bigcap_{i=1}^{n+1}B_i$ 在 X 中余有限. 取 $b^*\in\bigcap_{i=1}^{n+1}B_i$, 则 $\models\chi(b^*)$ 且 $\models\psi(c_1,b^*),\cdots,\psi(c_{n+1},b^*)$. 而 $\models\chi(b^*)$ 意味着 $|\phi(M,b^*)|=n$, 这也是一个矛盾. □断言证毕

由以上**断言**可知, $b\in\mathrm{acl}_{\mathcal{M}}(C,a)$. ■

推论 2.2.7. 设 $\mathcal{M}\models T$, $X\subseteq M^n$ 是可定义集合, $C\subseteq M$ 是一个参数集合. 如果 X 是强极小的, 则 $(X,\mathrm{acl}_{\mathcal{M}}(C,-))$ 是一个预几何.

定义 2.2.8. 设 $X\subseteq M^n$ 是结构 $\mathcal{M}$ 中的一个强极小可定义集合, $C\subseteq M$ 是参数集.

(i) 设 $A\subseteq X$, 定义 A 在 C 上的**维数**为 A 在 C 上的一组基的基数, 记作 $\dim(A/C)$.

(ii) 设 $a=(a_1,\cdots,a_n)\in X^n$, 定义 a 在 C 上的**维数**为 $\{a_1,\cdots,a_n\}$ 在 C 上的维数, 即 a 在 C 上代数独立的极大子元组, 记作 $\dim(a/C)$.

引理 2.2.9. 设 $X\subseteq M^k$ 是 $\emptyset$-可定义集合且 X 是强极小的, $C\subseteq M$ 是参数集, $a,b\in X^n$. 如果 $\mathrm{tp}(a/C)=\mathrm{tp}(b/C)$, 则 $\dim(a/C)=\dim(b/C)$.

证明: 对 n 归纳证明. 设 $a_1, b_1 \in X$. 如果 $\mathrm{tp}(a_1/C) = \mathrm{tp}(b_1/C)$, 则 $a_1 \in \mathrm{acl}_{\mathcal{M}}(C)$ 当且仅当 $b_1 \in \mathrm{acl}_{\mathcal{M}}(C)$. 现在设 $a, b \in X^n$, $c, d \in X$, 且 $\mathrm{tp}(a, c/C) = \mathrm{tp}(b, d/C)$. 由归纳假设 $\dim(a/C) = \dim(b/C)$. 若 $c \in \mathrm{acl}_{\mathcal{M}}(C, a)$, 则存在 L_C-公式 $\phi(x, y)$ 使得 $\models \phi(c, a)$, 且 $|\phi(M, a)| = n < \omega$, 则 $\models \phi(d, b)$, 且 $|\phi(M, b)| = n < \omega$. 故 $d \in \mathrm{acl}_{\mathcal{M}}(C, b)$. 这表明

$$c \in \mathrm{acl}_{\mathcal{M}}(C, a) \iff d \in \mathrm{acl}_{\mathcal{M}}(C, b).$$

故 $\dim(a, c/C) = \dim(b, c/C)$. ∎

以上引理表明下面的定义是合理的.

定义 2.2.10. 设 T 是强极小的, $\mathcal{M} \models T$, $C \subseteq M$ 是参数集, $p \in S_n(C)$. 令 $\mathcal{N} \succ \mathcal{M}$ 是 $|C|^+$-饱和的, $a \in N^n$ 实现了 p, 则定义 p 的维数为 $\dim(a/C)$, 记作 $\dim(p)$.

引理 2.2.11. 设 $\mathcal{M}, \mathcal{N} \models T$, $\phi(x_1, \cdots, x_k)$ 是强极小的, $f: M \to N$ 是一个部分初等嵌入, 如果 $a = (a_1, \cdots, a_k) \in \phi(M) \backslash \mathrm{acl}_{\mathcal{M}}(\mathrm{dom}(f))$, $b = (b_1, \cdots, b_k) \in \phi(N) \backslash \mathrm{acl}_{\mathcal{N}}(\mathrm{image}(f))$, 则 $f \cup \{(a_1, b_1), \cdots, (a_k, b_k)\}$ 也是一个部分初等嵌入.

证明: 设 $\varphi(x, y)$ 是一个 $\mathcal{L}$-公式, c 是 $\mathrm{dom}(f)$ 中的一个 $|y|$-元组. 我们需要证明

$$M \models \varphi(a, c) \iff N \models \varphi(b, f(c)).$$

如果 $\varphi(M, c) \cap \phi(M)$ 是有限的, 则 $\varphi(N, f(c)) \cap \phi(N)$ 也是有限的, 从而有

$$M \models \neg\varphi(a, c) \text{ 且 } N \models \neg\varphi(b, f(c)).$$

如果 $\varphi(M, c)$ 无限, 则 $\neg\varphi(M, c) \cap \phi(M)$ 有限, 从而 $\neg\varphi(N, f(c)) \cap \phi(N)$ 也有限, 则有 $M \models \varphi(a, c)$ 且 $N \models \varphi(b, f(c))$. ∎

推论 2.2.12. 设 $\mathcal{M},\mathcal{N}\models T$, 如果 $\phi(x_1,\cdots,x_k)$ 是强极小的, $a_1,\cdots,a_n\in\phi(M)$ 和 $b_1,\cdots,b_n\in\phi(N)$ 均代数独立, 则 $\mathrm{tp}_{\mathcal{M}}(a)=\mathrm{tp}_{\mathcal{N}}(b)$.

证明: 由于 T 是完备的, 故空函数是 $\mathcal{M}$ 到 $\mathcal{N}$ 的部分初等嵌入. 根据引理2.2.11, 对 n 归纳证明即可. ■

以上引理表明: 若 X 是强极小的 $\emptyset$-可定义集合, $(a_i|\,i<\omega)\subseteq X$ 是代数独立的, 则 $(a_i|\,i<\omega)$ 是不可辨元序列.

推论 2.2.13. 设 X 是结构 M 中的强极小可定义集合, $C\subseteq M$ 是参数集. $a=(a_1,\cdots,a_n),b=(b_1,\cdots,b_n)\in X^n$, 如果 $\dim(a/C)=\dim(b/C)=n$, 则 $\mathrm{tp}(a/C)=\mathrm{tp}(b/C)$.

证明: 将 C 视作常元, 则语言 L_C 上的理论 $T_C=\mathrm{Th}(M,c)_{c\in C}$ 也是强极小的. 显然, 在结构 $M_C=(M,c)_{c\in C}$ 中 $\{a_1,\cdots,a_n\}$ 和 $\{b_1,\cdots,b_n\}$ 均代数独立, 根据引理2.2.12, $\mathrm{tp}_{M_C}(a)=\mathrm{tp}_{M_C}(b)$, 即 $\mathrm{tp}_{\mathcal{M}}(a/C)=\mathrm{tp}_{\mathcal{M}}(b/C)$. ■

推论 2.2.14. 设 T 是一个强极小理论, $\mathcal{M}\models T$, $C\subseteq M$, 则 $S_n(C)$ 中只有一个满维数的型. 特别地, $S_1(C)$ 中只有一个非代数型, 因此 $|S_1(C)|=|\mathcal{L}_C|$.

命题 2.2.15. 设 T 是一个强极小理论, $\mathcal{M}$ 是 T 的模型, 且 $|M|>|\mathcal{L}|$, 则 $\mathcal{M}$ 是饱和的当且仅当 $\dim(M)=|M|$.

证明: 设 $\mathcal{M}$ 是饱和的. 如果 $C\subseteq M$ 且 $|C|<|M|$, 则 $|\operatorname{acl}_{\mathcal{M}}(C)|=|C|+|\mathcal{L}|<|M|$, 故 C 不是 M 的基, 因此 $\dim(M)=|M|$.

反之设 $\dim(M)=|M|$, $C\subseteq M$ 且 $|C|<|M|$, 则 C 不是 M 的基, 从而存在 $a\in M$ 使得 $a\notin\operatorname{acl}_{\mathcal{M}}(C)$. 如果 $p\in S_1(C)$ 是代数型, 则显然 p 可以被 $\operatorname{acl}_{\mathcal{M}}(C)\subseteq M$ 中的元素满足. 如果 $p\in S_1(C)$ 是超越型, 则可以被 a 满足. ■

命题 2.2.16. 若 $\mathcal{M}, \mathcal{N} \models T$, $\phi(x)$ 是强极小的, 且 $\dim(\phi(M)) = \dim(\phi(N))$, 则存在双射 $f: \phi(M) \to \phi(N)$ 使得 f 是 $\mathcal{M}$ 到 $\mathcal{N}$ 的部分同构.

证明: 令 B 和 C 分别是 $\phi(M)$ 和 $\phi(N)$ 的基, 根据推论2.2.12, B 到 C 的任何双射都是 $\mathcal{M}$ 到 $\mathcal{N}$ 的部分初等嵌入. 令 $\mathcal{I}_{M,N}$ 是 $\mathcal{M}$ 到 $\mathcal{N}$ 的部分初等嵌入, 而

$$\mathcal{I} = \{f \in \mathcal{I}_{M,N} \mid B \subseteq \mathrm{dom}(f) \subseteq \phi(M),\ C \subseteq \mathrm{image}(f) \subseteq \phi(N)\}.$$

根据 Zorn 引理, $\mathcal{I}$ 有极大元 g.

断言: $\mathrm{dom}(g) = \phi(M), \mathrm{image}(g) = \phi(N)$.

证明断言: 反设存在 $c \in \phi(M) \setminus \mathrm{dom}(g)$, 则 $c \in \mathrm{acl}_{\mathcal{M}}(\mathrm{dom}(g))$, 故存在 $\mathrm{dom}(g)$ 上的公式 $\eta(x)$ 使得 $\models \eta(c)$ 且 $|\eta(M)| < \aleph_0$ 最小. 显然 $\eta(x) \models \mathrm{tp}_{\mathcal{M}}(c)$. 任取 $d \in \phi(N)$ 使得 $d \models \eta(x)$, 则 $g \cup \{(c,d)\}$ 是一个部分同构, 这与 g 极大矛盾. 同理, $\mathrm{image}(g) = \phi(N)$. □断言证毕

由以上**断言**可知 g 是 $\phi(M)$ 到 $\phi(N)$ 的初等映射. ■

由命题2.2.15和命题2.2.16可直接得到以下推论.

推论 2.2.17. 设 T 是强极小理论, $\mathcal{M}, \mathcal{N}$ 是 T 的模型, 且 $|M|, |N| > |\mathcal{L}|$, 则 $\mathcal{M} \cong \mathcal{N}$ 当且仅当 $\dim(M) = \dim(N)$.

推论 2.2.18. 设 T 是可数的强极小理论, 则 T 是不可数范畴的.

证明: 设 $\mathcal{M}, \mathcal{N} \models T$ 且 $|M| = |N| = \lambda > \aleph_0$. 令 A, B 分别为 M 和 N 的基, 则 $|A| = |M| = |N| = |B|$, 故 $\dim(M) = \dim(N)$, 从而 $\mathcal{M} \cong \mathcal{N}$.

■

定义 2.2.19. 设 T 是一个强极小理论, $\mathcal{M} \models T$ 是 $\aleph_0$-饱和的, $\phi(x)$ 是一个 $\mathcal{L}_C$-公式, 且 $|C| < \aleph_0$, 定义 $\mathrm{Dim}(\phi)$ 为

$$\max\{\dim(b/C) \mid b \in M^{|x|} \text{ 且 } b \models \phi(x)\}.$$

若 $X \subseteq M^n$ 被公式 ψ 定义, 则 $\mathrm{Dim}(X) = \mathrm{Dim}(\psi)$.

注 2.2.20. 设 T 是一个强极小理论, $\mathcal{M} \models T, C \subseteq M$.

(i) 由强极小性和紧致性, 对任何 $\mathcal{L}$-公式 $\phi(x, y)$(这里 x 是一个单变元), 存在自然数 N_ϕ 使得 $\phi(M, y)$ 无限当且仅当 $|\phi(M, y)| > N_\phi$, 故而存在一个一阶公式 $\psi(y)$ 使得 $b \in \psi(M)$ 当且仅当 $\phi(M, b)$ 是一个无限集合. 将这样的 $\psi(y)$ 记作 "$\exists^\infty x \phi(x, y)$" .

(ii) 若 $a \in M$, 则 $\dim(a/C) = 1$ 当且仅当对每个 $\mathcal{L}_C$-公式 $\phi(x)$ 有

$$\phi(x) \in \mathrm{tp}(a/C) \iff \mathcal{M} \models \exists^\infty x \phi(x).$$

(iii) 若 $a = (a_1, \cdots, a_n) \in M^n$, 对 n 归纳证明可知: $\dim(a/C) = n$ 当且仅当对每个 $\mathcal{L}_C$-公式 $\phi(x_1, \cdots, x_n)$ 有

$$\phi(x_1, \cdots, x_n) \in \mathrm{tp}(a/C) \iff \mathcal{M} \models \exists^\infty x_1 \cdots \exists^\infty x_n \phi(x_1, \cdots, x_n).$$

(iv) 假设 $\phi(x_1, \cdots, x_n)$ 是一个 $\mathcal{L}_C$-公式, 取 M 的 $|M|^+$-饱和的初等膨胀 $\mathcal{N}$. 令 $b = (b_1, \cdots, b_n) \in N^n$ 使得

- $N \models \phi(b_1, \cdots, b_n)$;
- $\dim(b/C) = \mathrm{Dim}(\phi) = k$.

假设 $\dim(b_1, \cdots, b_k/C) = k$, 则

$$M \models \exists^\infty x_1 \cdots \exists^\infty x_k \exists x_{k+1} \cdots \exists x_n \phi(x_1, \cdots, x_n).$$

设 $M \subseteq B \supseteq C$. 我们知道 $S_k(B)$ 中只有一个维数为 k 的型, 设为 p, 则由以上的讨论可知

$$\exists x_{k+1} \cdots \exists x_n \phi(x_1, \cdots, x_n) \in p,$$

令 $(c_1, \cdots, c_k) \in N^k$ 实现 p, 则 $\dim(c_1, \cdots, c_k/B) = k$. 任取 $c_{k+1}, \cdots, c_n$ 使得 $c = (c_1, \cdots, c_n) \models \phi(x_1, \cdots, x_n)$, 则

$$\mathrm{Dim}(\phi) = \max\{\dim(a/C) | N \models \phi(a)\} \geqslant \dim(c/B) \geqslant k = \mathrm{Dim}(\phi).$$

故 $\mathrm{Dim}(\phi)$ 的定义与参数集的选取无关, 只需参数集包含 ϕ 的参数即可.

引理 2.2.21. 设 T 是强极小的, $M \models T$, $A \subseteq M$ 是一个有限参数集, $\phi(x, y)$ 是一个 $\mathcal{L}_A$-公式, 则对任意的自然数 k,

$$\{b \in M^{|y|} | \ \mathrm{Dim}(\phi(x, b)) = k\}$$

是 A-可定义的.

证明: 设 $x = (x_1, \cdots, x_n)$. 显然, 若 $k = n$, 则 $\mathrm{Dim}(\phi(x, b)) = k$ 当且仅当

$$\exists^\infty x_1 \cdots \exists^\infty x_k \phi(x, b).$$

而在强极小理论中, 对每个公式 $\varphi(x)$, 存在 $N_\varphi \in \mathbb{N}$ 使得

$$\models \exists^\infty x \varphi(x) \iff \models \exists^{N_\varphi} x \varphi(x).$$

故而当 $k = n$ 时, $\{b \in M^{|y|} | \ \mathrm{Dim}(\phi(x, b)) = k\}$ 是可定义集合. 当 $n > k$ 时, $\mathrm{Dim}(\phi(x, b)) = k$ 当且仅当存在 $a \models \phi(x, b)$ 且 a 的一个子 k-元组 a_0 的维数为 k. 对每一组 $\{1, \cdots, n\}$ 的每个含有 $n - k$ 个元素

的子集 $D = \{m_1, \cdots, m_{n-k}\}$, 令 ϕ_D 为

$$\exists x_{m_1} \cdots \exists x_{m_{n-k}} \phi(x, y),$$

用 X 表示 $\{1, \cdots, n\}$ 的 $(n-k)$-元子集, 则

$$\mathrm{Dim}(\phi(x,b)) \geqslant k \iff \bigvee_{D \in X} \mathrm{Dim}(\phi_D(x,b)) = k.$$

因此, 每个 $\{b \in M^{|y|} | \ \mathrm{Dim}(\phi_D(x,b)) = k\}$ 都是可定义的, 这就证明了引理. ■

类似地, 也可以有下面的定义.

定义 2.2.22. 设 $\mathcal{M}$ 是 $\aleph_0$-饱和的, $A \subseteq M$ 是一个有限参数集, $X \subseteq M^n$ 是 A-可定义的强极小集, $B \subseteq X^k$ 是 A-可定义集合, 则

$$\mathrm{Dim}(B) = \max\{\dim(b/A) | \ b \in B\}.$$

类似于引理2.2.21, 也可以证明下述引理.

引理 2.2.23. 设 $\mathcal{M}$ 是一个结构, $A \subseteq M$ 是一个有限参数集, $\psi(x)$ 和 $\phi(z_1, \cdots, z_m, y)$ 都是 $\mathcal{L}_A$-公式, 其中 $|x| = |z_1| = \cdots = |z_m|$. 若 $\psi(M)$ 是强极小的, 则对任意的自然数 k,

$$\{b \in M^{|y|} | \ \mathrm{Dim}(\phi(M,b) \cap \psi(M)^m) = k\}$$

是 A-可定义的.

2.3 多类型语言和虚元

多类型语言是指有具有多个论域的语言. 现在引入由理论 T 诱导的**多类型语言** $\mathcal{L}^{\mathrm{eq}}$: 设 $x=(x_1,\cdots,x_n), y=(y_1,\cdots,y_n)$, $E(x,y)$ 是一个 $\mathcal{L}$-公式, 如果 $E(x,y)$ 在理论 T 中定义了一个等价关系, 则引入一个新的类型 $\mathbf{S}_E$ 用来表示 E 的等价类. 特别地, $x=y$ 定义了一个等价关系, 将该等价关系对应的类型记作 $\mathbf{S}_{(=,n)}$. 同时, 我们还引入一个函数符号 $f_E(x)$ 来表示 $\mathbf{S}_{(=,n)}$ 到 $\mathbf{S}_E$ 的自然投射. 令

$$\mathcal{E}_n=\{E(x,y)\in\mathcal{L}|\ |x|=|y|=n,\ T\models \text{“}E(x,y)\text{是一个等价关系”}\},$$

$\mathcal{E}=\bigcup_{n\in\mathbb{N}^{>0}}\mathcal{E}_n$, 则 $\mathcal{L}^{\mathrm{eq}}=\mathcal{L}\cup\{\mathbf{S}_E,f_E|\ E\in\mathcal{E}\}$. 我们将 $\mathbf{S}_{(=,1)}$ 称为本类型, 记作 $\mathbf{S}_=$, 并总是将 $\mathbf{S}_{(=,n)}$ 与 $(\mathbf{S}_=)^n$ 等同起来. $\mathcal{L}$ 中原有的 n-元谓词即可视作 $\mathbf{S}_=$ 中的 n-元谓词. 同理, $\mathcal{L}$ 中原有的 n-元函数符号即可视作 $\mathbf{S}_=$ 上的 n-元函数符号. $\mathcal{L}^{\mathrm{eq}}$ 的模型有多个论域, 每个 n-元等价关系 E 诱导的类型 $\mathbf{S}_E$ 都对应一个论域. f_E 被解释为 $(\mathbf{S}_=)^n$ 的论域到 $\mathbf{S}_E$ 的论域的一个映射. 由 T 诱导的 $\mathcal{L}^{\mathrm{eq}}$ 理论 T^{eq} 包含 T, 并且满足以下公理:

(i) 对每个 $n\in\mathbb{N}^{>0}$ 以及 $E\in\mathcal{E}_n$,

$$(\forall x,y\in(\mathbf{S}_=)^n)\Big(E(x,y)\leftrightarrow(f_E(x)=f_E(y))\Big);$$

(ii) 对每个 $n\in\mathbb{N}^{>0}$ 以及 $E\in\mathcal{E}_n$, f_E 是满射, 即

$$(\forall x_E\in\mathbf{S}_E)(\exists x\in(\mathbf{S}_=))^n(f_E(x)=x_E).$$

若 $\mathcal{L}$-结构 M 是 T 的模型, 则 M^{eq} 是满足如下条件的 $\mathcal{L}^{\mathrm{eq}}$-结构:

(i) M^{eq} 有一族论域: $\{M^n/E|\ E\in\mathcal{E}_n, n\in\mathbb{N}^{>0}\}$, 其中每个 M/E 对

应类型 $\mathbf{S}_E$, 我们用 $\mathbf{S}_E^{M^{\mathrm{eq}}}$ 来表示 $\mathbf{S}_E$ 对应的论域, 即 $\mathbf{S}_E^{M^{\mathrm{eq}}} = M/E$.

(i') 如果将 M^{eq} 论域视作 $\{M^n/E|\ E \in \mathcal{E}_n, n \in \mathbb{N}^{>0}\}$ 的不相交并, 则 M^{eq} 也可视作我们熟悉的"单类型结构", 此时 $\mathbf{S}_E$ 可视作一个谓词.

(ii) $\mathbf{S}_=^{M^{\mathrm{eq}}}$ 作为 $\mathcal{L}$-结构就是 M. 为了简化记号, 将 $\mathbf{S}_=^{M^{\mathrm{eq}}}$ 记作 M.

(iii) 对每个 $n \in \mathbb{N}^{>0}$ 以及 $E \in \mathcal{E}_n$, f_E 在 M^{eq} 中解释为 M^n 到 M^n/E 的自然投射.

显然, 给定一个 $\mathcal{L}$-结构 M, 则 $\mathcal{L}^{\mathrm{eq}}$ 中每个符号在 M^{eq} 中的解释都是被 M 唯一决定的, 并且 $M^{\mathrm{eq}} \models T^{\mathrm{eq}}$, 因此我们有下述引理.

引理 2.3.1. 如果 $M, N \models T$ 且 $\sigma : M \to N$ 是一个同构, 则 σ 可以唯一地扩张为 M^{eq} 到 N^{eq} 的同构.

反之, 有下述引理.

引理 2.3.2. 设 $N \models T^{\mathrm{eq}}$, 则存在一个 $\mathcal{L}$-结构 M 使得 $N = M^{\mathrm{eq}}$.

证明: 令 $M = \mathbf{S}_=^N$ 即可. ■

引理 2.3.3. 设 $\theta(x_1, \cdots, x_m)$ 是一个 $\mathcal{L}^{\mathrm{eq}}$-公式, 其中 x_i 是 $\mathbf{S}_{E_i}$ 类型的变元, 则存在一个 $\mathcal{L}$-公式 $\theta^{\mathcal{L}}(y_1, \cdots, y_m)$ 使得

$$T^{\mathrm{eq}} \models \forall y_1, \cdots, y_m \Big(\theta(f_{E_1}(y_1), \cdots, f_{E_m}(y_m)) \leftrightarrow \theta^{\mathcal{L}}(y_1, \cdots, y_m) \Big).$$

证明: 对 θ 的形式归纳证明. 不妨设 θ 不是 $\mathcal{L}$-公式. 如果 θ 是原子公式, 则 θ 形如 $f_{E_i}(y_{m+1}) = x_i$. 令 $\theta^{\mathcal{L}}$ 为 $E_i(y_{m+1}, y_i)$ 即可. 如果 θ 形如 $\neg\phi$ 或 $\phi \to \psi$, 由归纳假设, 存在满足要求的 $\mathcal{L}$-公式 $\phi^{\mathcal{L}}$ 和 $\psi^{\mathcal{L}}$, 令 $\theta^{\mathcal{L}}$ 为 $\neg\phi^{\mathcal{L}}$ 或 $\phi^{\mathcal{L}} \to \psi^{\mathcal{L}}$ 即可. 下面设 θ 形如 $\exists x_0 \phi(x_0, x_1, \cdots, x_m)$. 由归

纳假设,存在 $\mathcal{L}$-公式 $\phi^{\mathcal{L}}(y_0,y_1,\cdots,y_m)$ 使得

$$T^{\mathrm{eq}} \models \forall \bar{y}\Big(\phi(f_E(y_0),f_E(y_1),\cdots,f_{E_m}(y_m)) \leftrightarrow \phi^{\mathcal{L}}(y_0,y_1,\cdots,y_m)\Big).$$

容易验证,令 $\theta^{\mathcal{L}}$ 为 $\exists y_0\phi^{\mathcal{L}}(y_0,y_1,\cdots,y_m)$,则 $\theta^{\mathcal{L}}$ 满足要求. ■

推论 2.3.4. 如果 T 是完备的,则 T^{eq} 也是完备的. 特别地,对任意的 $\mathcal{L}$-结构 M,有 $\mathrm{Th}(M)^{\mathrm{eq}}=\mathrm{Th}(M^{\mathrm{eq}})$.

证明: 由引理2.3.3可得. ■

推论 2.3.5. 设 $M,N\models T$, $a\in M^n$, $b\in N^n$ 使得 $\mathrm{tp}_M(a)=\mathrm{tp}_N(b)$,则 $\mathrm{tp}_{M^{\mathrm{eq}}}(a)=\mathrm{tp}_{N^{\mathrm{eq}}}(b)$.

证明: 设 $\theta(f_{E_1}(y_1),\cdots,f_{E_m}(y_m))\in \mathrm{tp}_{M^{\mathrm{eq}}}(a)$. 令 $\theta^{\mathcal{L}}$ 为引理2.3.3所给出的公式,则 $\theta^{\mathcal{L}}(y_1,\cdots,y_m)\in \mathrm{tp}_M(a)$,从而 $\theta^{\mathcal{L}}(y_1,\cdots,y_m)\in \mathrm{tp}_N(b)$,从而 $\theta(f_{E_1}(y_1),\cdots,f_{E_m}(y_m))\in \mathrm{tp}_{N^{\mathrm{eq}}}(b)$. ■

类似地,我们也可以证明如下的推论.

推论 2.3.6. 设 T 是完备的, $M\models T$, $N\succ M$,则 $N^{\mathrm{eq}}\succ M^{\mathrm{eq}}$.

设 $E_i\in\mathcal{E}_{n_i}$, $k_i\in\mathbb{N}$, $i=1,\cdots,m$. 设 $(x_1,\cdots,x_m)$ 是一组变元, 其中 x_i 是类型 $\mathbf{S}_{E_i}$ 的 k_i-元的变元组. 令 $J=\{(E_i,k_i)|\ i=1,\cdots,m\}$,用 $S_J(T^{\mathrm{eq}})$ 表示自由变元来自 $(x_1,\cdots,x_m)$ 的 $\mathcal{L}^{\mathrm{eq}}$-公式构成的 T^{eq} 的型空间,则存在 $S_{(\mathbf{S}_=,n)}(T^{\mathrm{eq}})$ 到 $S_J(T^{\mathrm{eq}})$ 的一个自然连续满射,其中 $n=\sum_{i=1}^m n_ik_i$. 由此可得下述推论.

推论 2.3.7. 对每个 $m\in\mathbb{N}^{>0}$, $S_{(\mathbf{S}_=,m)}(T^{\mathrm{eq}})$ 与 $S_m(T)$ 同胚. 特别地,对上文中的 J 和 n,有 $|S_J(T^{\mathrm{eq}})|\leqslant|S_n(T)|$.

2.4 典范参数

从现在开始,本书总是假设 T 是一个完备 $\mathcal{L}$-理论,$\mathcal{L}$ 是可数语言,$\mathbb{M}$ 是 T 的大魔型,所有的元素都来自 $\mathbb{M}$. 我们将 $\mathrm{tp}_{\mathbb{M}}(-)$ 和 $\mathrm{acl}_{\mathbb{M}}(-)$ 简记为 $\mathrm{tp}(-)$ 和 $\mathrm{acl}(-)$. 我们假设所有的参数集都是 $\mathbb{M}$ 的"小"子集,T 的其他模型都是"小"模型,这里的"小"是指其基数严格小于 $|\mathbb{M}|$. $\mathbb{M}$ 满足以下性质:

- 饱和性: T 的所有"小"模型都是 $\mathbb{M}$ 的初等子模型.
- 齐次性: 对任意的 $C \subseteq \mathbb{M}$ 以及 $a = (a_1, \cdots, a_n), b = (b_1, \cdots, b_n) \in \mathbb{M}^n$, 如果 $\mathrm{tp}(a/C) = \mathrm{tp}(b/C)$, 则存在 $\sigma \in \mathrm{Aut}(\mathbb{M}/C)$ 使得 $\sigma(a_i) = b_i$.

我们用 $\mathbb{D}, \mathbb{E}, \mathbb{F}, \cdots$ 来表示 $\mathbb{M}$ 中的可定义集合(也可称作可定义类),用 A, B, C 表示参数集. 为了方便,一般将定义 $\mathbb{D}$ 的公式记作 $\mathbb{D}(x)$(或者 $\mathbb{D}$). 设 $p \in S_n(A)$, 则 $p \vDash \mathbb{D}$ 表示存在一个公式 $\psi \in p$ 使得 $\psi(\mathbb{M}) \subseteq \mathbb{D}$, 而 $S_{\mathbb{D}}(A)$ 表示 $\{p \in S_n(A) | p \vDash \mathbb{D}\}$. 如果 $\mathbb{D}$ 也是 A-可定义的,则 $S_{\mathbb{D}}(A)$ 是 $S_n(A)$ 的一个开闭子集.

称 $\mathbb{M}$ 中的元素/元组为**实元**,$\mathbb{M}^{\mathrm{eq}} \backslash \mathbb{M}$ 中的元素/元组为**虚元**. 设 $C \subseteq \mathbb{M}^{\mathrm{eq}}$, 用 $\mathrm{acl}^{\mathrm{eq}}(C)$ 和 $\mathrm{dcl}^{\mathrm{eq}}(C)$ 分别表示 C 在 $\mathbb{M}^{\mathrm{eq}}$ 中的代数闭包和可定义闭包. 显然每个 $\sigma \in \mathrm{Aut}(\mathbb{M})$ 可以唯一地扩张为 $\mathbb{M}^{\mathrm{eq}}$ 的自同构,因此我们不区分 $\mathrm{Aut}(\mathbb{M}^{\mathrm{eq}})$ 和 $\mathrm{Aut}(\mathbb{M})$.

设 $A \subseteq \mathbb{M}^{\mathrm{eq}}$, a, b 是 $\mathbb{M}^{\mathrm{eq}}$ 中的元组,用 $a \sim_{\mathrm{eq},A} b$ 表示 a, b(在 $\mathbb{M}^{\mathrm{eq}}$ 中计算)在 A 上相互可定义,即 $a \in \mathrm{dcl}^{\mathrm{eq}}(A, b)$ 且 $b \in \mathrm{dcl}^{\mathrm{eq}}(A, a)$.

定义 2.4.1. 设 $A \subseteq \mathbb{M}$ 是一个参数集合.

(i) 设 $\mathbb{D} \subseteq \mathbb{M}^n$ 是可定义的,如果对任意的 $\sigma \in \mathrm{Aut}(\mathbb{M})$, 有

$$\sigma(\mathbb{D}) = \mathbb{D} \iff \sigma \in \mathrm{Aut}(\mathbb{M}/A),$$

则称 A 是 $\mathbb{D}$ 的**典范参数**.

(ii) 设 $p \in S_n(\mathbb{M})$, 如果对任意的 $\sigma \in \mathrm{Aut}(\mathbb{M})$, 有

$$\sigma(p) = p \iff \sigma \in \mathrm{Aut}(\mathbb{M}/A),$$

则称 A 是 p 的**典范参数**.

可以看到, 对 $\mathbb{M}$ 中的每个 $\emptyset$-可定义的等价关系 $\mathbb{E}(x, y)$ 以及 $a \in \mathbb{M}^{|x|}$, 虚元 $a/\mathbb{E}$ 是可定义集 $\mathbb{E}(a, \mathbb{M})$ 的典范参数. 反之, 设 $\mathbb{D}$ 被公式 $\psi(x, c)$ 定义, 其中 $\phi(x, y) \in \mathcal{L}$. 考虑公式

$$\mathbb{E}(z, z') :=\forall x(\psi(x, z) \leftrightarrow \psi(x, z')),$$

则 $\mathbb{E}$ 是一个可定义等价关系, 且对任意的 $\sigma \in \mathrm{Aut}(\mathbb{M})$, $\sigma(\mathbb{D}) = \mathbb{D}$ 当且仅当 $\sigma(c/\mathbb{E}) = c/\mathbb{E}$, 故 $c/\mathbb{E}$ 为 $\mathbb{D}$ 的典范参数. 因此, 对每个可定义集 $\mathbb{D} \subseteq \mathbb{M}^n$, 都能在 $\mathbb{M}^{\mathrm{eq}}$ 中找到典范参数. 典范参数不唯一, 如果 $d \in \mathrm{dcl}^{\mathrm{eq}}(c)$ 且 $c \in \mathrm{dcl}^{\mathrm{eq}}(d)$, 则 c 是 $\mathbb{D}$ 的典范参数当且仅当 d 是 $\mathbb{D}$ 的典范参数. 我们将在下一节证明: 如果 T 是强极小的, 则 $p \in S_n(\mathbb{M})$ 在 $\mathbb{M}^{\mathrm{eq}}$ 中有典范参数.

定义 2.4.2. 设 C 是一个参数集. 如果对任意的 $\sigma \in \mathrm{Aut}(\mathbb{M}/C)$, 都有 $\sigma(\mathbb{D}) = \mathbb{D}$, 则称 $\mathbb{D}$ 是 C-不变的.

引理 2.4.3. $\mathbb{D}$ 是 C-可定义的当且仅当 $\mathbb{D}$ 是 C-不变的.

证明: 从左到右是显然的. 下面假设 $\mathbb{D} \subseteq \mathbb{M}^n$ 是 C-不变的. 对每个 $p \in S_{\mathbb{D}}(C)$, 取 $\psi_p \in p$ 使得 $\psi_p(\mathbb{M}) \subseteq \mathbb{D}$. 我们断言 $\mathbb{D} = \bigcup_{p \in S_{\mathbb{D}}(C)} \psi_p(\mathbb{M})$. 否则

$$\Sigma(x) = \{\neg\psi_p | \, p \in S_{\mathbb{D}}(C)\} \cup \{\mathbb{D}\}$$

一致. 令 $a \models \Sigma(x)$, $q = \mathrm{tp}(a/C)$, 则 $q \cup \{\mathbb{D}\}$ 一致. 而 $q \cup \{\neg\mathbb{D}\}$ 也已一致, 否则 $q \in S_{\mathbb{D}}(C)$, 从而 $\neg\psi_q \in \Sigma$, 故 $\neg\psi_q \in q$, 矛盾. 令 $b \models q \cup \{\neg\mathbb{D}\}$,

则 $\mathrm{tp}(a/C) = \mathrm{tp}(b/C)$, 从而存在 $\sigma \in \mathrm{Aut}(\mathbb{M}/C)$ 使得 $\sigma(a) = b \notin \mathbb{D}$, 即 $\sigma(\mathbb{D}) \neq \mathbb{D}$, 矛盾.

故 $\mathbb{D} = \bigcup_{p \in S_{\mathbb{D}}(C)} \psi_p(\mathbb{M})$. 由紧致性, $\mathbb{D}$ 是有限多个 $\psi_p(\mathbb{M})$ 的并, 即 $\mathbb{D}$ 是 C-可定义的. ■

若 $A \subseteq \mathbb{M}$ 是一个小参数集, 令 $T(A) = \mathrm{Th}(\mathbb{M}_A)$, 则 $\mathbb{M}_A^{\mathrm{eq}}$ 是 $T(A)^{\mathrm{eq}}$ 的模型. 显然 $\mathbb{M}^{\mathrm{eq}} \subseteq \mathbb{M}_A^{\mathrm{eq}}$. 称 $\mathbb{M}_A^{\mathrm{eq}}$ 中的元素为 A-虚元.

引理 2.4.4. 每个 $a \in \mathbb{M}_A^{\mathrm{eq}}$ 都和某个 $a' \in \mathbb{M}^{\mathrm{eq}}$(在 $\mathbb{M}_A^{\mathrm{eq}}$ 中) 相互可定义.

证明: 设 $a \in \mathbb{M}_A^{\mathrm{eq}}$, 将 a 视作某个 A-可定义等价关系的等价类, 而该等价类显然是结构 $\mathbb{M}$ 中的可定义集合, 从而有一个典范参数 $a' \in \mathbb{M}^{\mathrm{eq}}$. 显然 a 和 a' 在 $\mathbb{M}_A^{\mathrm{eq}}$ 中相互可定义. ■

引理2.4.4表明, 使用参数不会得到更多的虚元, 我们总是可以在 $\mathbb{M}^{\mathrm{eq}}$ 中讨论带参数的虚元.

2.5 强极小理论的虚元消去

定义 2.5.1. 如果对结构 $\mathbb{M}$ 的每个可定义集 $\mathbb{D}$, 都存在元组 $b \in \mathbb{M}^n$ 使得 b 是 $\mathbb{D}$ 的典范参数, 则称 T 具有**虚元消去**.

引理 2.5.2. 设 $\mathrm{dcl}(\emptyset)$ 中至少有两个元素, 则以下表述等价:

(i) T 具有虚元消去;

(ii) $\mathbb{M}^{\mathrm{eq}}$ 中的每个元素都与某个实元组 $b \in \mathbb{M}^n$ 相互可定义;

(iii) 对每个 k-元 $\emptyset$-可定义等价关系 $\mathbb{E} \subseteq \mathbb{M}^k \times \mathbb{M}^k$, 总是存在 $n \in \mathbb{N}$ 以及 $\emptyset$-可定义函数 $f : \mathbb{M}^k \to \mathbb{M}^n$ 使得 $f(a) = f(b)$ 当且仅当 $\mathbb{E}(a, b)$, 即 f 诱导出 $\mathbb{M}^k/\mathbb{E}$ 到 $\mathbb{M}^n$ 的单射.

证明: (i) $\Longleftrightarrow$ (ii): 显然, $\mathbb{M}$ 可定义集的典范参数都在 $\mathbb{M}^{\mathrm{eq}}$ 中, 故 **(ii) $\Longrightarrow$ (i)**. 另一方面, 由之前的讨论已知, $c/\mathbb{E} \in \mathbb{M}^{\mathrm{eq}}$ 是 $\mathbb{D} = \mathbb{E}(c, \mathbb{M})$ 的典范参数, 当 T 具有虚元消去时, $\mathbb{D}$ 在 $\mathbb{M}$ 中有典范参数 b, 从而 $(c/\mathbb{E}) \sim_{\emptyset^{\mathrm{eq}}} b$, 故 **(i) $\Longrightarrow$ (ii)**.

(iii) $\Longrightarrow$ (ii): 设 $a \in \mathbb{M}^k/\mathbb{E}$ 且 $f : \mathbb{M}^k/\mathbb{E} \to \mathbb{M}^n$ 是一个 $\emptyset$-可定义单射, 则 $a \sim_{\emptyset^{\mathrm{eq}}} f(a)$, 故 **(iii) $\Longrightarrow$ (ii)**.

(ii) $\Longrightarrow$ (iii): 设 $a \in \mathbb{M}^k/\mathbb{E}$ 与 $c \in \mathbb{M}^n$ 相互可定义, 则存在一个可定义单射 f_a 使得 $f_a(a) = c$. 假设 **(ii)** 成立, 则对每个 $a \in \mathbb{M}^k/\mathbb{E}$, 都存在这样一个 f_a, 即

$$\bigcup_{a \in \mathbb{M}^k/\mathbb{E}} \mathrm{dom}(f_a) = \mathbb{M}^k/\mathbb{E}.$$

由紧致性, 存在有限多个 $a_1, \cdots, a_m$ 使得

$$\bigcup_{i=1}^{m} \mathrm{dom}(f_{a_i}) = \mathbb{M}^k/\mathbb{E}.$$

设 $\mathrm{image}(f_{a_i}) \subseteq \mathbb{M}^{n_i}$. 令 $s = \max\{n_i | i = 1, \cdots, m\}$, 取 $\mathrm{dcl}(\emptyset)$ 中的两个元素, 记作 $0, 1$. 设 d_i 是长度为 $s - n_i$ 的 0-序列, $e_1, \cdots, e_m$ 是 m 个互不相同且长度均为 $r \in \mathbb{N}$ 的 0-1 序列, 定义 $f : \mathbb{M}^k/\mathbb{E} \to \mathbb{M}^{s+r}$ 为: 当 $b \in \mathrm{dim}(f_{a_i})$ 时, $f(b) = f_{a_i}(b)^\frown d_i^\frown e_i$. 显然, $f : \mathbb{M}^k/\mathbb{E} \to \mathbb{M}^{s+t}$ 是 $\emptyset$-可定义单射. 故 **(ii) $\Longrightarrow$ (iii)**. ■

定义 2.5.3. 称一个理论具有**弱虚元消去**是指: 对每个 $e \in \mathbb{M}^{\mathrm{eq}}$, 都存在 $b \in \mathbb{M}^n$ 使得 $e \in \mathrm{dcl}^{\mathrm{eq}}(b)$ 且 $b \in \mathrm{acl}^{\mathrm{eq}}(e)$.

注 2.5.4. (i) 直观上, "虚元消去" 是指任何可定义集 $\mathbb{D}$ 都可以 "编码" 为一个 n-元组 d, 即对任意自同构 $\sigma \in \mathrm{Aut}(\mathbb{M})$, 有 $\sigma(\mathbb{D}) = \mathbb{D}$ 当且仅当 $\sigma(d) = d$.

(ii) 如果 T 具有虚元消去, 则在相互可定义的意义下, $\mathbb{M} = \mathbb{M}^{\mathrm{eq}}$.

(iii) 根据引理 2.3.3, T^{eq} 具有虚元消去, 即 $(\mathbb{M}^{\mathrm{eq}})^{\mathrm{eq}} = \mathbb{M}^{\mathrm{eq}}$.

(iv) 而"弱虚元消去"的理论只能把一个可定义集 $\mathbb{D}$"编码"为一个 n-元组的有限集合 $D=\{d_1,\cdots,d_k\}$, 任意自同构 $\sigma\in\mathrm{Aut}(\mathbb{M})$, 有 $\sigma(\mathbb{D})=\mathbb{D}$ 当且仅当 $\sigma(D)=D$.

(v) 因此, 如果一个具有"弱虚元消去"的理论可以编码 n-元组的有限集合, 即对任意有限集合 $A\subseteq\mathbb{M}^n$, 总是存在一个 A 的典范参数 $b\in\mathbb{M}^m$(即对任意自同构 $\sigma\in\mathrm{Aut}(\mathbb{M})$, 有 $\sigma(b)=b$ 当且仅当 $\sigma(A)=A$), 那么该理论就具有了虚元消去.

仿照引理2.5.2的证明, 容易证明下述引理.

引理 2.5.5. 假设 $\mathrm{dcl}(\emptyset)$ 中至少有两个元素, 则 T 具有弱虚元消去当且仅当对每个 k-元可定义等价关系 $\mathbb{E}$, 都存在 $N\in\mathbb{N}$, 可定义集 $\mathbb{D}\subseteq\mathbb{M}^n$, 以及 $\emptyset$-可定义的满射 $f:\mathbb{D}\to\mathbb{M}^k/\mathbb{E}$, 使得对每个 $e\in\mathbb{M}^k/\mathbb{E}$, 有 $|f^{-1}(e)|\leqslant N$.

命题 2.5.6. 设 T 是强极小理论, 且 $\mathrm{acl}(\emptyset)$ 是无限集合, 则 T 具有弱虚元消去.

证明: 设 $\mathbb{E}$ 是一个 k-元可定义等价关系, $c\in\mathbb{M}^k$, $e=c/\mathbb{E}\in\mathbb{M}^{\mathrm{eq}}$, $\mathbb{D}=\mathbb{E}(\mathbb{M},c)$. 显然, 对每个 $a\in\mathbb{D}$, 有 $\mathbb{E}(a,c)$, 从而 $e=a/\mathbb{E}\in\mathrm{dcl}^{\mathrm{eq}}(a)$. 令 $M_0=\mathrm{acl}^{\mathrm{eq}}(e)\cap\mathbb{M}$, 则只需证明存在 $b\in M_0^k\cap\mathbb{D}$.

若 $c\in M_0^k$, 则证明完成. 否则, 设 c_i 是 $c=(c_1,\cdots,c_k)$ 中第一个不在 M_0 中的元素, 则 $c_1,\cdots,c_{i-1}$ 的 $\mathrm{Aut}(\mathbb{M}/e)$-轨道有限, 而 c_i 的 $\mathrm{Aut}(\mathbb{M}/e)$-轨道是无限的. 由鸽巢原理, 存在 $\sigma\in\mathrm{Aut}(\mathbb{M}/e)$ 使得 $\sigma(c_i)$ 在 $\mathrm{Aut}(\mathbb{M}/e,\sigma(c_1),\cdots,\sigma(c_{i-1}))$ 下的轨道是无限的. 由于 $\mathrm{Aut}(\mathbb{M}/e,\sigma(c_1),\cdots,\sigma(c_{i-1}))$ 是固定 e, 因此也固定 $\mathbb{D}$, 故

$$\mathbb{M}\models\exists^\infty x_i\exists x_{i+1}\cdots\exists x_k\mathbb{D}(\sigma(c_1),\cdots,\sigma(c_{i-1}),x_i,x_{i+1},\cdots,x_k).$$

由强极小性, $\mathbb{M}$ 中只有有限多个元素不满足

$$\phi(x_i) := \exists x_{i+1} \cdots \exists x_k \mathbb{D}(\sigma(c_1), \cdots, \sigma(c_{i-1}), x_i, x_{i+1}, \cdots, x_k).$$

由于 M_0 无限, 故存在 $b_i \in M_0$ 使得 $\mathbb{M} \models \phi(b_i)$. 任取 $b_{i+1}, \cdots, b_k \in \mathbb{M}$ 使得 $(\sigma(c_1), \cdots, \sigma(c_{i-1}), b_i, \cdots, b_k) \in \mathbb{D}$. 现在 $\sigma(c_1), \cdots, \sigma(c_{i-1}), b_i$ 均在 M_0 中, 重复以上操作, 最终可以找到 $(d_1, \cdots, d_k) \in \mathbb{D} \cap M_0^k$. ■

推论 2.5.7. 设 T 是强极小理论, 且 $\mathrm{acl}(\emptyset)$ 是无限集合, 则对任意的 $e \in \mathbb{M}^{\mathrm{eq}}$, $\mathrm{acl}^{\mathrm{eq}}(e) \prec \mathbb{M}^{\mathrm{eq}}$.

证明: 令 $M_0 = \mathrm{acl}^{\mathrm{eq}}(e) \cap \mathbb{M}$, 则 $M_0 = \mathrm{acl}(M_0)$, 因此根据引理2.2.5, 有 $M_0 \prec \mathbb{M}$, 从而有 $M_0^{\mathrm{eq}} \prec \mathbb{M}^{\mathrm{eq}}$. 命题2.5.6的证明表明 $e \in M_0^{\mathrm{eq}}$, 故 $\mathrm{acl}^{\mathrm{eq}}(e) \subseteq M_0^{\mathrm{eq}}$. 另一方面 $M_0^{\mathrm{eq}} \subseteq \mathrm{dcl}^{\mathrm{eq}}(M_0) \subseteq \mathrm{acl}^{\mathrm{eq}}(e)$. 故 $\mathrm{acl}^{\mathrm{eq}}(e) = M_0^{\mathrm{eq}} \prec \mathbb{M}^{\mathrm{eq}}$. ■

3

ω-稳定理论

本章我们仍然假设 T 是一个完备的 $\mathcal{L}$-理论, $\mathcal{L}$ 是可数语言, $\mathbb{M}$ 是 T 的大魔型, 所有的元素都来自 $\mathbb{M}$, 用符号 A, B, C 表示 (小的) 参数集, M 表示 T 的小模型. 将 $\mathrm{tp}_{\mathbb{M}}(-)$ 和 $\mathrm{acl}_{\mathbb{M}}(-)$ 简记为 $\mathrm{tp}(-)$ 和 $\mathrm{acl}(-)$.

3.1 稳定理论与型的可定义性

定义 3.1.1. 设 $\varphi(x, y)$ 是一个 $\mathcal{L}$-公式, k 是一个正整数. 称 $\varphi(x, y)$(关于 T) 有k-**序性质**是指存在序列 $(a_i, b_i)_{i\in k}$, 使得 $\mathbb{M} \vDash \varphi(a_i, b_j)$ 当且仅当 $i < j$. 如果对任意 $k \in \mathbb{N}$, $\varphi(x, y)$ 都具有 k-序性质, 则称公式 $\varphi(x, y)$(关于 T) 具有**序性质**. 如果存在一个 $\mathcal{L}$-公式具有序性质, 则称 T 有序性质.

容易验证, 以下表述是等价的:

(i) $\varphi(x, y)$ 具有序性质;

(ii) 存在序列 $(a_i, b_i)_{i\in\omega}$ 使得对任意的 $i, j \in \omega$,

$$\mathbb{M} \vDash \varphi(a_i, b_j) \iff i < j;$$

(iii) 存在序列 $(a_i, b_i)_{i\in\omega}$ 使得对任意的 $i, j \in \omega$,

$$i < j \implies \varphi(a_i, b_j),\ i > j \implies \neg\varphi(a_i, b_j)\ ;$$

(iv) $\neg\varphi(x, y)$ 具有序性质.

回忆定义1.6.3, 给定偏序集 $(I, <_I)$ 及 $A \subseteq \mathbb{M}$, 称 $\mathbb{M}$ 中的序列 $(a_i|\ i \in I)$ 是 A-不可辨的是指: 对任意的 $i_1 <_I \cdots <_I i_n \in I$ 和 $j_1 <_I \cdots <_I j_n \in I$, 以及任意的 $\mathcal{L}_A$ -公式 $\phi(x_1, \cdots, x_n)$, 均有 $\mathbb{M} \models \phi(a_{i_1}, \cdots, a_{i_n})$ 当且仅当 $\mathbb{M} \models \phi(a_{j_1}, \cdots, a_{j_n})$.

下面的引理告诉我们, 如果理论 T 具有序性质, 那么可以找到一个不可辨元序列作为“证据”.

引理 3.1.2. 如果 $\mathcal{L}$-公式 $\phi(x, y)$ 有序性质, 则对任意的线序 $(I, <_I)$, 存在 $\mathbb{M}$ 中元组的不可辨元序列 $(c_i, d_i)_{i\in I}$, 使得 $\mathbb{M} \models \phi(c_i, d_j)$ 当且仅当 $i <_I j$.

证明: 对任意的 $i, j \in \omega$, 令 $\phi(x_i, y_j)$ 是将 $\phi(x, y)$ 中的变量组 x, y 替换为变量组 x_i, y_j 而得到的公式. 令

$$\Sigma(x_i, y_i)_{i\in\omega} = \{\phi(x_i, y_j)|\ i < j \in \omega\} \cup \{\neg\phi(x_i, y_j)|\ i \geqslant j \in \omega\}.$$

根据紧致性, $\Sigma(x_i, y_i)_{i\in\omega}$ 是一致的. 根据推论1.6.5, 引理成立. ∎

定义 3.1.3. 设 λ 是一个无限基数. 称理论 T 是**λ-稳定**的是指对任何基数为 λ 的 $M \models T$, 有 $|S_1(M)| = |M|$. 当 $\lambda = \aleph_0$ 时, 我们习惯称 T 为**ω-稳定**理论 (而非 $\aleph_0$-稳定理论).

根据推论2.2.14, 强极小理论都是 ω-稳定理论.

引理 3.1.4. 若 T 是 λ-稳定的, 则对任意基数为 λ 的集合 A, 以及任意的 $n \in \omega$, $S_n(A)$ 的基数都是 λ.

证明: 对 $n \in \mathbb{N}$ 归纳证明. 设对任意基数为 λ 的 A, $S_n(A)$ 的基数都是 λ. 反设存在基数为 λ 的 B, 使得 $|S_{n+1}(B)| \geqslant \lambda^+$. 令

$$\{\text{tp}(a_i, b_i/B) \mid i < \lambda^+\} \subseteq S_{n+1}(B)$$

为 λ^+ 个元素, 其中 $|a_i| = n$, $|b_i| = 1$. 由归纳假设, $\{\text{tp}(a_i/B) \mid i < \lambda^+\}$ 的基数不超过 λ, 故存在 λ^+ 的一个子集 I 使得 $|I| = \lambda^+$, 且对任意 $i, j \in I$, $\text{tp}(a_i/B) = \text{tp}(a_j/B)$. 不妨设 $I = \lambda^+$. 固定一个 $i_0 \in \lambda^+$, 令 $\sigma_i \in \text{Aut}(\mathbb{M}/B)$ 使得 $\sigma_i(a_i) = a_{i_0}$. 令 $\sigma_i(b_i) = c_i$, 则

$$\{\text{tp}(a_{i_0}, c_i/B) \mid i < \lambda^+\} = \{\text{tp}(a_i, b_i/B) \mid i < \lambda^+\}$$

是 λ^+ 个不同的型, 故而 $\{\text{tp}(c_i/B, a_{i_0}) \mid i < \lambda^+\}$ 也是 λ^+ 个不同的型, 即 $|S_1(B, a_{i_0})| > \lambda$, 矛盾. ∎

命题 3.1.5. 如果理论 T 是 ω-稳定的, 则 T 没有序性质.

证明: 反设 T 有序性质. 根据引理3.1.2, 存在一个 $\mathcal{L}$-公式 $\phi(x, y)$ 及用 $\mathbb{Q}$ 加标的不可辨元序列 $(c_i, d_i)_{i \in \mathbb{Q}}$, 使得 $\mathbb{M} \models \phi(c_i, d_j)$ 当且仅当 $i < j$. 对每个实数 $r \in \mathbb{R}$, 公式集

$$\Sigma_r(x) = \{\neg\phi(x, d_i) \mid i \leqslant r, i \in \mathbb{Q}\} \cup \{\phi(x, d_i) \mid i > r, i \in \mathbb{Q}\}$$

在 $\mathcal{N}$ 中有限可满足. 令 $D = \{d_i \mid i \in \mathbb{Q}\}$, 则每个 Σ_r 可以扩张为一个完全型 $p_r \in S_n(D)$, 其中 $n = |x|$. 当 $r_1 \neq r_2 \in \mathbb{R}$ 时, $\Sigma_{r_1} \cup \Sigma_{r_2}$ 显然不一致, 因此 $p_{r_1} \neq p_{r_2}$. 故 $S_n(D)$ 中至少有 $|\mathbb{R}| = 2^\omega$ 个元素, 从而 T 不是 ω-稳定的. ∎

命题3.1.5对任意的 λ-稳定理论都成立, 为了推广该命题, 我们需要以下引理.

引理 3.1.6. 对任意的无限基数 λ, 都存在一个稠密线序 $(I,<)$ 及 I 的稠密子集 A, 使得 $|A| \leq \lambda < |I|$.

证明: 令 κ 是使得 $2^\kappa > \lambda$ 的最小的基数, 显然 $\kappa \leqslant \lambda$. 令 $\mathbb{Q}^\kappa$ 是所有 κ 到 $\mathbb{Q}$ 的函数的集合. 可以将 $\mathbb{Q}^\kappa$ 中的每个元素看作一个序列 $(q_i \in \mathbb{Q}|\ i \in \kappa)$. 显然 $\mathbb{Q}^\kappa$ 在字典序下是一个稠密线序, 且 $|\mathbb{Q}^\kappa| = 2^\kappa > \lambda$. 令 $\mathbb{Q}^{<\kappa} = \bigcup_{\alpha<\kappa} \mathbb{Q}^\alpha$, 则 $\mathbb{Q}^{<\kappa}$ 是 $\mathbb{Q}^\kappa$ 的稠密子集, 且 $|\mathbb{Q}^{<\kappa}| = |2^{<\kappa}| \leqslant \lambda$. ■

命题 3.1.7. 如果 λ 是一个无限基数, 则 λ-稳定的理论都没有序性质.

证明: 根据引理3.1.6, 存在无限线序 $(I,<)$ 和一个稠密子集 A, 使得 $|A| \leqslant \lambda < |I|$. 设 $\phi(x,y)$ 具有序性质. 根据引理3.1.2, 存在不可辨元序列 $(c_i,d_i)_{i\in I}$ 见证了 ϕ 的序性质. 显然 A 上至少有 $|I|$ 个切割. 令 $D = \{d_i|\ i \in A\}, n = |x|$, 则命题3.1.5的证明表明 $S_n(D)$ 中至少有 $|I|$ 个元素, 从而不是 λ-稳定的. ■

定义 3.1.8. 称理论 T 是稳定的是指存在一个无限基数 λ 使得 T 是 λ-稳定的.

根据推论2.3.7, 有下述推论.

推论 3.1.9. T 是 λ-稳定的当且仅当 T^{eq} 是 λ-稳定的.

命题3.1.7的直接推论是:

推论 3.1.10. 如果 T 是稳定的, 则 T 没有序性质.

设 X 是一个集合, $X_1, \cdots, X_n$ 是 X 的子集. 称 $Y \subseteq X$ 是 $X_1, \cdots, X_n$ 的**正 Boole 组合**是指 Y 是通过对 $X_1, \cdots, X_n$ 的有限多次交和并运算而得到的. 对 $\{1, \cdots, n\}$ 的子集 D, 令 $X_D = \bigcap_{i\in D} X_i$. 通过对 Boole 组合的长度进行归纳, 可以证明 $Y \subseteq X$ 是 $X_1, \cdots, X_n$ 的正 Boole 组合当且仅当存在 $\mathcal{F} \subseteq \mathcal{P}(\{1, \cdots, n\})$ 使得 $Y = \bigcup_{D\in\mathcal{F}} X_D$.

引理 3.1.11. 设 X 是一个集合, $X_1,\cdots,X_n$ 是 X 的子集. 在 X 上定义一个关于 $X_1,\cdots,X_n$ 的关系:

$$E(a,b) \iff \bigwedge_{i=1}^{n}(a\in X_i \to b\in X_i),$$

则 $Y\subseteq X$ 是 $X_1,\cdots,X_n$ 的正 Boole 组合当且仅当: 对任意的 $a,b\in X$, 如果 $E(a,b)$ 且 $a\in Y$, 则 $b\in Y$.

证明: 设 $Y = \bigcup_{D\in\mathcal{F}} X_D$ 是一个正 Boole 组合, 其中 $\mathcal{F} \subseteq \mathcal{P}(\{1,\cdots,n\})$, $X_D = \bigcap_{i\in D} X_i$. 如果 $E(a,b)$ 且 $a\in Y$, 则存在 $D\in\mathcal{F}$ 使得 $a\in X_D$. 显然 $b\in X_D$, 从而 $b\in Y$.

反之, 设对任意 $a,b\in X$, 都有

$$E(a,b)\wedge(a\in Y) \implies b\in Y.$$

对 $x\in Y$, 令

$$Y_x=\bigcap_{x\in X_i}X_i,\ Z=\bigcup_{x\in Y}Y_x.$$

显然, $Y\subseteq\bigcup_{x\in Y}Y_x=Z$. 另一方面, 对每个 $a\in Y$ 和 $b\in X$, 有 $b\in Y_a$ 蕴涵 $E(a,b)$, 故 $Y_a\subseteq\{b\in X\mid E(a,b)\}\subseteq Y$, 从而 $Z\subseteq Y$. 因此 $Y=Z$ 是 $X_1,\cdots,X_n$ 的正 Boole 组合. ■

定义 3.1.12. 设 $A\subseteq B\subseteq\mathbb{M}$, $\Sigma(x)$ 是一个 B 上的部分/完全型. 如果对每个 $\varphi(x)\in\Sigma$, 都存在一个 $a\in A^{|x|}$ 使得 $\mathbb{M}\models\varphi(a)$, 则称 Σ 在 A 中**有限可满足**.

定义 3.1.13. 设 $A\subseteq B\subseteq\mathbb{M}$, $\Sigma(x)$ 是 B 上的部分/完全型. 如果对每个 $\mathcal{L}$-公式 $\varphi(x,y)$, 都存在一个 $\mathcal{L}_A$-公式 $\theta(y)$, 使得对任意的 $b\in B^{|y|}$, 均有

$$\varphi(x,b)\in\Sigma(x) \iff \mathbb{M}\models\theta(b),$$

则称 Σ 是A-**可定义部分/完全型**, 并且将 $\theta(y)$ 记作 $d_\Sigma\varphi(y)$. 当 $A=B$ 时, 直接称 Σ 是一个**可定义部分/完全型**.

定义 3.1.14. 设 $B\subseteq\mathbb{M}$, $\varphi(x,y)$ 是一个 $\mathcal{L}$-公式, $\Delta=\{\varphi(x,b)\,|\,b\in B^{|y|}\}$, 则称一个部分(完全)$\Delta$-型(见定义 1.7.4) 为 B 上的部分(完全)φ**-型**.

注 3.1.15. 由紧致性可知: 如果 $\varphi(x,y)$ 没有序性质, 则存在于一个自然数 n_φ, 使得 $\varphi(x,y)$ 和 $\neg\varphi(x,y)$ 都没有 n_φ-序性质.

根据有限 Ramsey 定理 (定理 1.6.2), 存在函数 $\mathrm{Ram}:\mathbb{N}^{>0}\to\mathbb{N}^{>0}$ 使得对任意的 $n\in\mathbb{N}^{>0}$ 以及着色函数 $f:[\{0,\cdots,\mathrm{Ram}(n)\}]^2\to\{0,1\}$, f 都有一个含有 n 个元素的齐次子集.

引理 3.1.16. 设 $A\subseteq B\subseteq\mathbb{M}$, 如果 $\varphi(x,y)$ 是一个没有序性质的 $\mathcal{L}$-公式, $\Sigma(x)$ 是 B 上的一个完全 φ-型, 并且 Σ 在 A 中有限可满足. 令 $N_\varphi=\mathrm{Ram}(n_\varphi)$, 其中 n_φ 如注 3.1.15 中所定义, 则存在参数 $a_0,\cdots,a_{N_\varphi}\in A^{|x|}$, 使得 $\varphi(a_0,y),\cdots,\varphi(a_{N_\varphi},y)$ 的某个正 Boole 组合 $\theta(y)$ 满足: 对任意的 $b\in B^{|y|}$, 均有 $\varphi(x,b)\in\Sigma$ 当且仅当 $\mathbb{M}\vDash\theta(b)$. 即 Σ 是可定义的.

证明: 反设引理不成立. 我们将构造 B 中的序列 $(a_i,b_i,c_i)_{i\leqslant N_\varphi}$, 使得:

(i) 对任意的 $i<j$, 均有 $M\vDash\varphi(a_j,b_i)\wedge\neg\varphi(a_j,c_i)$;

(ii) 对任意的 $i\leqslant j$, 均有 $M\vDash\varphi(a_i,b_j)\to\varphi(a_i,c_j)$;

(iii) 对任意的 j, 均有 $\varphi(x,b_j)\wedge\neg\varphi(x,c_j)\in\Sigma$.

首先, 任取一个 $a_0\in A^{|x|}$, 由于 $\varphi(a_0,y)$ 不满足要求, 根据引理3.1.11, 存在 $b_0,c_0\in B^{|y|}$, 使得

$$\mathbb{M}\vDash(\varphi(a_0,b_0)\to\varphi(a_0,c_0)),\text{并且 }\varphi(x,b_0)\wedge\neg\varphi(x,c_0)\in\Sigma.$$

显然 a_0, b_0, c_0 满足要求.

现在假设 $0 < j \leqslant N_\varphi$, 并且已经找到了满足以上条件 **(i)**, **(ii)**, **(iii)** 的序列 $(a_i, b_i, c_i)_{i<j}$. 由于

$$\bigwedge_{i<j}\Big(\varphi(x, b_i) \wedge \neg\varphi(x, c_i)\Big) \in \Sigma,$$

并且 Σ 在 A 上有限可满足, 故存在 $a_j \in A^{|x|}$, 使得

$$\mathbb{M} \vDash \bigwedge_{i<j}(\varphi(a_j, b_i) \wedge \neg\varphi(a_j, c_i)).$$

由于 $\varphi(a_0, y), \cdots, \varphi(a_j, y)$ 的任意正 Boole 组合都不能定义 Σ, 因此存在 $b_j, c_j \in B^{|y|}$, 使得

$$\mathbb{M} \vDash \bigwedge_{i\leqslant j}\Big(\varphi(a_i, b_j) \to \varphi(a_i, c_j)\Big), \text{并且 } \varphi(x, b_j) \wedge \neg\varphi(x, c_j) \in \Sigma.$$

显然序列 $(a_i, b_i, b_i)_{i\leqslant j}$ 满足以上条件 **(i)**, **(ii)**, **(iii)**.

现在根据条件 **(ii)**, 对任意的 $i \leqslant j$, $\mathbb{M} \vDash \neg\varphi(a_i, b_j)$ 和 $\mathbb{M} \vDash \varphi(a_i, c_j)$ 至少有一个成立. 定义函数 $f : [\{0, \cdots, N_\varphi\}]^2 \to \{0, 1\}$ 满足

$$f(\{i, j\}) = 1 \iff \mathbb{M} \vDash \varphi(a_i, c_j) \wedge (i < j),$$

则存在含有 n_φ 个元素的子集 X, 使得 f 在 $[X]^2$ 上是常函数.

注意到 $\varphi(x, y)$ 和 $\neg\varphi(x, y)$ 均没有 n_φ-序性质. 若 f 在 $[X]^2$ 上取值 0, 则对 X 中任意的 $i < j$, 都有 $\mathbb{M} \vDash \neg\varphi(a_i, b_j)$, 而条件 **(i)** 表明 $\mathbb{M} \vDash \varphi(a_j, b_i)$. 此时序列 $(a_i, b_i)_{i\in X}$ 见证了 $\varphi(x, y)$ 具有 n_φ-序性质, 矛盾. 若 f 在 $[X]^2$ 上取值 1, 则对 X 中任意的 $i < j$, 都有 $M \vDash \varphi(a_i, c_j)$, 而条件 **(i)** 表明 $\mathbb{M} \vDash \neg\varphi(a_j, c_i)$. 因此序列 $(a_i, c_i)_{i\in X}$ 见证了 $\neg\varphi(x, y)$ 的 n_φ-序性质, 矛盾. ∎

注意到，对任意的公式 $\varphi(x,y)$ 以及正整数 n，公式组 $\varphi(x_1,y),\cdots,\varphi(x_n,y)$ 的可能的 Boole 组合至多有 $m = 2^{2^n}$ 种. 将它们分别记作

$$\{\theta_X(x_1,\cdots,x_n,y) \mid X \subseteq \{1,\cdots,2^n\}\}.$$

假设语言 $\mathcal{L}$ 中有两个常元 0, 1, 令

$$\psi(z_1,\cdots,z_{2^n},x_1,\cdots,x_n,y)$$

为公式

$$\bigwedge_{X\subseteq\{1,\cdots,2^n\}}\left(\left(\bigwedge_{i\in X}(z_i=1)\wedge\bigwedge_{i\notin X}(z_i=0)\right)\to\theta_X(x_1,\cdots,x_n,y)\right).$$

对每个 $X \subseteq \{1,\cdots,2^n\}$, 令 b^X 为一个长度为 2^n 的 0-1 序列, 满足 $b_i^X = 1$ 当且仅当 $i \in X$, 则

$$\mathbb{M} \vDash \forall x_1 \cdots x_n, y(\theta_X(x_1,\cdots,x_n,y) \leftrightarrow \psi(b^X,x_1,\cdots,x_n,y)).$$

也就是说, 通过调整参数 $z = (z_1,\cdots,z_{2^n})$, $\psi(z,x_1,\cdots,x_n,y)$ 可以与 $\varphi(x_1,y),\cdots,\varphi(x_n,y)$ 的任意 Boole 组合等价. 因此引理3.1.16的一个直接推论是:

推论 3.1.17. 设 $A \subseteq \mathbb{M}$ 至少含有两个元素, $\varphi(x,y)$ 是一个没有序性质的 $\mathcal{L}$-公式, 则存在一个 $\mathcal{L}_A$-公式 $\psi(y,z)$, 使得对任意的 $B \supseteq A$ 以及 B 上的任意完全 φ-型 $\Sigma(x)$, 如果 Σ 在 A 中有限可满足, 则存在 $c_\Sigma \in A^{|z|}$, 使得对任意的 $b \in B^{|y|}$,

$$\varphi(x,b) \in \Sigma(x) \iff \mathbb{M} \vDash \psi(b,c_\Sigma).$$

(注意到 $\psi(y,z)$ 与 $\Sigma(x)$ 的选取无关, 称这种现象为 φ-型的一致可定

义性.)

推论 3.1.18. 设 T 是没有序性质的理论, $M \models T$, 则 $S_n(M)$ 中的所有型都是可定义的.

证明: 由于 M 是一个模型, 因此 $S_n(M)$ 中的所有元素都在 M 中有限可满足. 根据引理3.1.16, 可知 $S_n(M)$ 中的所有型都是可定义的. ■

命题 3.1.19. 设 T 是一个可数理论. 若对任意的 $M \models T$, $S_1(M)$ 中的型都是可定义的, 则对任意满足 $\lambda = \lambda^{\aleph_0}$ 的基数 λ, T 都是 λ-稳定的.

证明: 设基数 λ 满足 $\lambda = \lambda^{\aleph_0}$. 显然, 我们只需证明: 对任意的 $M \models T$, 如果 $|M| = \lambda$, 则 $|S_1(M)| = \lambda$.

令 $\{\phi_i(x, y_i) | i \in \omega\}$ 是所有 $\mathcal{L}$-公式的一个枚举. 每个 $p(x) \in S_1(M)$ 都是可定义的. 显然 p 是被 "定义" 它的 $\mathcal{L}_M$-公式的序列 $\{d_p\phi_i(y_i) | i \in \omega\}$ 唯一确定的. 由于至多有 $|M| = \lambda$ 个 $\mathcal{L}_M$-公式, 因此至多有 $\lambda^{\aleph_0} = \lambda$ 个长度为 ω 的 $\mathcal{L}_M$-公式序列, 因此 $|S_1(M)| = \lambda$. ■

定理 3.1.20. 设 T 是一个理论, 则以下表述等价:

(i) T 是稳定理论;

(ii) T 没有序性质;

(iii) 对任意的 $M \models T$, $S_1(M)$(或 $S_n(M)$) 中的型都是可定义的.

证明: 根据命题3.1.7, **(i)** $\Longrightarrow$ **(ii)**. 根据推论3.1.18, **(ii)** $\Longrightarrow$ **(iii)**. 根据命题3.1.19, **(iii)** $\Longrightarrow$ **(i)**. ■

定义 3.1.21. 设 $p \in S_n(\mathbb{M})$, $A \subseteq \mathbb{M}$ 是一个小的参数集. 称 p 是 A-不变的, 是指对任意的 $\sigma \in \mathrm{Aut}(\mathbb{M}/A)$, 都有 $\sigma(p) = p$.

定理 3.1.22. 设 T 是稳定理论, $p \in S_n(\mathbb{M})$, $M \prec \mathbb{M}$ 是一个小模型, 则以下表述等价:

(i) p 在 M 中有限可满足;

(ii) p 是 M-可定义的;

(iii) p 是 M-不变的.

证明: 根据引理3.1.16, **(i)** $\Longrightarrow$ **(ii)**.

(ii) $\Longrightarrow$ **(i)**: 设 $p \in S_n(\mathbb{M})$ 是 M-可定义的. 令 $p_0 \in S_n(M)$ 是 p 在 M 上的限制, $\Sigma(x) = \{\neg\varphi(x) | \varphi(x) \in \mathcal{L}_{\mathbb{M}}, \varphi(M) = \emptyset\}$. 则 $p_0 \cup \Sigma$ 是一致的. 令 $q \in S_n(\mathbb{M})$ 是 $p_0 \cup \Sigma$ 在 $\mathbb{M}$ 上的一个完全扩张, 则 q 在 M 中有限可满足. 根据引理3.1.16, q 是 M-可定义的. 由于 q 在 M 上的限制也是 p_0, 故对任意的 $\psi(x, y) \in \mathcal{L}$, $d_q\psi(y) = d_{p_0}\psi(y) = d_p\psi(y)$. 故 $p = q$, 从而 p 在 M 中有限可满足.

(ii) $\Longrightarrow$ **(iii)**: 设 $p(x)$ 是 M-可定义的, $\psi(x, y)$ 是一个 $\mathcal{L}$-公式, 令 $d_p\varphi(y)$ 是 $\psi(x, y)$ 的定义, 其中 $d_p\varphi(y)$ 是 $\mathcal{L}_M$-公式. 对任意的 $\sigma \in \mathrm{Aut}(\mathbb{M}/M)$ 以及 $b \in \mathbb{M}^{|y|}$, 有

$$\varphi(x, b) \in p \iff \mathbb{M} \models d_p\varphi(b) \iff \mathbb{M} \models d_p\varphi(\sigma(b)) \iff \varphi(x, \sigma(b)) \in p,$$

故 p 是 M-不变的.

(iii) $\Longrightarrow$ **(ii)**: 设 p 是 M-不变的. 根据推论3.1.18, p 是可定义的. 一个 M-不变的可定义集是 M-可定义的, 故 p 是 M-可定义的. ■

3.2 ω-稳定理论与 Morley 秩

本节开始讨论 ω-稳定理论. 利用 ω-稳定性, 我们可以赋予可定义集合一个"维数", 该维数被称为 Morley 秩, 是我们研究可定义集的有效工具. 在本节中, 我们仍然用 $\mathbb{D}, \mathbb{E}, \mathbb{F}$ 来表示 $\mathbb{M}$ 中的可定义集合.

定义 3.2.1. 设 α 是一个序数. 对可定义集 $\mathbb{D}$, 我们递归地定义 "$\mathrm{MR}(\mathbb{D}) \geqslant \alpha$":

(i) $\mathrm{MR}(\mathbb{D}) \geqslant 0$ 当且仅当 $\mathbb{D} \neq \emptyset$;

(ii) 若 α 是一个极限序数, 则 $\mathrm{MR}(\mathbb{D}) \geqslant \alpha$ 当且仅当对任意的 $\delta < \alpha$, 都有 $\mathrm{MR}(\mathbb{D}) \geqslant \delta$;

(iii) $\mathrm{MR}(\mathbb{D}) \geqslant \alpha + 1$ 当且仅当存在 $\mathbb{D}$ 的一族互不相交的可定义子集 $\{\mathbb{D}_j | \, j \in \omega\}$, 使得对任意的 $j \in \omega$ 均有 $\mathrm{MR}(\mathbb{D}_j) \geqslant \alpha$.

如果存在序数 α, 使得 $\mathrm{MR}(\mathbb{D}) \geqslant \alpha$ 并且 $\mathrm{MR}(\mathbb{D}) \ngeqslant \alpha + 1$, 则称 $\mathbb{D}$ 的**Morley 秩存在**, 并且称 α 是 $\mathbb{D}$ 的**Morley 秩**, 记作 $\mathrm{MR}(\mathbb{D}) = \alpha$. 如果对任意的序数 α 都有 $\mathrm{MR}(\mathbb{D}) \geqslant \alpha$, 则称 $\mathbb{D}$ 的**Morley 秩不存在**, 记作 $\mathrm{MR}(\mathbb{D}) = \infty$. 空集的 Morley 秩是 -1. 我们定义公式 $\phi(x)$ 的 Morley 秩为 $\phi(\mathbb{M})$ 的 Morley 秩.

以下是 Morley 秩的一些性质.

引理 3.2.2. **(i)** 若 $\mathbb{D}_1 \subseteq \mathbb{D}_2$, 则 $\mathrm{MR}(\mathbb{D}_1) \leqslant \mathrm{MR}(\mathbb{D}_2)$.

(ii) $\mathrm{MR}(\mathbb{D}) = 0$ 当且仅当 $\mathbb{D}$ 非空且有限.

(iii) 对任意的 $\sigma \in \mathrm{Aut}(\mathbb{M})$, 有 $\mathrm{MR}(\mathbb{D}) = \mathrm{MR}(\sigma(\mathbb{D}))$.

(iv) $\mathrm{MR}(\mathbb{D}_1 \cup \mathbb{D}_2) = \max\{\mathrm{MR}(\mathbb{D}_1), \mathrm{MR}(\mathbb{D}_2)\}$.

证明: 我们只证明 **(iv)**. 显然, $\mathrm{MR}(\mathbb{D}_1 \cup \mathbb{D}_2) \geqslant \max\{\mathrm{MR}(\mathbb{D}_1), \mathrm{MR}(\mathbb{D}_2)\}$. 另一方面, 对序数 α 归纳可以证明: 当 $\mathrm{MR}(\mathbb{D}_1 \cup \mathbb{D}_2) \geqslant \alpha$ 时, 总是有 $\max\{\mathrm{MR}(\mathbb{D}_1), \mathrm{MR}(\mathbb{D}_2)\} \geqslant \alpha$. ■

定义 3.2.3. 设 $\mathrm{MR}(\mathbb{D}) = \alpha$. 如果 $\mathbb{D}$ 能划分为 k 个 Morley 秩为 α 的可定义子集, 则称 $\mathbb{D}$ 的**Morley 度**大于等于 k, 记作 $\mathrm{Md}(\mathbb{D}) \geqslant k$. 如果 $\mathrm{MR}(\mathbb{D}) \geqslant k$ 并且 $\mathrm{MR}(\mathbb{D}) \ngeqslant k + 1$, 则称 k 为 $\mathbb{D}$ 的**Morley 度**, 记作 $\mathrm{Md}(\mathbb{D}) = k$.

显然 $\mathbb{D}$ 是强极小的当且仅当 $\mathrm{MR}(\mathbb{D}) = \mathrm{Md}(\mathbb{D}) = 1$.

引理 3.2.4. 设 $\mathrm{MR}(\mathbb{D}) = \alpha$, 则 $\mathrm{Md}(\mathbb{D}) \in \mathbb{N}^{>0}$.

证明: 我们用 $2^{<\omega}$ 表示所有的有限长 $\{0,1\}$-序列. 对任意的 $\sigma, \tau \in 2^{<\omega}$, $\sigma \subseteq \tau$ 表示 σ 是 τ 的子序列, $\sigma \frown i$ 表示在 σ 后添加 $i \in \{0,1\}$ 后得到的新序列, $\emptyset$ 表示空序列. 显然 $(2^{<\omega}, \subseteq)$ 是一棵二叉树. 我们构造满足如下性质的 $S \subseteq 2^{<\omega}$ 及一族可定义子集 $\{\mathbb{D}_\sigma | \sigma \in S\}$:

(i) $\emptyset \in S$, 且 $\mathbb{D}_\emptyset = \mathbb{D}$;

(ii) 若 $\sigma \in S$ 且 $\tau \subseteq \sigma$, 则 $\tau \in S$;

(iii) 对每个 $\sigma \in S$, $\mathrm{MR}(\mathbb{D}_\sigma) = \alpha$;

(iv) 若 $\sigma \in S$, 并且存在可定义集 $\mathbb{E}$, 使得

$$\mathrm{MR}(\mathbb{D}_\sigma \cap \mathbb{E}) = \alpha \text{ 且 } \mathrm{MR}(\mathbb{D}_\sigma \backslash \mathbb{E}) = \alpha,$$

则 $\sigma \frown 0$, $\sigma \frown 1 \in S$, 并且令 $\mathbb{D}_{\sigma \frown 0} = \mathbb{D}_\sigma \backslash \mathbb{E}$, $\mathbb{D}_{\sigma \frown 1} = \mathbb{D}_\sigma \cap \mathbb{E}$.

显然 $(S, \subseteq)$ 是一棵二叉树. 我们断言 S 一定是一个有限集. 否则, 根据 König 引理, 存在一个函数 $f: \omega \to \{0,1\}$(这里将 f 视作长度为 ω 的 $\{0,1\}$-序列) 使得

$$\{\tau_n = f \restriction \{0, \cdots, n-1\} | n \in \omega\} \subseteq S.$$

根据我们的构造, 对任意的 $n \in \omega$, 有

(i) $\mathrm{MR}(\mathbb{D}_{\tau_n} \backslash \mathbb{D}_{\tau_{n+1}}) = \alpha$;

(ii) $\mathbb{D}_{\tau_n} \subseteq \mathbb{D}$.

显然,

$$\{\mathbb{D}_{\tau_n} \backslash \mathbb{D}_{\tau_{n+1}} | n = 0, 1, 2, \cdots\}$$

是互不相交的一族可定义子集, 从而 $\mathrm{MR}(\mathbb{D}) \geqslant \alpha + 1$. 这是一个矛盾. 故 S 是一棵有限树. 令 $S_0 = \{\eta_1, \cdots, \eta_k\} \subseteq S$ 为 S 的叶子节点. 对任意的可定义集 $\mathbb{E}$, 如果 $\mathbb{E} \subseteq \mathbb{D}$ 且 $\mathrm{MR}(\mathbb{E}) = \alpha$, 则

(i) 由于 $\bigcup_{i=1}^{k} \mathbb{D}_{\eta_i} = \mathbb{D}$, 故存在 $1 \leqslant i \leqslant k$ 使得 $\mathrm{MR}(\mathbb{E} \cap \mathbb{D}_{\eta_i}) = \alpha$.

(ii) 如果 $\mathrm{MR}(\mathbb{E} \cap \mathbb{D}_{\eta_i}) = \alpha$, 则 $\mathrm{MR}(\mathbb{D}_{\eta_i} \backslash \mathbb{E}) < \alpha$. 否则 S 还会继续"生长".

即有且仅有一个 $i \leqslant k$ 使得 $\mathrm{MR}(\mathbb{E} \cap \mathbb{D}_{\eta_i}) = \alpha$. 这表明, 如果 $\mathbb{D}$ 还有一族定义划分 $\mathbb{E}_1, \cdots, \mathbb{E}_m$ 满足

$$\mathrm{MR}(\mathbb{E}_1) = \cdots = \mathrm{MR}(\mathbb{E}_m) = \alpha,$$

则对每个 $1 \leqslant i \leqslant k$, 有且仅有一个 $1 \leqslant j \leqslant m$ 使得 $\mathrm{MR}(\mathbb{D}_{\eta_i} \cap \mathbb{E}_j) = \alpha$. 即存在 $\{1, \cdots, k\}$ 到 $\{1, \cdots, m\}$ 的满射, 故 $k \geqslant m$. ■

对于可定义集合 $\mathbb{D}, \mathbb{E}$, 以及序数 α:

(i) 用 $\mathbb{D} \subseteq_\alpha \mathbb{E}$ 表示 $\mathrm{MR}(\mathbb{E} \backslash \mathbb{D}) < \alpha$;

(ii) 用 $\mathbb{D} =_\alpha \mathbb{E}$ 表示 $\mathrm{MR}((\mathbb{D} \cup \mathbb{E}) \backslash (\mathbb{D} \cap \mathbb{E})) < \alpha$.

以上引理表明, 如果 $\mathrm{MR}(\mathbb{D}) = \alpha$, 则 $\mathbb{D}$ 的 Morley 度 $\mathrm{Md}(\mathbb{D})$ 是一个正整数 d, 且 $\mathbb{D}$ 恰好能划分为 d 个 Morley 秩相同、Morley 度为 1 的可定义子集, 且这种划分在"$=_\alpha$"的意义下唯一, 即假设 $\{\mathbb{D}_1, \cdots, \mathbb{D}_d\}$ 和 $\{\mathbb{E}_1, \cdots, \mathbb{E}_d\}$ 是 $\mathbb{D}$ 的两个划分, 满足 $\mathrm{MR}(\mathbb{D}_i) = \mathrm{MR}(\mathbb{E}_i) = \alpha$ 且 $\mathrm{Md}(\mathbb{D}_i) = \mathrm{Md}(\mathbb{E}_i) = 1, i = 1, \cdots, d$, 则对每个 $i \leqslant d$, 存在唯一的 $j \leqslant d$ 使得 $\mathbb{D}_i =_\alpha \mathbb{E}_j$. 容易观察, 当 $\mathbb{D}$ 与 $\mathbb{E}$ 互不相交时, 有

(i) 若 $\mathrm{MR}(\mathbb{D}) < \mathrm{MR}(\mathbb{E})$, 则 $\mathrm{Md}(\mathbb{D} \cup \mathbb{E}) = \mathrm{Md}(\mathbb{E})$;

(ii) 若 $\mathrm{MR}(\mathbb{D}) = \mathrm{MR}(\mathbb{E})$, 则 $\mathrm{Md}(\mathbb{D} \cup \mathbb{E}) = \mathrm{Md}(\mathbb{D}) + \mathrm{Md}(\mathbb{E})$.

定义 3.2.5. (i) 设 Σ 是一个 A 上的部分型, 则定义

$$\mathrm{MR}(\Sigma)=\min\{\mathrm{MR}(\phi)|\ \phi\in\Sigma\},$$

称 $\mathrm{MR}(\Sigma)$ 为 Σ 的 **Morley 秩**. 如果 $\mathrm{MR}(\Sigma)<\infty$, 则定义

$$\mathrm{Md}(\Sigma)=\min\{\mathrm{Md}(\phi)|\ \phi\in\Sigma, \text{且}\ \mathrm{MR}(\phi)=\mathrm{MR}(\Sigma)\},$$

称 $\mathrm{Md}(\Sigma)$ 为 Σ 的 **Morley 度**.

(ii) 设 $a\in\mathbb{M}^n$, 则规定

$$\mathrm{MR}(a)=\mathrm{MR}(\mathrm{tp}(a)),\ \mathrm{MR}(a/A)=\mathrm{MR}(\mathrm{tp}(a/A)).$$

引理 3.2.6. 设 $p_1,p_2\in S_n(A)$ 都有 Morley 秩. 令 $\phi_i\in p_i$ 使得 $\mathrm{MR}(p_i)=\mathrm{MR}(\phi_i)=\alpha$, $\mathrm{Md}(p_i)=\mathrm{Md}(\phi_i)=k$, $i=1,2$. 若 $\phi_1=_\alpha\phi_2$, 则 $p_1=p_2$.

证明: 令 $\phi=\phi_1\wedge\phi_2$, 则 $\mathrm{MR}(\phi)=\alpha$ 且 $\mathrm{Md}(\phi)=k$, 故 $\phi\in p_1\cap p_2$. 反设 $p_1\neq p_2$, 则存在 $\mathcal{L}_A$-公式 ψ 使得 $\psi\in p_1$ 且 $\neg\psi\in p_2$. 显然

$$\mathrm{MR}(\psi\wedge\phi)=\alpha,\ \mathrm{Md}(\psi\wedge\phi)=k,$$

且

$$\mathrm{MR}(\neg\psi\wedge\phi)=\alpha,\ \mathrm{Md}(\neg\psi\wedge\phi)=k,$$

从而

$$\mathrm{Md}(\phi)=\mathrm{Md}(\phi\wedge\psi)+\mathrm{Md}(\phi\wedge\neg\psi)=k+k=2k.$$

这是一个矛盾. ■

引理3.2.6表明, 若 $p\in S(A)$ 且 $\mathrm{MR}(p)<\infty$, 令 $\phi\in p$ 使得 $\mathrm{MR}(p)=\mathrm{MR}(\phi)$, $\mathrm{Md}(p)=\mathrm{Md}(\phi)$, 则 p 被 ϕ 在 $\mathcal{L}_A$ 中的 “$=_\alpha$ 等价

类” 唯一确定:

$$p = \{\psi \in \mathcal{L}_A | \phi \subseteq_\alpha \psi\}.$$

定义 3.2.7. 设 $p \in S_n(A)$, $\phi(x) \in p$ 且 $\mathrm{MR}(p) = \mathrm{MR}(\phi)$, 则称 p 是 ϕ 或 $\phi(\mathbb{M})$ 在 A 上的**泛型**. 若 $a \vDash p$, 则称 a 是 ϕ(或 $\phi(\mathbb{M})$) 在 A 上的**泛点**.

定义 3.2.8. 如果对任意可定义集 $\mathbb{D}$, 都有 $\mathrm{MR}(\mathbb{D}) < \infty$, 则称 T 是**完全超越理论**.

引理 3.2.9. 设 $\psi(x, y)$ 是一个 $\mathcal{L}$-公式, $a, b \in \mathbb{M}^{|y|}$. 如果 $\mathrm{tp}(a) = \mathrm{tp}(b)$, 则 $\mathrm{MR}(\psi(x, a)) = \mathrm{MR}(\psi(x, b))$.

证明: 由于 $\mathrm{tp}(a) = \mathrm{tp}(b)$, 故存在 $\sigma \in \mathrm{Aut}(\mathbb{M})$ 使得 $\sigma(a) = b$, 从而 $\sigma(\psi(\mathbb{M}, a)) = \psi(\mathbb{M}, b)$. 故 $\mathrm{MR}(\psi(\mathbb{M}, a)) = \mathrm{MR}(\sigma(\psi(\mathbb{M}, a))) = \mathrm{MR}(\psi(\mathbb{M}, b))$. ■

引理 3.2.10. T 是 ω-稳定的当且仅当 T 是完全超越的.

证明: 根据引理3.2.9, 对任意公式 $\phi(x, y)$ 以及 $b \in \mathbb{M}^{|y|}$, 有 $\mathrm{MR}(\phi(x, b))$ 被 $\mathrm{tp}(b)$ 唯一地确定, 因此可能成为某个公式 Morley 秩的序数至多有 $|S(T)|$ 个. 故存在一个序数 γ, 使得所有 $< \infty$ 的 Morley 秩都 $< \gamma$. 这表明对任意 $\mathcal{L}_{\mathbb{M}}$-公式 ϕ, 都有 $\mathrm{MR}(\phi) = \infty$ 当且仅当 $\mathrm{MR}(\phi) \geqslant \gamma$.

若存在 $\mathcal{L}_{\mathbb{M}}$-公式 ϕ 使得 $\mathrm{MR}(\phi) = \infty$, 则 $\mathrm{MR}(\phi) \geqslant \gamma + 1$, 故存在 $\mathcal{L}_{\mathbb{M}}$-公式 ϕ_0 与 ϕ_1, 使得 $(\phi_0 \wedge \phi_1)$ 不一致, 且 $\mathrm{MR}(\phi_0)$, $\mathrm{MR}(\phi_1) \geqslant \gamma$, 故 $\mathrm{MR}(\phi_0), \mathrm{MR}(\phi_1) = \infty$. 将以上的步骤迭代 ω 次, 就可以得到一个 $\mathcal{L}_{\mathbb{M}}$-公式族 $\{\phi_\eta(x) | \eta \in 2^{<\omega}\}$, 使得:

(i) $\phi_\emptyset = \phi$;

(ii) 对任意的 $\eta_1, \eta_2 \in 2^{<\omega}$, 如果 $\eta_1 \subseteq \eta_2$, 则 $M \vDash \forall x(\phi_{\eta_2}(x) \to \phi_{\eta_1}(x))$;

(iii) 对任意的 $\eta_1, \eta_2 \in 2^{<\omega}$, 如果 $\eta_1 \not\subseteq \eta_2$ 且 $\eta_2 \not\subseteq \eta_1$, 则 $(\phi_{\eta_1} \wedge \phi_{\eta_2})$ 不一致.

令 A 为 $\{\phi_\eta | \eta \in 2^{<\omega}\}$ 中的所有参数构成的集合, 则 A 是可数集合. 一方面, 对每个 $f \in 2^\omega$, $p_f(x) = \{\phi_{f\upharpoonright 0,\cdots,n-1} | n \in \omega\}$ 是 A 上的一个部分型. 并且对任意的 $f \neq g \in 2^\omega$, $p_f \neq p_g$ 不一致. 因此, $S_{|x|}(A)$ 中至少有 2^ω 个元素, 从而 T 不是 ω-稳定的.

另一方面, 设 T 是完全超越的, A 是参数集, 则对每一个 $p \in S_1(A)$, 存在一个 $\mathcal{L}_A$-公式 $\phi_p \in p$, 使得 $\mathrm{MR}(\phi_p) = \mathrm{MR}(p)$ 且 $\mathrm{Md}(\phi_p) = \mathrm{Md}(p)$. 根据引理3.2.6, 对任意的 $p_1, p_2 \in S_1(A)$, 如果 $\phi_{p_1} = \phi_{p_2}$, 则 $p_1 = p_2$. 因此 $p \mapsto \phi_p$ 是由 $S_1(A)$ 到 $\mathcal{L}_A$-公式集的一个单射函数, 从而 $|S_1(A)| \leqslant |A| + \aleph_0$. 故 T 是 ω-稳定的. ■

注 3.2.11. 引理 3.2.10 的证明表明: T 是 ω-稳定的当且仅当对人任意的无限基数 λ, T 都是 λ-稳定的.

显然, 对任意的无限模型 M, 总有 $|S_1(M)| \geqslant |M|$, 因此, 直观上, ω-稳定理论的模型的型空间“最小”.

引理 3.2.12. 设 T 是 ω-稳定的, $\phi(x)$ 是一个 $\mathcal{L}_{\mathbb{M}}$-公式, 若 $\mathrm{MR}(\phi) = \alpha$, 则

$$\mathrm{Md}(\phi) = |\{p \in S_n(\mathbb{M}) | \phi \in p \text{且} \mathrm{MR}(p) = \mathrm{MR}(\phi)\}|.$$

证明: 若 $\mathrm{Md}(\phi) = d$, 则存在 ϕ 的一个划分 $\psi_1, \cdots, \psi_d$, 使得对每个 i, $\mathrm{MR}(\psi_i) = \mathrm{MR}(\phi)$ 且 $\mathrm{Md}(\psi_i) = 1$. 定义 $p_i = \{\theta | \psi_i \subseteq_\alpha \theta\}$, 则 p_i 是一个完全型. 容易验证, 对任意的 $p \in S_n(\mathbb{M})$, 如果 $\phi \in p$ 且 $\mathrm{MR}(p) = \mathrm{MR}(\phi)$, 则 p 恰好是某个 p_i. ■

定理 3.2.13. 设 T 是 ω-稳定的, $A \subseteq \mathbb{M}$ 是参数集, $\varphi(x)$ 和 $\psi(x, y)$ 均是 $\mathcal{L}_A$-公式, 且 $\mathrm{MR}(\varphi) = \alpha$, 则

$$\{b \in \mathbb{M}^{|y|} | \mathrm{MR}(\varphi(\mathbb{M}) \cap \psi(\mathbb{M}, b)) = \alpha\}$$

是 A 上的可定义集合.

证明: 设 $\mathbb{D}=\varphi(\mathbb{M})$, $\mathrm{Md}(\mathbb{D})=d$, 根据引理3.2.12, $S_{\mathbb{D}}(\mathbb{M})$ 中恰好有 d 个型 $p_1,\cdots,p_d$, 满足 $\mathrm{MR}(p_i)=\mathrm{MR}(\varphi)$. 显然 $\mathrm{MR}(\varphi(x)\wedge\psi(x,b))=\alpha$ 当且仅当存在 $i\leqslant d$ 使得 $\psi(x,b)\in p_i$. 根据定理3.1.20, 对每个 $i\leqslant d$, 都存在一个 $(d_{p_i}\psi)(y)$ 使得

$$\forall b\in\mathbb{M}^{|y|}:\ \psi(x,b)\in p_i\iff\mathbb{M}\models(d_{p_i}\psi)(b).$$

故

$$\mathbb{B}=\{b\in\mathbb{M}^{|y|}\mid\ \mathrm{MR}(\varphi(x)\cap\psi(x,b))=\alpha\}=\bigvee_{i=1}^{d}(d_{p_i}\psi)(\mathbb{M})$$

是可定义集合. 根据引理3.2.9, $\mathbb{B}$ 是 $\mathrm{Aut}(\mathbb{M}/A)$-不变的. 根据引理2.4.3, $\mathbb{B}$ 是 A-可定义的. ■

推论 3.2.14. 设 T 是 ω-稳定的, $A\subseteq\mathbb{M}$ 是参数集, $p\in S_n(A)$, 则 p 是可定义的.

证明: 令 $\psi(x)\in p$ 使得 $\mathrm{MR}(\psi)=\mathrm{MR}(p)$ 且 $\mathrm{Md}(\psi)=\mathrm{Md}(p)$, 则对任意的 $\mathcal{L}$-公式 $\varphi(x,y)$, 以及 $b\in A^{|y|}$, 有

$$\varphi(x,y)\in p\iff\mathrm{MR}(\varphi(x,b)\wedge\psi(x))=\mathrm{MR}(\psi(x)).$$

根据定理3.2.13, p 是可定义的. ■

引理 3.2.15. 设 T 是 ω-稳定的, $M\models T$ 是 ω-饱和的, $\phi(x)$ 是一个 $\mathcal{L}_M$-公式, 则 $\mathrm{MR}(\phi)\geqslant\alpha+1$ 当且仅当则存在 $a_0,a_1,a_2,\cdots\models\phi(x)$, 使得对每个 $i\neq j\in\omega$, 有

(i) $\mathrm{tp}(a_i/M)\neq\mathrm{tp}(a_j/M)$;

(ii) $\mathrm{MR}(a_i/M) \geqslant \alpha$.

证明: $\Longrightarrow$ 由定义, 存在互不相容的一族 $\mathcal{L}_{\mathbb{M}}$-公式 $\{\psi_i(x)|\ i<\omega\}$, 使得对每个 $i<\omega$ 有 $\psi_i(\mathbb{M}) \subseteq \phi(\mathbb{M})$, 且 $\mathrm{MR}(\psi_i) \geqslant \alpha$. 由 M 的 ω-饱和性, 可以假设每个 ψ_i 都是 $\mathcal{L}_M$-公式. 根据引理3.2.12, 每个 $[\psi_i] \subseteq S_n(M)$ 中都有一个型 p_i 使得 $\mathrm{MR}(p_i)=\mathrm{MR}(\psi_i) \geqslant \alpha$. 令 $a_i \vDash p_i$, 则 $\{a_i|\ i<\omega\}$ 满足要求.

$\Longleftarrow$ 不然, 则 $\mathrm{MR}(\phi) \leqslant \alpha$, 设 $\mathrm{Md}(\phi)=d<\omega$. 设 $\{a_i|\ i<\omega\}$ 如引理所述, 则存在互不相容的 $\{\phi_i \in \mathrm{tp}(a_i/M)|\ i<d+1\}$, 从而 $\mathrm{Md}(\phi) \geqslant d+1$, 这是一个矛盾. ■

定义 3.2.16. 设 $\Sigma_1 \subseteq \Sigma_2$ 是两个部分型, 若 $\mathrm{MR}(\Sigma_1)=\mathrm{MR}(\Sigma_2)$, 则称 Σ_2 是 Σ_1 的一个**非分叉扩张**. 若 Σ_1 和 Σ_2 还分别是 A 和 B 上的完全型, 且 $A \subseteq B$, 则称 Σ_2 是 Σ_1 在 B 上的非分叉扩张.

引理 3.2.17. 设 T 是 ω-稳定的, $p \in S_n(A)$, 则对任意的 $B \supseteq A$, 都存在 p 在 B 上的一个非分叉扩张.

证明: 任取 $\phi \in p$ 使得 $\mathrm{MR}(p)=\mathrm{MR}(\phi)$ 且 $\mathrm{Md}(p)=\mathrm{Md}(\phi)$. 定义

$$\Sigma=\{\neg\theta(x)|\ \theta(x) \in \mathcal{L}_B \text{ 且 } \mathrm{MR}(\theta \cap \phi)<\mathrm{MR}(p)\}.$$

容易验证 Σ 是 p 的非分叉扩张. 将 Σ 扩张为 B 上的完全型 p^*. 若存在 $\psi \in p^*$ 使得 $\mathrm{MR}(\psi \cap \phi)<\mathrm{MR}(p)$, 则 $\neg\psi \in \Sigma \subseteq p^*$, 矛盾. 故 $\mathrm{MR}(p^*)=\mathrm{MR}(p)$. ■

引理 3.2.18. 设 T 是 ω-稳定的, $M \vDash T$, $A \subseteq M$, 则

(i) 对每个 $q \in S_n(M)$, 有 $\mathrm{Md}(q)=1$;

(ii) 如果 $p \in S_n(A)$ 且 $\mathrm{Md}(p)=d$, 则 p 在 M 上有 d 个非分叉扩张.

证明: **(i)**: 设 $q \in S_n(M)$, 令 $\psi \in q$ 使得 MR(q) = MR(ψ) 且 Md(q) = Md(ψ). 如果 Md$(\psi) = d$, 则公式 $\psi(\mathbb{M})$ 可以划分为 d 个 Morley 秩与其相同, 且 Morley 度为 1 的 $\mathbb{M}$-可定义子集 $\psi_1(\mathbb{M}, c_1), \cdots, \psi_d(\mathbb{M}, c_d)$, 其中每个 ψ_i 都是 $\mathcal{L}$-公式. 根据引理3.2.13, 对每个 $1 \leqslant i \leqslant d$, 存在 $\mathcal{L}_M$-公式 $\theta_i(z_i)$ 使得对任意的 $c \in \mathbb{M}^{|z_i|}$, 有

$$\mathrm{MR}(\psi_d(\mathbb{M}, z_i) \cap \psi(\mathbb{M})) = \mathrm{MR}(\psi(\mathbb{M}))$$

当且仅当 $\mathbb{M} \models \theta_i(c)$. 显然

$$\mathbb{M} \models \exists z_1 \cdots \exists z_d \left(\psi_1(\mathbb{M}, z_1), \cdots, \psi_d(\mathbb{M}, z_d) \text{是} \psi(\mathbb{M}) \text{的一个划分且} \bigwedge_{i=1}^{d} \theta_i(z_i) \right)$$

由于 $M \prec \mathbb{M}$, M 也满足上式, 即存在 M 中的元组 $a_1, \cdots, a_d$ 使得 $\psi_1(\mathbb{M}, a_1), \cdots, \psi_d(\mathbb{M}, a_d)$ 是 $\psi(\mathbb{M})$ 的一个划分且每个 $\psi_i(\mathbb{M}, a_i)$ 的 Morley 秩与 $\psi(\mathbb{M})$ 相同. 显然, 其中某个 $\psi_i(x, a_i)$ 在 q 中, 故 Md$(q) = 1$.

(ii): 设 $p \in S_n(A)$, 令 $\psi \in p$ 使得 MR(p) = MR(ψ) 且 Md(p) = Md(ψ). 如果 Md$(\psi) = d$, 则上段的论述表明公式 $\psi(\mathbb{M})$ 可以划分为 d 个 Morley 秩与其相同, 且 Morley 度为 1 的 $\mathcal{L}_M$-可定义子集 $\mathbb{D}_1, \cdots, \mathbb{D}_d$, 根据引理3.2.12, 每个 $\mathbb{D}_i$ 都对应 p 的一个非分叉扩张. ■

引理 3.2.19. 设 T 是 ω-稳定的, 若 $b \in \mathrm{acl}(A, a)$, 则 MR$(b/A) \leqslant$ MR(a/A).

证明: 不失一般性, 设 $A = \emptyset$. 对序数 α 归纳证明. 若 MR$(b) \geqslant \alpha$, 则 MR$(a) \geqslant \alpha$. 当 α 是 0 或极限序数时, 以上结论容易证明. 下面验证 $\alpha = \beta + 1$ 是后继序数时的情形.

假设 MR$(b) \geqslant \beta + 1$. 取 $\mathcal{L}$-公式 $\psi(x)$ 使得 $\mathbb{M} \models \psi(a)$ 且 MR(ψ) = MR(a). 由于 b 在 a 上是代数的, 故存在公式 $\phi(x, y)$ 使得 $\mathbb{M} \models \phi(a, b)$

且 $|\phi(a,\mathbb{M})| = m \in \mathbb{N}^{>0}$. 令 $\theta(y)$ 为公式

$$\exists x\Big(\phi(x,y) \wedge (|\phi(x,\mathbb{M})| = m) \wedge \psi(x)\Big).$$

根据引理3.2.15, 当 $\mathrm{MR}(b) \geqslant \beta+1$ 时, 存在 $b_0, b_1, b_2, \cdots \models \theta(y)$, 使得对每个 $j<\omega$, 有 $\mathrm{MR}(b_j/M) \geqslant \beta$ 且 $\{\mathrm{tp}(b_j/M) \mid j<\omega\}$ 互不相同. 对每个 b_j, 取 $a_j \in \mathbb{M}^{|x|}$ 使得

$$\mathbb{M} \models \phi(a_j, b_j) \wedge (|\phi(a_j,\mathbb{M})| = m) \wedge \psi(a_j).$$

现在, 每个 b_j 都在 $M \cup \{a_j\}$ 上代数, 由归纳假设, 对每个 $j<\omega$ 有 $\mathrm{MR}(a_j/M) \geqslant \beta$. 根据引理3.2.15, 接下来只需证明 $\{\mathrm{tp}(a_i/M) \mid i<\omega\}$ 是一个无限集合. 否则, 不妨设 $\mathrm{tp}(a_0/M) = \mathrm{tp}(a_1/M) = \cdots$, 则对每个 $i<\omega$ 都存在 c_i 使得 $\mathrm{tp}(a_0,c_i/M) = \mathrm{tp}(a_i,b_i/M)$, 因此对每个 $i<\omega$ 都有

$$\mathbb{M} \models \phi(a_0, c_i) \wedge (|\phi(a_0,\mathbb{M})| = m) \wedge \psi(a_0),$$

而这一点与 $|\phi(a_0,\mathbb{M})| = m$ 矛盾. ■

推论 3.2.20. 设 T 是 ω-稳定的, 若 $b \in \mathrm{acl}(A,a)$, 则 $\mathrm{MR}(a,b/A) = \mathrm{MR}(a/A)$.

证明: 显然 $(a,b) \in \mathrm{acl}(A,a)$ 且 $a \in \mathrm{acl}(A,a,b)$. 因此根据引理3.2.19, 有 $\mathrm{MR}(a,b/A) = \mathrm{MR}(a/A)$. ■

推论 3.2.21. 设 T 是 ω-稳定的, $f:\mathbb{D}\to\mathbb{E}$ 是可定义满射, 则 $\mathrm{MR}(\mathbb{D}) \geqslant \mathrm{MR}(\mathbb{E})$. 如果对每个 $e\in\mathbb{E}$, $f^{-1}(e)$ 是 $\mathbb{D}$ 的有限子集, 则 $\mathrm{MR}(\mathbb{D}) = \mathrm{MR}(\mathbb{E})$.

证明: 不是一般性, 设 $\mathbb{D}, \mathbb{E}, f$ 都是 $\emptyset$-可定义的. 取 $b \in \mathbb{E}$ 使得 $\mathrm{MR}(b) = \mathrm{MR}(\mathbb{E})$. 取 $d \in \mathbb{D}$ 使得 $f(d) = b$, 则 $\mathrm{MR}(\mathbb{D}) \geqslant \mathrm{MR}(d)$. 由于 $b \in \mathrm{dcl}(d)$, 根据引理3.2.19, 有 $\mathrm{MR}(d) \geqslant \mathrm{MR}(b)$. 故 $\mathrm{MR}(\mathbb{D}) \geqslant \mathrm{MR}(\mathbb{E})$.

下面假设对每个 $e \in \mathbb{E}$, $f^{-1}(e)$ 是 $\mathbb{D}$ 的有限子集. 取 $a \in \mathbb{D}$ 使得 $\mathrm{MR}(a) = \mathrm{MR}(\mathbb{D})$, 则 $a \in \mathrm{acl}(f(a))$, 根据引理3.2.19, 有 $\mathrm{MR}(\mathbb{D}) = \mathrm{MR}(a) \leqslant \mathrm{MR}(f(a)) \leqslant \mathrm{MR}(\mathbb{E})$. ■

引理 3.2.22. 设 T 是强极小的, $a = (a_1, \cdots, a_n)$, 则 $\mathrm{MR}(a/A) = \dim(a/A)$.

证明: 设 $\dim(a/A) = k$, 不妨设 $\{a_1, \cdots, a_k\}$ 在 A 上代数不相关, 则根据引理3.2.19, 有 $\mathrm{MR}(a/A) = \mathrm{MR}(a_1, \cdots, a_k/A)$. 因此, 只需证明 $\mathrm{MR}(a_1, \cdots, a_k/A) = k$. 一般地, 只需对 k 归纳证明: 若 $\{a_1, \cdots, a_k\}$ 在 A 上代数不相关, 则 $\mathrm{MR}(a_1, \cdots, a_k/A) = k$.

当 $k = 1$ 时, $a_1 \notin \mathrm{acl}(A)$ 蕴涵每个包含 a_1 的 A-可定义集合 $\mathbb{D}$ 都是 $\mathbb{M}$ 的无限子集, 故 $\mathrm{MR}(\mathbb{D}) \geqslant 1$. 由强极小性, $\mathrm{MR}(\mathbb{D}) = 1$. 故 $\mathrm{MR}(a_1/A) = 1$.

设 $k = m + 1$. 任取 $\phi(x_1, \cdots, x_{m+1}) \in \mathrm{tp}(a_1, \cdots, a_{m+1}/A)$, 只需证明 $\mathrm{MR}(\phi(x_1, \cdots, x_{m+1})) \geqslant m + 1$. 令

$$\mathbb{D} = \{b \in \mathbb{M} |\ \mathrm{Dim}(\phi(x_1, \cdots, x_m, b)) = m\},$$

则 $\mathbb{D}$ 是 A-可定义的. 由于 $\dim(a_1, \cdots, a_m/A, a_{m+1}) = m$, 故

$$\mathrm{Dim}(\phi(x_1, \cdots, x_m, a_{m+1})) = m,$$

从而 $a_{m+1} \in \mathbb{D}$. 由于 $\dim(a_{m+1}/A) = 1$, 故 $\mathbb{D}$ 是一个无限集合. 由归纳假设, 对每个 $b \in \mathbb{D}$,

$$\mathrm{MR}(\phi(x_1, \cdots, x_m, b)) = \mathrm{Dim}(\phi(x_1, \cdots, x_m, b)) = m.$$

令 $\mathbb{E}$ 是 $\phi(x_1, \cdots, x_{m+1})$ 定义的集合, $\mathbb{E}_b = \phi(\mathbb{M}, b) \times \{b\}$, 则 $\{\mathbb{E}_b | b \in \mathbb{D}\}$ 是 $\mathbb{E}$ 的一族互不相交的可定义集合, 且每个 $\mathrm{MR}(\mathbb{E}_b)$ 都是 m, 从而

$\mathrm{MR}(\mathbb{E}) \geqslant m+1$. 若 $\mathrm{MR}(\mathbb{E}) > m+1$, 则 $S_{\mathbb{E}}(\mathbb{M})$ 中有无限个互不相同的型 $\{p_i | i < \omega\}$, 使得对每个 $i \in \omega$, 都有 $\mathrm{MR}(p_i) = m+1$. 由归纳假设, 对每个 $i \in \omega$, 都有 $\dim(p_i) > m$. 而 $\dim(\mathbb{E}) \leqslant \dim(\mathbb{M}^{m+1}) = m+1$, 故 $\dim(p_i) = m+1$. 根据引理2.2.12, $S_{m+1}(\mathbb{M})$ 中只有一个维数为 $m+1$ 的型, 矛盾. ■

推论 3.2.23. 设 T 是强极小的, 则 $\mathrm{MR}(a,b/A) = \mathrm{MR}(a/A,b) + \mathrm{MR}(b/A)$.

证明: 这是因为根据维数的定义, 有 $\dim(a,b/A) = \dim(a/A,b) + \dim(b/A)$. ■

推论 3.2.24. 设 T 是强极小的, 则 $\mathrm{Md}(\mathbb{M}^n) = 1$.

证明: 根据引理2.2.12, 当 T 是强极小理论时, 存在唯一的 $p_0 \in S_n(\mathbb{M})$ 满足 $\dim(p_0) = n$. 根据引理3.2.22, 只有 p_0 的 Morely 秩是 n. 再根据引理3.2.12可知, $\mathrm{Md}(\mathbb{M}^n) = 1$. ■

3.3 分叉独立性

本节我们总是假设 T 是 ω-稳定的, $\mathbb{M}$ 是 T 的大魔型, $M \prec \mathbb{M}$ 是 T 的一个小模型. 如果 a 是 $\mathbb{M}$ 中的一个长度小于 $|\mathbb{M}|$ 的无限序列, 则称 a 是 $\mathbb{M}$ 中的无限元组. 令 $\mathfrak{a}$ 为 a 的所有有限子序列的集合, A 是一个参数集, 则 $\max\{\mathrm{MR}(b/A) | b \in \mathfrak{a}\}$ 是一个序数, 规定 $\mathrm{MR}(a/A) = \max\{\mathrm{MR}(b/A) | b \in \mathfrak{a}\}$.

定义 3.3.1. 设 a 是 $\mathbb{M}$ 中的元组(可以是无限元组), $A, B \subseteq \mathbb{M}$. 如果 $\mathrm{MR}(a/A) = \mathrm{MR}(a/A \cup B)$, 则称 a 与 B 在 A 上**分叉独立**, 记作 $a \underset{A}{\perp} B$. 当 $A = \emptyset$ 时, 用 $a \perp B$ 表示 $a \underset{\emptyset}{\perp} B$.

注 3.3.2. 令 $b=(b_i)_{i\in I}$ 是 $\mathbb{M}$ 中的元组, $B=\{b_i \mid i\in I\}$, 则 $a\underset{A}{\perp} b$ 表示 $a\underset{A}{\perp} B$. 由引理 3.2.9 可知,

$$\mathrm{tp}(a,b/A)=\mathrm{tp}(a',b'/A) \implies a\underset{A}{\perp} b \iff a'\underset{A}{\perp} b'.$$

引理 3.3.3 (单调性). 设 a 是 $\mathbb{M}$ 中的元组 (可以是无限元组), $A,B\subseteq\mathbb{M}$, $B_0\subseteq B$. 如果 $a\underset{A}{\perp} B$, 则 $a\underset{A}{\perp} B_0$.

证明: $\mathrm{MR}(a/A\cup B)\leqslant \mathrm{MR}(a/A\cup B_0)\leqslant \mathrm{MR}(a/A)$. ■

引理 3.3.4 (有限性). 设 a 是 $\mathbb{M}$ 中的元组 (可以是无限元组), $A,B\subseteq\mathbb{M}$, 则 $a\underset{A}{\perp} B$ 当且仅当对 B 的每个有限子集 B_0 都有 $a\underset{A}{\perp} B_0$.

证明: $\mathrm{MR}(a/A\cup B)<\mathrm{MR}(a/A)$ 被 $\mathrm{tp}(a/A\cup B)$ 中的某个公式 ψ 见证, 而该公式的参数来自 $A\cup B$ 的有限子集. ■

引理 3.3.5 (传递性). 设 a,b,c 是 $\mathbb{M}$ 中的元组, 则

$$a\underset{A}{\perp}(b,c) \iff a\underset{A,b}{\perp} c \text{ 且 } a\underset{A}{\perp} b.$$

证明: $a\underset{A}{\perp}(b,c)$ 当且仅当

$$\mathrm{MR}(a/A,b,c)=\mathrm{MR}(a/A,b)=\mathrm{MR}(a/A),$$

其中第一个等式表明 $a\underset{A,b}{\perp} c$, 第二个等式表明 $a\underset{A}{\perp} b$. ■

引理 3.3.6. 设 a,b 是 $\mathbb{M}$ 中的元组 (可以是无限元组), 则 $a\underset{M}{\perp} b$ 当且仅当 $\mathrm{tp}(a/M,b)$ 是 M-可定义的.

证明: $\Longrightarrow$ 令 $\varphi(x) \in \text{tp}(a/M)$ 使得 $\text{MR}(\varphi(x)) = \text{MR}(\text{tp}(a/M))$ 且 $\text{Md}(\varphi(x)) = 1$. $a \underset{M}{\perp} b$ 当且仅当对任意的 $\mathcal{L}$-公式 $\psi(x, y)$ 有:

$$\begin{aligned}&\{c \in (M \cup \{b\})^{|y|} \mid \psi(x, c) \in \text{tp}(a/M, b)\}\\&= \{c \in (M \cup \{b\})^{|y|} \mid \text{MR}(\varphi(x) \wedge \psi(x, c)) = \text{MR}(\varphi(x))\}.\end{aligned}$$

根据定理3.2.13, 后者 M-可定义, 故 $\text{tp}(a/M, b)$ 是 M-可定义的.

$\Longleftarrow$ 令 $p = \text{tp}(a/M)$, 则 p 可定义. 令 $\mathcal{L}$-公式 $\psi(x, y)$ 的定义为 $d_p\psi(y)$. 如果 $p = \text{tp}(a/M, b)$ 也是 M-可定义的, 且 $\psi(x, y)$ 的定义为 $d_q\psi(y)$, 则 $d_p\psi(M) = d_q\psi(M)$, 从而

$$\mathbb{M} \models \forall y(d_p\psi(y) \leftrightarrow d_q\psi(y)).$$

而根据推论3.2.14,

$$d_p\psi(\mathbb{M}) = d_q\psi(\mathbb{M}) = \{c \in \mathbb{M}^{|y|} \mid \text{MR}(\varphi(x) \wedge \psi(x, c)) = \text{MR}(\varphi(x))\}.$$

故 $\text{MR}(p) = \text{MR}(q)$, 即 $a \underset{M}{\perp} b$. ■

引理 3.3.7. 设 a, b 是 $\mathbb{M}$ 中的 (无限) 元组. 如果 $a \underset{M}{\perp} b$, 则 $b \underset{M}{\perp} a$.

证明: 设 $a \underset{M}{\perp} b$, 则根据引理3.3.6, $p(x) = \text{tp}(a/M, b)$ 是 M-可定义的. 对任意的 $\mathcal{L}_M$-公式 $\psi(x, y)$, 如果 $\mathbb{M} \models \psi(a, b)$, 则 $\mathbb{M} \models d_p\psi(b)$, 从而 $M \models \exists y d_p\psi(y)$. 因此存在 $b_0 \in M^{|y|}$ 使得 $\mathbb{M} \models \psi(a, b_0)$. 这表明 $\text{tp}(b/M, a)$ 在 M 中有限可满足. 根据定理3.1.22, $\text{tp}(b/M, a)$ 可定义, 从而根据引理3.3.6, 有 $b \underset{M}{\perp} a$. ■

推论 3.3.8 (对称性). 设 a, b 是 $\mathbb{M}$ 中的 (无限) 元组, $A \subseteq \mathbb{M}$. 如果 $a \underset{A}{\perp} b$,

则 $b \underset{A}{\perp} a$.

证明: 设 $a \underset{A}{\perp} b$, 令 M 是包含 A 的一个小模型, 则 $\mathrm{tp}(b/A)$ 在 M 上有一个非分叉扩张 $\mathrm{tp}(b'/M)$. 取 $a' \in \mathbb{M}$ 使得 $\mathrm{tp}(a,b/A) = \mathrm{tp}(a',b'/A)$, 此时显然也有 $a' \underset{A}{\perp} b'$. 不妨设 $a = a', b = b'$. 令 $\mathrm{tp}(c/M,b)$ 为 $\mathrm{tp}(a/A,b)$ 的一个非分叉的扩张, 则 $\mathrm{tp}(c,b/A) = \mathrm{tp}(a,b/A)$ 且

$$\mathrm{MR}(\mathrm{tp}(a/A)) = \mathrm{MR}(\mathrm{tp}(a/A,b)) = \mathrm{MR}(\mathrm{tp}(c/M,b)) \leqslant \mathrm{MR}(\mathrm{tp}(c/M)),$$

而 $\mathrm{MR}(\mathrm{tp}(c/M)) \leqslant \mathrm{MR}(\mathrm{tp}(c/A))$, 故 $\mathrm{MR}(\mathrm{tp}(c/M)) = \mathrm{MR}(\mathrm{tp}(c/M,b))$, 从而 $c \underset{M}{\perp} b$. 根据引理3.3.7, 有 $b \underset{M}{\perp} c$, 从而

$$\mathrm{MR}(b/A,c) \geqslant \mathrm{MR}(b/M,c) = \mathrm{MR}(b/M) = \mathrm{MR}(b/A) \geqslant \mathrm{MR}(b/A,c).$$

这表明 $\mathrm{MR}(b/A) = \mathrm{MR}(b/A,c)$, 即 $b \underset{A}{\perp} c$, 从而有 $b \underset{A}{\perp} a$. ■

推论 3.3.9. 设 $A \subseteq \mathbb{M}$, a 是 $\mathbb{M}$ 中的元组, 则 $\mathrm{MR}(a/A) = \mathrm{MR}(a/\operatorname{acl}(A))$.

证明: 只需证明 $a \underset{A}{\perp} \operatorname{acl}(A)$. 根据有限性, 只需证明对任意的元组 $b \in \operatorname{acl}(A)$, 有 $a \underset{A}{\perp} b$. 由于 $\mathrm{MR}(b/A,a) \leqslant \mathrm{MR}(b/A) = 0$, 故 $\mathrm{MR}(b/A,a) = 0 = \mathrm{MR}(b/A)$, 从而 $b \underset{A}{\perp} a$. 由对称性, 有 $a \underset{A}{\perp} b$. ■

推论 3.3.10. 设 $A \subseteq \mathbb{M}$, a, b, c 是 $\mathbb{M}$ 中的元组, 则

$$a \underset{A}{\perp} (b,c),\ b \underset{A}{\perp} c \implies c \underset{A}{\perp} (a,b),\ b \underset{A}{\perp} (a,c).$$

此时称 $\{a,b,c\}$ 在 A 上相互分叉独立.

证明: 先验证 $c \mathop{\perp}\limits_{A} (a,b)$. 根据传递性（引理3.3.5), 有 $a \mathop{\perp}\limits_{A,b} c$. 根据对称性（推论3.3.8), 有 $c \mathop{\perp}\limits_{A,b} a$ 且 $c \mathop{\perp}\limits_{A} b$. 再次使用传递性, 则有 $c \mathop{\perp}\limits_{A} (a,b)$. 同理, 可证明 $b \mathop{\perp}\limits_{A} (a,c)$. ■

3.4 平稳性

本节仍假设 T 是一个 ω-稳定理论. $M \models T$ 是一个小模型, $\mathbb{M}$ 是 T 的大魔型.

定义 3.4.1. 称 $p \in S_n(A)$ 是**平稳的**, 是指 p 在 $\mathbb{M}$ 上只有一个非分叉扩张, 即 $\mathrm{Md}(p) = 1$. 对任意的 $B \subseteq A$, 用 $p|B$ 表示 p 在 B 上（唯一）的非分叉扩张.

根据引理3.2.18, 每个 $p \in S_n(M)$ 都是平稳的.

命题 3.4.2. 设 $A \subseteq \mathbb{M}$, $p(x), q(y)$ 都是 A 上的型, 其中 p 是 A 上的平稳型, 则对任意的 $a, a' \models p$, $b, b' \models q$, 当 $a \mathop{\perp}\limits_{A} b$ 且 $a' \mathop{\perp}\limits_{A} b'$ 时, 有 $\mathrm{tp}(a,b/A) = \mathrm{tp}(a',b'/A)$. 此时称 $\mathrm{tp}(a,b/A)$ 为 p 和 q 的积, 记作 $p \otimes q$.

证明: 设 $\varphi(x,y)$ 是一个 $\mathcal{L}_A$-公式, 则

$$\begin{aligned} \varphi(x,y) \in \mathrm{tp}(a,b/A) &\iff \varphi(x,b) \in \mathrm{tp}(a/A,b) = p|Ab \\ &\iff \varphi(x,b) \in p|\mathbb{M}, \end{aligned}$$

由于 $\mathrm{tp}(b/A) = \mathrm{tp}(b'/A)$, 故存在 $\sigma \in \mathrm{Aut}(\mathbb{M}/A)$ 使得 $\sigma(b) = b'$. 令 $p^* = p|\mathbb{M}$. 显然 $\mathrm{MR}(p^*) = \mathrm{MR}(\sigma(p^*))$, 故 $\sigma(p^*)$ 也是 p 的非分叉扩张,

从而 $\sigma(p^*) = p^*$. 故

$$\begin{aligned}&\varphi(x,b) \in p^* \iff \varphi(x,\sigma(b)) \in p^* \iff \varphi(x,b') \in p^* \\ &\iff \varphi(x,b') \in \mathrm{tp}(a'/A,b') \iff \varphi(x,y) \in \mathrm{tp}(a',b'/A).\end{aligned}$$

故 $\mathrm{tp}(a,b/A) = \mathrm{tp}(a',b'/A)$. ■

推论 3.4.3. 设 $A \subseteq \mathbb{M}$, $p(x), q(y)$ 都是 A 上的平稳型, 则 $p(x) \otimes q(y)$ 也是平稳的.

证明: 设 $a \models p$, $b \models q|Aa$, 则 $p(x) \otimes q(y) = \mathrm{tp}(a,b/A)$. 令 $r(x,y)$ 是 $p(x) \otimes q(y)$ 在 $\mathbb{M}$ 上的一个非分叉扩张. 不妨设 $(a,b) \models r$, 则 $(a,b) \underset{A}{\perp} \mathbb{M}$. 由对称性 $\mathbb{M} \underset{A}{\perp} (a,b)$, 由单调性, $\mathbb{M} \underset{A}{\perp} a$ 且 $\mathbb{M} \underset{A}{\perp} b$. 再次使用对称性, 有 $a \models p|\mathbb{M}$, $b \models q|\mathbb{M}$, 且 $a \underset{A}{\perp} b$. 根据命题3.4.2, 只需验证 $a \underset{\mathbb{M}}{\perp} b$. 由于 $a \underset{A}{\perp} b$ 且 $(a,b) \underset{A}{\perp} \mathbb{M}$, 则根据推论3.3.10, 有 $a \underset{A}{\perp} (\mathbb{M}, b)$, 从而 $a \underset{\mathbb{M}}{\perp} b$. ■

引理 3.4.4. 设 T 是强极小的, $\mathbb{D}_1$ 和 $\mathbb{D}_2$ 是 A-可定义集, $p(x) \in S_{\mathbb{D}_1}(A)$ 和 $q(y) \in S_{\mathbb{D}_2}(A)$ 分别是 $\mathbb{D}_1$ 和 $\mathbb{D}_2$ 在 A 上的泛型. 如果 p, q 都是平稳的, 则 $\mathrm{MR}(\mathbb{D}_1 \times \mathbb{D}_2) = \mathrm{MR}(p \otimes q)$. 如果 $\mathrm{Md}(\mathbb{D}_1) = \mathrm{Md}(\mathbb{D}_2) = 1$, 则 $\mathrm{Md}(\mathbb{D}_1 \times \mathbb{D}_2) = 1$.

证明: 设 $(a,b) \models p \otimes q$. 先验证 $\mathrm{MR}(\mathbb{D}_1 \times \mathbb{D}_2) = \mathrm{MR}(p \otimes q)$. 对任意的 $(a',b') \in \mathbb{D}_1 \times \mathbb{D}_2$, 有

$$\begin{aligned}\mathrm{MR}(a',b'/A) &= \mathrm{MR}(a'/A,b') + \mathrm{MR}(b'/A) \leqslant \mathrm{MR}(a/A) + \mathrm{MR}(b/A) \\ &= \mathrm{MR}(a/A,b) + \mathrm{MR}(b/A) = \mathrm{MR}(a,b/A) = \mathrm{MR}(p \otimes q),\end{aligned}$$

即 $\mathrm{MR}(\mathbb{D}_1 \times \mathbb{D}_2) \leqslant \mathrm{MR}(p \otimes q)$, 从而 $\mathrm{MR}(\mathbb{D}_1 \times \mathbb{D}_2) = \mathrm{MR}(p \otimes q)$.

设 $\mathrm{Md}(\mathbb{D}_1) = \mathrm{Md}(\mathbb{D}_2) = 1$, 则 p, q 都是平稳的. 由推论3.4.3, $p \otimes q$ 是平稳的. 要证明 $\mathrm{Md}(\mathbb{D}_1 \times \mathbb{D}_2) = 1$, 只需证明 $\mathbb{D}_1 \times \mathbb{D}_2$ 在 $M \supseteq A$ 上只

有一个泛型. 等价地, 只需证明 $\mathbb{D}_1 \times \mathbb{D}_2$ 在 M 上的泛型都是 $p \otimes q$ 的非分叉扩张. 令 r 是 $\mathbb{D}_1 \times \mathbb{D}_2$ 在 M 上的泛型, 我们来验证 $r = (p \otimes q)|M$. 显然, $\mathrm{MR}(r) = \mathrm{MR}(p \otimes q)$. 令 $(c, d) \models r$, $a^* \models p|M$, $b^* \models q|M$, 则

$$\begin{aligned}
\mathrm{MR}(c, d/M) &= \mathrm{MR}(c/M, d) + \mathrm{MR}(d/M) = \mathrm{MR}(p \otimes q) \\
&= \mathrm{MR}(a^*/M) + \mathrm{MR}(b^*/M) \geqslant \mathrm{MR}(c/M) + \mathrm{MR}(d/M) \\
&\geqslant \mathrm{MR}(c/M, d) + \mathrm{MR}(d/M) = \mathrm{MR}(c, d/M).
\end{aligned}$$

故

$$\mathrm{MR}(c/M, d) = \mathrm{MR}(c/M) = \mathrm{MR}(a^*/M) = \mathrm{MR}(p),$$

从而 $\mathrm{MR}(d/M) = \mathrm{MR}(q)$. 这表明 $c \models p|(M, d)$ 且 $d \models q|M$, 从而 $c \mathop{\downarrow}\limits_{A} d$, 从而 $(c, d) \models p \otimes q$, 因此 r 是 $(p \otimes q)$ 在 M 上的非分叉扩张. ■

推论 3.4.5. 设 T 是强极小的, $\mathbb{D}$ 和 $\mathbb{E}$ 是可定义集, 则

$$\mathrm{Md}(\mathbb{D} \times \mathbb{E}) = \mathrm{Md}(\mathbb{D})\,\mathrm{Md}(\mathbb{E}).$$

证明: 设 $\mathbb{D}_1, \cdots, \mathbb{D}_l$ 和 $\mathbb{E}_1, \cdots, \mathbb{E}_m$ 分别是 $\mathbb{D}$ 和 $\mathbb{E}$ 的划分, 使得对任意的 $1 \leqslant i \leqslant l$ 和 $1 \leqslant j \leqslant m$, 有 $\mathrm{Md}(\mathbb{D}_i) = \mathrm{Md}(\mathbb{E}_j) = 1$, $\mathrm{MR}(\mathbb{D}_i) = \mathrm{MR}(\mathbb{D})$, 且 $\mathrm{MR}(\mathbb{E}_j) = \mathrm{MR}(\mathbb{E})$. 根据引理3.4.4, 有 $\mathrm{Md}(\mathbb{D}_i \times \mathbb{E}_j) = 1$ 且 $\mathrm{MR}(\mathbb{D}_i \times \mathbb{E}_j) = \mathrm{MR}(\mathbb{D} \times \mathbb{E})$. 显然

$$\{\mathbb{D}_i \times \mathbb{E}_j | \, 1 \leqslant i \leqslant l,\, 1 \leqslant j \leqslant m\}$$

是 $\mathbb{D} \times \mathbb{E}$ 的一个划分, 故 $\mathrm{Md}(\mathbb{D} \times \mathbb{E}) = lm = \mathrm{Md}(\mathbb{D})\,\mathrm{Md}(\mathbb{E})$. ■

3.5 有限等价关系定理

本节仍假设 T 是一个 ω-稳定理论. $M \vDash T$ 是一个小模型, $\mathbb{M}$ 是 T 的大魔型, $A \subseteq \mathbb{M}$ 是一个小参数集.

引理 3.5.1. 设 $p(x) \in S_n(A)$, $\{p_1, \cdots, p_m\}$ 是 p 在 $\mathbb{M}$ 上的非分叉扩张, 则对每个 $\mathcal{L}$-公式 $\varphi(x,y)$, 都存在一个只有有限个等价类的 A-可定义的等价关系 $E_\varphi(y,z)$, 使得对任意的 $a, b \in \mathbb{M}^{|y|}$, 都有

$$E_\varphi(a,b) \implies (\varphi(x,a) \leftrightarrow \varphi(x,b)) \in p_1, \cdots, p_m. \tag{3.1}$$

证明: 令 $E_\varphi(y,z)$ 为如下公式:

$$(d_{p_1}\varphi(y) \leftrightarrow d_{p_1}\varphi(z)) \wedge \cdots \wedge (d_{p_m}\varphi(y) \leftrightarrow d_{p_m}\varphi(z)).$$

显然 E_φ 是可定义等价关系且式 (3.1) 成立. 由于每个 $\sigma \in \mathrm{Aut}(\mathbb{M}/A)$ 都是对 $\{p_1, \cdots, p_m\}$ 的一个置换, 因此也是对 $E_\varphi(y,z)$ 中合取式的一个置换. 这表明 E_φ 是 A-不变的, 从而是 A-可定义的. E_φ 的每个等价类都是 $d_{p_1}\varphi(\mathbb{M}), \cdots, d_{p_m}\varphi(\mathbb{M})$ 的一个 Boole 组合, 因此 E_φ 至多有 2^m 个等价类. ■

定理 3.5.2 (有限等价关系定理)**.** 设 $p(x) \in S_n(A)$, p_1, p_2 是 p 在 $M \subseteq A$ 上的两个非分叉扩张, 则存在一个只有有限个等价类的 A-可定义的等价关系 $E(x,y)$ 以及 $a_1, a_2 \in M^{|x|}$, 使得 $\neg E(a_1,a_2)$, 且 $E(x,a_1) \in p_1$, $E(x,a_2) \in p_2$.

证明: 取 $b_1 \vDash p_1$, $b_2 \vDash p_2$ 且 $b_1 \mathop{\bot}\limits_{M} b_2$. 由于 $p_1 \neq p_2$, 故存在 $\mathcal{L}_M$-公式 $\varphi(x,c)$ 使得 $\varphi(x,c) \in p_1$ 且 $\neg\varphi(x,c) \in p_2$, 从而有 $\mathbb{M} \vDash \varphi(b_1,c) \wedge \neg\varphi(b_2,c)$. 由推论3.3.10, 有 $c \mathop{\bot}\limits_{A} (b_1,b_2)$, 即 $\mathrm{tp}(c/A,b_1,b_2)$ 是 $\mathrm{tp}(c/A)$ 的

非分叉扩张. 令 $E_\varphi(x,y)$ 如引理3.5.1所述, 则 $\neg E_\varphi(b_1,b_2)$. 由于 E_φ 只有有限个等价类, 故存在 $a_1,a_2 \in M^{|x|}$ 使得 $E_\varphi(a_1,b_1)$ 且 $E_\varphi(a_2,b_2)$. 显然 $E_\varphi(x,a_1) \in p_1, E_\varphi(x,a_2) \in p_2$. ∎

根据引理2.3.3, $\mathbb{M}^{\mathrm{eq}}$ 也是 ω-稳定的, 并且如果考虑 $\mathbb{M}^{\mathrm{eq}}$ 中的本类型中的元素, 则关于分叉独立性以及 Morley 秩的计算都和在 $\mathbb{M}$ 中计算没有区别, 我们将 $\mathbb{M}$ 视作 $\mathbb{M}^{\mathrm{eq}}$ 的本类型. 注意到, 若 $E(x,y)$ 是 A-可定义的等价关系, 则每个 $\sigma \in \mathrm{Aut}(\mathbb{M}^{\mathrm{eq}}/A)$ 都是对 E 的等价类的一个置换. 如果 E 只有有限个等价类, 则 $b/E = E(\mathbb{M},b)$ 在 $\mathrm{Aut}(\mathbb{M}^{\mathrm{eq}}/A)$ 下的轨道是有限的, 从而 $b/E \in \mathrm{acl}^{\mathrm{eq}}(A)$.

推论 3.5.3. 对任意的 $a \in \mathbb{M}^n$ 以及 $A \subseteq \mathbb{M}^n$, 有 $\mathrm{Md}(a/\mathrm{acl}^{\mathrm{eq}}(A)) = 1$.

证明: 设 p_1,p_2 是 $p(x) = \mathrm{tp}(a/\mathrm{acl}^{\mathrm{eq}}(A))$ 在 $\mathbb{M}^{\mathrm{eq}}$ 上的两个非分叉扩张. 根据定理3.5.2, 存在一个 A-可定义等价关系 $E(x,y)$, 它具有有限个等价类, 且 p_1 和 p_2 在 E 的不同等价类中. 取 $a_1,a_2 \in \mathbb{M}^{|x|}$ 使得 $E(x,a_1) \in p_1, E(x,a_2) \in p_2$, 从而

$$(x/E = a_1/E) \in p_1,\ (x/E = a_2/E) \in p_2.$$

显然每个 $a_1/E, a_2/E \in \mathrm{acl}^{\mathrm{eq}}(A)$, 故

$$(x/E = a_1/E), (x/E = a_2/E) \in p.$$

而 $\{(x/E = a_1/E), (x/E = a_2/E)\}$ 是不一致的, 矛盾. ∎

推论 3.5.4. 设 $p(x) \in S_n(A)$, p_1 是 p 在 $\mathbb{M}^{\mathrm{eq}}$ 上的非分叉扩张, 则存在 $e \in \mathrm{acl}^{\mathrm{eq}}(A)$ 是 p_1 的典范参数, 且 p_1 是 $\{e\}$-可定义的.

证明: 令 q 为 p_1 在 $\mathrm{acl}^{\mathrm{eq}}(A)$ 上的限制. 对任意的 $\sigma \in \mathrm{acl}^{\mathrm{eq}}(A)$, $\sigma(p_1)$ 和 p_1 均是 q 的非分叉扩张, 而根据推论3.5.3, q 是平稳的, 故 $\sigma(p_1) = p_1$, 即 p_1 是 $\mathrm{acl}^{\mathrm{eq}}(A)$-不变的. 由于 p_1 可定义, 故 p_1 是 $\mathrm{acl}^{\mathrm{eq}}(A)$-可定义的.

令 $\psi(x,b)\in p_1$ 使得 $\mathrm{MR}(\psi(x,b))=\mathrm{MR}(p_1)$, $\mathrm{Md}(\psi(x,b))=1$. 令 $E(y,z)$ 为

(i) $\mathrm{MR}(\psi(\mathbb{M},y))=\mathrm{MR}(\psi(\mathbb{M},y)\cap\psi(\mathbb{M},z))=\mathrm{MR}(\psi(\mathbb{M},z))$.

(ii) $\mathrm{MR}(\psi(\mathbb{M},y)\cap\neg\psi(\mathbb{M},z))<\mathrm{MR}(\psi(\mathbb{M},y))$.

(iii) $\mathrm{MR}(\psi(\mathbb{M},z)\cap\neg\psi(\mathbb{M},y))<\mathrm{MR}(\psi(\mathbb{M},z))$.

我们断言: $E(b,z)$ 的典范参数就是 p_1 的典范参数. 设 $\sigma\in\mathrm{Aut}(\mathbb{M}^{\mathrm{eq}})$. 若 $\sigma(E(b,\mathbb{M}))=E(b,\mathbb{M})$, 对任意的 $\mathcal{L}_{\mathbb{M}}$-公式 $\varphi(x,c)$, 有

$$
\begin{aligned}
\varphi(x,c)\in p_1 &\iff \mathrm{MR}(\varphi(\mathbb{M},c)\cap\psi(\mathbb{M},b))=\mathrm{MR}(\psi(\mathbb{M},b))\\
&\iff \mathrm{MR}(\varphi(\mathbb{M},\sigma(c))\cap\psi(\mathbb{M},\sigma(b)))=\mathrm{MR}(\psi(\mathbb{M},\sigma(b)))\\
&\iff \varphi(\mathbb{M},\sigma(c))\in p_1.
\end{aligned}
$$

故 $\sigma(p_1)=p_1$. 若 $\sigma(E(b,\mathbb{M}))\neq E(b,\mathbb{M})$, 不妨设 $c\in E(b,\mathbb{M})$ 且 $\sigma(c)\notin E(b,\mathbb{M})$, 则 $\psi(x,c)\in p_1$ 且 $\psi(x,\sigma(c))\notin p_1$, 故 $p_1\neq\sigma(p_1)$. 因此 $E(b,\mathbb{M})$ 的典范参数 e 也是 p_1 的典范参数. 根据推论3.5.3, p_1 是 $\mathrm{acl}^{\mathrm{eq}}(A)$-不变的, 故 $e\in\mathrm{dcl}^{\mathrm{eq}}(\mathrm{acl}^{\mathrm{eq}}(A))=\mathrm{acl}^{\mathrm{eq}}(A)$. 由于 p_1 是可定义的, 并且是 $\{e\}$-不变的, 因此是 $\{e\}$-可定义的. ■

推论 3.5.5. 设 $p\in S_n(A)$, p_1,p_2 是 p 在 $\mathbb{M}^{\mathrm{eq}}$ 上的两个非分叉扩张, 则存在 $\sigma\in\mathrm{Aut}(\mathbb{M}^{\mathrm{eq}}/A)$ 使得 $p_2=\sigma(p_1)$.

证明: 令 $q_1=\mathrm{tp}(a/\mathrm{acl}^{\mathrm{eq}}(A))$ 和 $q_2=\mathrm{tp}(b/\mathrm{acl}^{\mathrm{eq}}(A))$ 分别是 p_1,p_2 在 $\mathrm{acl}^{\mathrm{eq}}(A)$ 上的限制. 由于 $p=\mathrm{tp}(a/A)=\mathrm{tp}(b/A)$, 故存在 $\sigma\in\mathrm{Aut}(\mathbb{M}^{\mathrm{eq}}/A)$ 使得 $\sigma(a)=b$. 注意到 $\sigma(\mathrm{acl}^{\mathrm{eq}}(A))=\mathrm{acl}^{\mathrm{eq}}(A)$, 故 $q_2=\sigma(q_1)$. 显然 $\sigma(p_1)$ 是 $\sigma(q_1)=q_2$ 的非分叉扩张, 从而根据推论3.5.3, 有 $\sigma(p_1)=p_2$. ■

命题 3.5.6. 设 $p\in S_n(A)$, 则以下表述等价:

(i) p 是平稳的;

(ii) p 在 $\mathbb{M}$ 上的任何一个非分叉扩张 p^* 是 A-不变的.

证明: 假设 p 是平稳的. 令 p^* 是 p 在 $\mathbb{M}$ 上唯一的非分叉扩张. 对任意的 $\sigma \in \mathrm{Aut}(\mathbb{M}/A)$, $\sigma(p^*)$ 也是 p 在 $\mathbb{M}$ 上的非分叉扩张, 从而 $p^* = \sigma(p^*)$.

假设 p 不是平稳的. 令 p^*, q^* 是 p 在 $\mathbb{M}$ 上的两个非分叉扩张. 不失一般性, 我们假设 $\mathbb{M} = \mathbb{M}^{\mathrm{eq}}$, 这是因为结构 $\mathbb{M}$ 中任何一个完全型都唯一决定了结构 $\mathbb{M}^{\mathrm{eq}}$ 中的一个完全型. 推论3.5.5表明存在 $\sigma \in \mathrm{Aut}(\mathbb{M}/A)$, $\sigma(p^*) = q^*$, 因此 p^* 不是 A-不变的. ■

定义 3.5.7. 设 $a, b \in \mathbb{M}^n$, $A \subseteq \mathbb{M}$ 是一个参数集. 如果对任意的具有有限个等价类的 n-元 A-可定义等价关系 $E(x, y)$, 都有 $E(a, b)$, 则称 a 和 b 在 A 上有相同的**强型**, 记作 $\mathrm{stp}(a/A) = \mathrm{stp}(b/A)$.

命题 3.5.8. $\mathrm{stp}(a/A) = \mathrm{stp}(b/A)$ 当且仅当 $\mathrm{tp}(a/\operatorname{acl}^{\mathrm{eq}}(A)) = \mathrm{tp}(b/\operatorname{acl}^{\mathrm{eq}}(A))$.

证明: 设 $\mathrm{tp}(a/\operatorname{acl}^{\mathrm{eq}}(A)) \neq \mathrm{tp}(b/\operatorname{acl}^{\mathrm{eq}}(A))$. 如果 $\mathrm{tp}(a/A) \neq \mathrm{tp}(b/A)$, 则存在 $\mathcal{L}_A$-公式 $\varphi(x, c)$ 使得 $\varphi(x, c) \in \mathrm{tp}(a/A)$, $\neg\varphi(x, c) \in \mathrm{tp}(b/A)$. 令 $E(x, y)$ 为 $\varphi(x, c) \leftrightarrow \varphi(y, c)$, 则 $E(x, y)$ 是一个只有两个等价类的等价关系, 且 $\neg E(a, b)$. 如果 $\mathrm{tp}(a/A) = \mathrm{tp}(b/A)$, 则根据推论3.3.9, $\mathrm{tp}(a/\operatorname{acl}^{\mathrm{eq}}(A))$ 和 $\mathrm{tp}(b/\operatorname{acl}^{\mathrm{eq}}(A))$ 是 $\mathrm{tp}(a/A)$ 的两个非分叉扩张. 根据有限等价关系定理(定理3.5.2), 存在 A-可定义等价关系 $E(x, y)$ 使得 $\neg E(a, b)$ 且 E 只有有限个等价类, 从而 $\mathrm{stp}(a/A) \neq \mathrm{stp}(b/A)$.

另一方面, 设 $\mathrm{stp}(a/A) \neq \mathrm{stp}(b/A)$, 则存在具有有限个等价类的 A-可定义等价关系 $E(x, y)$ 使得 $\neg E(a, b)$. 注意到 $a/E, b/E \in \operatorname{acl}^{\mathrm{eq}}(A)$. 现在

$$(x/E = a/E) \in \mathrm{tp}(a/\operatorname{acl}^{\mathrm{eq}}(A)),\ (x/E = b/E) \in \mathrm{tp}(b/\operatorname{acl}^{\mathrm{eq}}(A)),$$

并且 $\{x/E = a/E, x/E = b/E\}$ 不一致，故 $\mathrm{tp}(a/\operatorname{acl}^{\mathrm{eq}}(A)) \neq \mathrm{tp}(b/\operatorname{acl}^{\mathrm{eq}}(A))$. ■

4

ω-稳定群

本章, 我们假设 $\mathbb{M}$ 是一个大魔型, 所有可定义集都定义在 $\mathbb{M}$ 中. 我们称 $\mathbb{G}$ 是 $\mathbb{M}$ 中的可定义群是指: $\mathbb{G}$ 是可定义的, 并存在可定义的映射 $\sigma : \mathbb{G} \times \mathbb{G} \to \mathbb{G}$, $\mathrm{inv} : \mathbb{G} \to \mathbb{G}$, 以及 $\mathrm{id}_{\mathbb{G}}$ 使得 $(\mathbb{G}, \sigma, \mathrm{inv}, \mathrm{id}_{\mathbb{G}})$ 是一个群. 如果 $\mathbb{G}, \sigma, \mathrm{inv}, \{\mathrm{id}_{\mathbb{G}}\}$ 都定义在 $A \subseteq \mathbb{M}$ 上, 则称 $\mathbb{G}$ 是 A-可定义群. 当 $\mathrm{Th}(\mathbb{M})$ 是 ω-稳定理论时, 称 $\mathbb{G}$ 是 ω-稳定群. 本章总是假设 $\mathrm{Th}(\mathbb{M})$ 是 ω-稳定的. 我们用 $\mathbb{M}'$ 表示 $\mathbb{M}$ 的 $|\mathbb{M}|^+$-饱和的初等膨胀.

4.1 ω-稳定群

本节假设 $\mathbb{G}$ 是 $\mathbb{M}$ 中的 $\emptyset$-可定义群.

定理 4.1.1 (降链条件). $\mathbb{G}$ 没有可定义子群的严格无限降链.

证明: 考虑字典序 $(\mathrm{MR}(-), \mathrm{Md}(-))$, 它是 $\mathbb{M}$ 中可定义集族上的一个良序. 对 $(\mathrm{MR}(\mathbb{G}), \mathrm{Md}(\mathbb{G}))$ 归纳证明. 由于 $\mathbb{G}$ 非空, 故 $(\mathrm{MR}(\mathbb{G}), \mathrm{Md}(\mathbb{G})) \geqslant (0,1)$. 当 $(\mathrm{MR}(\mathbb{G}), \mathrm{Md}(\mathbb{G})) = (0,1)$ 时, $\mathbb{G} = \{\mathrm{id}_{\mathbb{G}}\}$ 是平凡的. 现在设 $(\mathrm{MR}(\mathbb{G}), \mathrm{Md}(\mathbb{G})) = (\alpha, d)$. 反

设 $\mathbb{G} \gneq \mathbb{G}_1 \gneq \mathbb{G}_2 \gneq \cdots$ 是一个严格无限降链. 显然, 对每个 $g \in \mathbb{G}$, $(\mathrm{MR}(\mathbb{G}_1), \mathrm{Md}(\mathbb{G}_1)) = (\mathrm{MR}(g\mathbb{G}_1), \mathrm{Md}(g\mathbb{G}_1))$. 如果 $[\mathbb{G} : \mathbb{G}_1]$ 是有限的, 则 $\mathrm{MR}(\mathbb{G}) = \mathrm{MR}(\mathbb{G}_1)$ 且 $\mathrm{Md}(\mathbb{G}) = [\mathbb{G} : \mathbb{G}_1]\mathrm{Md}(\mathbb{G}_1)$. 如果 $[\mathbb{G} : \mathbb{G}_1]$ 是无限的, 则 $\mathrm{MR}(\mathbb{G}) > \mathrm{MR}(\mathbb{G}_1)$. 因此总是有 $(\mathrm{MR}(\mathbb{G}), \mathrm{Md}(\mathbb{G})) > (\mathrm{MR}(\mathbb{G}_1), \mathrm{Md}(\mathbb{G}_1))$. 根据归纳假设, $\mathbb{G}_1$ 没有可定义子群的无限降链. 这是一个矛盾. ■

推论 4.1.2. 设 $\{\mathbb{G}_i | i \in I\}$ 是 $\mathbb{G}$ 的一族可定义子集, 则存在一个有限子集 $I_0 \subseteq I$ 使得

$$\bigcap_{i \in I} \mathbb{G}_i = \bigcap_{i \in I_0} \mathbb{G}_i.$$

证明: 假设这样的 I_0 不存在, 则可以找到 I 的一个子集 $\{i_0, i_1, i_2, \cdots\}$ 使得

$$\mathbb{G}_{i_0} \gneq \cdots \gneq \bigcap_{k=0}^{n} \mathbb{G}_{i_k} \gneq \cdots$$

是一个无限降链. ■

$\mathbb{G}$ 的所有具有有限指数的可定义子群的交记作 $\mathbb{G}^0$, 称为 $\mathbb{G}$ 的**可定义连通分支**. 任何具有有限指数的可定义子群的共轭仍然具有有限指数, 因此 $\mathbb{G}^0$ 是 $\mathbb{G}$ 的正规子群. 同理, 任何具有有限指数的可定义子群在 $\mathrm{Aut}(\mathbb{M})$ 下的像仍然是具有有限指数的子群, 因此 $\mathbb{G}^0$ 在 $\mathrm{Aut}(\mathbb{M})$ 的作用下是不变的. 根据推论4.1.2, 显然有下述推论.

推论 4.1.3. $\mathbb{G}^0$ 是 $\emptyset$-可定义的, 并且是 $\mathbb{G}$ 的最小的具有有限指数的可定义子群.

设 $\varphi(x)$ 是一个 $\mathscr{L}_{\mathbb{M}}$-公式, 如果 $\varphi(\mathbb{M}) \subseteq \mathbb{G}$, 则称 $\varphi(x)$ 是 $\mathbb{G}$-公式. 如果一个 (部分) 型 $\Sigma(x)$ 满足 $\Sigma(\mathbb{M}) \subseteq \mathbb{G}$, 则称 Σ 是一个 (部分) $\mathbb{G}$-型. 显然型空间 $S_{\mathbb{G}}(\mathbb{M}) = \{p \in S(\mathbb{M}) | p \vDash \mathbb{G}\}$ 也可视作 $\mathbb{G}$-公式的 Boole 代数的超滤空间, 即所有完全 $\mathbb{G}$-型构成的空间. 对每个 $\mathbb{G}$-公式 $\varphi(x)$, 以及 $g \in \mathbb{G}$, 规定 $g\varphi(x)$ 为公式 $\varphi(g^{-1}x)$. 设 $\mathbb{D} = \varphi(\mathbb{M})$, 则 $(g\varphi)(\mathbb{M}) = g\mathbb{D}$.

对一个（部分）$\mathbb{G}$-型 Σ，以及 $g \in \mathbb{G}$，规定 $g\Sigma = \{g\varphi | \varphi \in \Sigma\}$. 容易验证，若 $a \models \Sigma$，则 $ga \models g\Sigma$. 在本节中，我们假设所有自由变元为 x 的公式 $\varphi(x, b)$ 都是 $\mathbb{G}$-公式. 因此所有的型也都是 $\mathbb{G}$-型.

定义 4.1.4. 设 $\Sigma(x)$ 是一个（部分）型，则 Σ 的**稳定化子**为 $\mathrm{stab}(\Sigma) = \{g \in \mathbb{G} | g\Sigma = \Sigma\}$.

定理 4.1.5. 设 $p \in S_{\mathbb{G}}(\mathbb{M})$，则 $\mathrm{stab}(p)$ 是 $\mathbb{G}$ 的可定义子群.

证明: 对每个 $\mathcal{L}$-公式 $\varphi(x, y)$，令

$$\mathbb{H}_{\varphi} = \{g \in \mathbb{G} | \forall h \in \mathbb{G}, b \in \mathbb{M}^{|y|}, \text{有 } h\varphi(x, b) \in p \iff gh\varphi(x, b) \in p\}.$$

显然 $\mathbb{H}_{\varphi}$ 是群. 我们断言 $\mathbb{H}_{\varphi}$ 是可定的：令 $\varphi^*(x, y, z, u)$ 为公式

$$\mathbb{G}(z) \wedge \mathbb{G}(u) \wedge \Big((z\varphi(x, y)) \leftrightarrow (uz\varphi(x, y))\Big).$$

根据推论3.1.18，p 是可定义的. 设 $d_p\varphi^*(y, z, u)$ 定义了 $\varphi^*(x, y, z, u)$. 容易验证

$$\mathbb{H}_{\varphi} = \{g \in \mathbb{G} | \forall y \forall z (\mathbb{G}(z) \to d_p\varphi^*(y, z, g))\},$$

故 $\mathbb{H}_{\varphi}$ 是可定义的. 显然 $\mathrm{stab}(p) \leqslant \mathbb{H}_{\varphi}$. 另一方面，令 $\mathbb{H} = \bigcap_{\varphi \in \mathcal{L}} \mathbb{H}_{\varphi}$，则根据降链条件，$\mathbb{H}$ 是可定义的且 $\mathrm{stab}(p) \leqslant \mathbb{H}$. 对任意的 $h \in \mathbb{H}$ 以及 $\mathcal{L}_{\mathbb{M}}$-公式 $\varphi(x, b)$，都有

$$\varphi(x, b) \in p \iff h\varphi(x, b) \in p,$$

即 $hp = p$. 因此 $\mathbb{H} \leqslant \mathrm{stab}(p)$，从而 $\mathrm{stab}(p) = \mathbb{H}$ 是可定义的. ■

引理 4.1.6. 设 $p \in S_{\mathbb{G}}(\mathbb{M})$，则 $\mathrm{MR}(\mathrm{stab}(p)) \leqslant \mathrm{MR}(p)$.

证明: 取 $a, b \in \mathbb{G}(\mathbb{M}')$ 使得 $b \in \mathrm{stab}(p)(\mathbb{M}')$ 是 $\mathrm{stab}(p)$ 在 $\mathbb{M}$ 上的泛点, 且 $a \models p|(\mathbb{M}, b)$, 则 $b \underset{\mathbb{M}}{\perp} a$ 且

$$\mathrm{MR}(ba/\mathbb{M}, a) = \mathrm{MR}(b/\mathbb{M}, a) = \mathrm{MR}(b/\mathbb{M}) = \mathrm{MR}(\mathrm{stab}(p)).$$

另一方面, $\mathrm{MR}(ba/\mathbb{M}, a) \leqslant \mathrm{MR}(ba/\mathbb{M})$. 注意到 $ba \models p|(\mathbb{M}, b)$. 故 $\mathrm{MR}(ba/\mathbb{M}, a) \leqslant \mathrm{MR}(p)$, 从而有 $\mathrm{MR}(\mathrm{stab}(p)) \leqslant \mathrm{MR}(p)$. ■

引理 4.1.7. 设 $p \in S_{\mathbb{G}}(\mathbb{M})$, 则 $\mathrm{MR}(\mathrm{stab}(p)) = \mathrm{MR}(p)$ 当且仅当存在 $a, b \models p$ 使得 $a \underset{\mathbb{M}}{\perp} b$, 且 $ab^{-1} \in \mathrm{stab}(p)(\mathbb{M}')$.

证明: $\Longleftarrow$ 设 $a, b \models p$ 使得 $\mathrm{MR}(a/\mathbb{M}, b) = \mathrm{MR}(a/\mathbb{M})$, 且 $ab^{-1} \in \mathrm{stab}(p)$, 则

$$\begin{aligned} \mathrm{MR}(p) \geqslant \mathrm{MR}(\mathrm{stab}(p)) &\geqslant \mathrm{MR}(ab^{-1}/\mathbb{M}, b) \\ &= \mathrm{MR}(a/\mathbb{M}, b) = \mathrm{MR}(a/\mathbb{M}) = \mathrm{MR}(p). \end{aligned}$$

$\Longrightarrow$ 设 $\mathrm{MR}(\mathrm{stab}(p)) = \mathrm{MR}(p)$, 令 $a \in \mathrm{stab}(p)(\mathbb{M}')$, $b \in \mathbb{G}(\mathbb{M}')$ 使得 $b \models p|(\mathbb{M}, a)$, 则 $ab \models p$. 显然

$$\mathrm{MR}(ab/\mathbb{M}, b) = \mathrm{MR}(a/\mathbb{M}, b) = \mathrm{MR}(a/\mathbb{M}) = \mathrm{MR}(p) \geqslant \mathrm{MR}(ab/\mathbb{M}),$$

$ab \underset{\mathbb{M}}{\perp} b$ 且 $(ab)b^{-1} = a \in \mathrm{stab}(p)(\mathbb{M}')$. ■

引理 4.1.8. 设 $p \in S_{\mathbb{G}}(\mathbb{M})$, 则 $\mathrm{stab}(p) \leqslant \mathbb{G}^0$.

证明: 显然 p 在 $\mathbb{G}^0$ 的某个陪集中, 故存在 $a \in \mathbb{G}$ 使得 $ap \models \mathbb{G}^0$. 容易验证 $\mathrm{stab}(ap) = a\,\mathrm{stab}(p)a^{-1} \leqslant \mathbb{G}^0$. 由于 $\mathbb{G}^0$ 是 $\mathbb{G}$ 的正规子群, 故 $\mathrm{stab}(p) \leqslant \mathbb{G}^0$. ■

推论 4.1.9. 设 $p \in S_{\mathbb{G}}(\mathbb{M})$, 则 p 是泛型当且仅当 $\mathrm{stab}(p) = \mathbb{G}^0$.

证明: $\Longrightarrow$ 设 $\mathrm{MR}(\mathbb{G}) = \mathrm{MR}(p)$, 则 p 的每个 $\mathbb{G}$-平移都具有相同的 Morley 秩, 故 p 的 $\mathbb{G}$-轨道有限, 从而 $\mathbb{G}/\operatorname{stab}(p)$ 有限. 这表明 $\mathbb{G}^0 \leqslant \operatorname{stab}(p)$, 根据引理4.1.8, 有 $\operatorname{stab}(p) = \mathbb{G}^0$.

$\Longleftarrow$ 设 $\operatorname{stab}(p) = \mathbb{G}^0$, 令 $a \in \operatorname{stab}(p)(\mathbb{M}')$, $b \in \mathbb{G}(\mathbb{M}')$ 使得 $b \models p|(\mathbb{M}, a)$ 且 $\mathrm{MR}(a/\mathbb{M}) = \mathrm{MR}(\operatorname{stab}(p))$, 则

$$\mathrm{MR}(ab/\mathbb{M}, b) = \mathrm{MR}(a/\mathbb{M}, b) = \mathrm{MR}(a/\mathbb{M}) = \mathrm{MR}(p).$$

现在 $ab \models p|(\mathbb{M}, b)$ 且 $a = (ab)b^{-1}$. 根据引理4.1.7, 有 $\mathrm{MR}(\operatorname{stab}(p)) = \mathrm{MR}(p)$, 而 $\mathrm{MR}(\operatorname{stab}(p)) = \mathrm{MR}(\mathbb{G}^0) = \mathrm{MR}(\mathbb{G})$, 故 p 是 $\mathbb{G}$ 上的泛型. ■

注意到 $\mathbb{G}$ 也可以从右边作用到 $S_{\mathbb{G}}(\mathbb{M})$ 上. 用同样的方法, 可以证明: 对 $p \in S_{\mathbb{G}}(\mathbb{M})$, 有 $\mathrm{MR}(\mathbb{G}) = \mathrm{MR}(p)$ 当且仅当 $\operatorname{stab}_r(p) = \mathbb{G}^0$, 其中 $\operatorname{stab}_r(p) = \{g \in \mathbb{G} | \, pg = p\}$.

推论 4.1.10. $\mathbb{G}^0$ 中只有一个泛型, 即 $\mathrm{Md}(\mathbb{G}^0) = 1$.

证明: 设存在泛型 $p, q \in S_{\mathbb{G}}(\mathbb{M})$ 使得 $p, q \models \mathbb{G}^0$. 令 $a \models p$, $b \models q|(\mathbb{M}, a)$. 考虑 $\mathbb{G}$ 在左边的作用, 则

$$\operatorname{tp}(b/\mathbb{M}, a) = a \operatorname{tp}(b/\mathbb{M}, a) = \operatorname{tp}(ab/\mathbb{M}, a),$$

从而 $\operatorname{tp}(ab/\mathbb{M}) = q$.

根据推论3.3.8, $a \models p|(\mathbb{M}, b)$. 考虑 $\mathbb{G}$ 在右边的作用, 则

$$\operatorname{tp}(a/\mathbb{M}, b) = \operatorname{tp}(a/\mathbb{M}, b)b = \operatorname{tp}(ab/\mathbb{M}, b),$$

即 $p = \operatorname{tp}(ab/\mathbb{M}) = q$. ■

由推论4.1.9和推论4.1.10可得下述推论.

推论 4.1.11. (i) $\mathrm{Md}(\mathbb{G}) = |\mathbb{G}/\mathbb{G}^0|$;

(ii) $\mathbb{G}^0$ 的每个陪集中有且只有一个泛型;

(iii) 若 p, q 是 $\mathbb{G}$ 泛型, 则存在 $g \in \mathbb{G}$ 使得 $gp = q$.

引理 4.1.12. 设 $p \in S_{\mathbb{G}}(\mathbb{M})$. 对每个 $g \in \text{stab}(p)$ 和 $a \models p$, 存在 $b \models p$ 使得 $g = ab^{-1}$, 即 $\text{stab}(p) \subseteq p(\mathbb{M}')p(\mathbb{M}')^{-1}$.

证明: 设 $g \in \text{stab}(p)$, $a \models p$, 则 $g^{-1}a \models g^{-1}p = p$. 令 $b = g^{-1}a$, 则 $g = ab^{-1}$. ■

引理 4.1.13. 设 $p \in S_{\mathbb{G}}(A)$ 是平稳的, $\bar{p} = p|\mathbb{M}$ 是 p 在 $\mathbb{M}$ 上的泛扩张, 则 $\text{stab}(\bar{p}) \subseteq p(\mathbb{M})p(\mathbb{M})^{-1}$.

证明: 设 $g \in \text{stab}(\bar{p})$, $a \models p|(A, g)$, $b = g^{-1}a$, 则 $b \models g^{-1}(p|A, g) = (p|A, g)$. 故 $g = ab^{-1} \in p(\mathbb{M})p(\mathbb{M})^{-1}$. ■

推论 4.1.14. 设 $\mathbb{G} = \mathbb{G}^0$, $\mathbb{D} \subseteq \mathbb{G}$ 且 $\text{MR}(\mathbb{D}) = \text{MR}(\mathbb{G}^0)$, 则 $\mathbb{D}\mathbb{D} = \mathbb{G}^0$.

证明: 令 $p \in S_{\mathbb{G}}(\mathbb{M})$ 是泛型. A 是 $\mathbb{D}$ 的参数, q 是 p 在 A 上的限制, 则 q 是平稳的且 $q \models \mathbb{D}$. 根据引理4.1.13, $\text{stab}(p) \subseteq q(\mathbb{M})q(\mathbb{M})^{-1}$. 由于 q 是 A 上唯一的泛型, 故 $q(\mathbb{M}) = q(\mathbb{M})^{-1}$. 因此

$$\mathbb{G} = \mathbb{G}^0 = \text{stab}(p) \subseteq q(\mathbb{M})q(\mathbb{M}) \subseteq \mathbb{D}\mathbb{D}.$$

因此 $\mathbb{D}\mathbb{D} = \mathbb{G}^0$. ■

定理 4.1.15. 设 $p(x) \in S_{\mathbb{G}}(\mathbb{M})$, $M \prec \mathbb{M}$ 是一个小模型, 则以下表述等价:

(i) 对每个 $g \in \mathbb{G}$, pg 在 M 上可定义;

(ii) 对每个 $g \in \mathbb{G}$, pg 在 M 中有限可满足;

(iii) 对每个 $\psi(x) \in p$, 存在有限个 $g_1, \cdots, g_n \in \mathbb{G}(M)$ 使得

$$\mathbb{G} = g_1\psi(\mathbb{M}) \cup \cdots \cup g_n\psi(\mathbb{M});$$

(iv) p 是 $\mathbb{G}$ 在 $\mathbb{M}$ 上的的泛型；

(v) 对每个 $g \in \mathbb{G}$, gp 在 M 上可定义；

(vi) 对每个 $g \in \mathbb{G}$, gp 在 M 中有限可满足；

(vii) 对每个 $\psi(x) \in p$, 存在有限个 $g_1, \cdots, g_n \in \mathbb{G}(M)$ 使得

$$\mathbb{G} = \psi(\mathbb{M})g_1 \cup \cdots \cup \psi(\mathbb{M})g_n.$$

证明: **(i)** 与 **(ii)** 的等价性来自定理3.1.22. 下面证明 **(ii)** $\Longrightarrow$ **(iii)**. 对任意的 $\psi \in p$ 和 $g \in \mathbb{G}$, 存在 $g_0 \in \mathbb{G}(M)$ 使得 $g_0 \in \psi(\mathbb{M})g$, 从而 $g^{-1} \in {g_0}^{-1}\psi(\mathbb{M})$. 由 g 的任意性可知

$$\mathbb{G} \subseteq \mathbb{G}(M)\psi(\mathbb{M}) = \bigcup_{h \in \mathbb{G}(M)} h\psi(\mathbb{M}).$$

由紧致性, 存在有限个 $g_1, \cdots, g_n \in \mathbb{G}(M)$ 使得 $\mathbb{G} = \bigcup_{i=1}^{n} g_i\psi(\mathbb{M})$.

下面证明 **(iii)** $\Longrightarrow$ **(iv)**. 对任意的 $\psi \in p$ 和 $g \in \mathbb{G}$, 都有 $\mathrm{MR}(\psi(\mathbb{M})) = \mathrm{MR}(g\psi(\mathbb{M}))$, 因此, 当 $\mathbb{G} = \bigcup_{i=1}^{n} g_i\psi(\mathbb{M})$ 时, 有 $\mathrm{MR}(\mathbb{G}) = \mathrm{MR}(\psi(\mathbb{M}))$, 从而 p 是 $\mathbb{G}$ 在 $\mathbb{M}$ 上的一个泛型.

最后证明 **(iv)** $\Longrightarrow$ **(i)**. 设 $q = gp$, 则 q 是泛型, 令 q_0 是 q 在 M 上的限制, 则 q 是 q_0 的非分叉扩张. 根据引理3.2.18, $\mathrm{Md}(q_0) = 1$. 根据命题3.5.6, q 是 M-不变的, 根据定理3.1.22, q 是 M-可定义的.

同理可证 **(i)** 与 **(v)**-**(vii)** 的等价. ■

定义 4.1.16. 如果 $\mathbb{G}$ 是型可定义的, 群运算 $\sigma : \mathbb{G} \times \mathbb{G} \to \mathbb{G}$ 和 $\mathrm{inv} : \mathbb{G} \to \mathbb{G}$ 都是相对可定义的, 即 σ 和 inv 是可定义函数在 $\mathbb{G} \times \mathbb{G}$ 和 $\mathbb{G}$ 上的限制, 则称 $\mathbb{G}$ 是**型可定义群**.

注 4.1.17. 若 $\mathbb{G}$ 是型可定义群, 我们仍然用 $\mathbb{G}^0$ 表示 $\mathbb{G}$ 的所有有限指数的型可定义子群之交. 容易验证, 引理 4.1.8、推论 4.1.9、推论 4.1.10、推论 4.1.11 以及引理 4.1.13 也适用于型可定义群.

定理 4.1.18. 若 $\mathbb{G}$ 是型可定义群, 则 $\mathbb{G}$ 是可定义的.

证明: 令 $p \in S_{\mathbb{G}}(\mathbb{M})$ 是一个完全泛型. 由于 p 是可定义的, 故 $\mathrm{stab}(p) \leqslant \mathbb{G}$ 是型可定义的. 根据引理4.1.8和推论4.1.9, $\mathrm{stab}(p)$ 是 $\mathbb{G}$ 的有限指数子群, 而推论4.1.10表明 $\mathrm{stab}(p)$ 中只有一个泛型. 如果 $\mathrm{stab}(p)$ 可定义, 则 $\mathbb{G}$ 也可以, 因此不妨设 $\mathrm{Md}(\mathbb{G}) = 1$(即 $\mathbb{G}$ 中在 $\mathbb{M}$ 上只有一个泛型). 取可定义集合 $\mathbb{E} \supseteq \mathbb{G}$ 使得 $\mathrm{MR}(\mathbb{E}) = \mathrm{MR}(\mathbb{G})$, $\mathrm{Md}(\mathbb{E}) = 1$. 由紧致性, 存在可定义集 $\mathbb{D}$ 使得 $\mathbb{G} \subseteq \mathbb{D} \subseteq \mathbb{E}$, 且

(i) $\mathrm{MR}(\mathbb{D}) = \mathrm{MR}(\mathbb{G}), \mathrm{Md}(\mathbb{D}) = 1$;

(ii) $\mathrm{id}_{\mathbb{G}} \in \mathbb{D}, \mathbb{D}^{-1} = \mathbb{D}, \mathbb{D}\mathbb{D} \subseteq \mathbb{E}$;

(iii) $\forall x, y, z \in \mathbb{D}((xy = xz) \to (y = z))$.

以上第 **(i)** 条表明 p 是 $\mathbb{D}$ 中唯一的泛型. 第 **(ii)**, **(iii)** 条表明, 对任意的 $d \in \mathbb{D}$, dp 是 $\mathbb{E}$ 中型唯一的泛型, 从而也是 $\mathbb{D}$ 中唯一的泛型, 即 $dp = p$. 由引理4.1.13, 存在 $a, b \models p$ 使得 $d = ab^{-1}$, 注意到 $a, b \in \mathbb{G}(\mathbb{M}')$, 因此 $d \in \mathbb{G}(\mathbb{M}')$, 从而 $d \in \mathbb{G}(\mathbb{M}') \cap \mathbb{M}^n = \mathbb{G}$. 因此 $\mathbb{D} \subseteq \mathbb{G}$, 即 $\mathbb{G} = \mathbb{D}$ 是可定义的. ■

引理 4.1.19. 设 $\mathbb{G}$ 和 $\mathbb{H}$ 是可定义群, $f : \mathbb{G} \to \mathbb{H}$ 是可定义的满同态, p 是 $\mathbb{G}$ 在 $\mathbb{M}$ 上的泛型, 则

(i) $f(p)$ 是 $\mathbb{H}$ 在 $\mathbb{M}$ 上的泛型;

(ii) $f(\mathbb{G}^0) = \mathbb{H}^0$.

如果 T 还是强极小的, 则有

(iii) $\mathrm{MR}(\mathbb{G}) = \mathrm{MR}(\ker(f)) + \mathrm{MR}(\mathbb{H})$.

证明： **(i)** 令 p 是 $\mathbb{G}$ 在 $\mathbb{M}$ 上的一个泛型, 则

$$\{hf(p) | \, h \in \mathbb{H}\} = \{f(hp) | \, g \in \mathbb{G}\}$$

是有限的, 从而 $\mathrm{stab}(f(p))$ 是 $\mathbb{H}$ 的有限指数子群, 故

$$\mathrm{MR}(f(p)) \geqslant \mathrm{MR}(\mathrm{stab}(f(p))) = \mathrm{MR}(\mathbb{H}),$$

从而 $f(p)$ 是 $\mathbb{H}$ 在 $\mathbb{M}$ 上的一个泛型.

(ii) 由于 $\mathbb{G}/f^{-1}(\mathbb{H}^0) \cong \mathbb{H}/\mathbb{H}^0$ 是有限的, 故 $\mathbb{G}^0 \subseteq f^{-1}(\mathbb{H}^0)$, 从而 $f(\mathbb{G}^0) \subseteq \mathbb{H}^0$. 另一方面, 令 p 是 $\mathbb{G}^0$ 在 $\mathbb{M}$ 上的一个泛型, 则 $q = f(p) \in S_{f(\mathbb{G}^0)}(\mathbb{M})$ 是 $\mathbb{H}$ 上的一个泛型, 故 $\mathbb{H}^0 \subseteq f(\mathbb{G}^0)$, 从而 $\mathbb{H}^0 = f(\mathbb{G}^0)$.

(iii) 只需证明这样一个断言：如果 $\eta : \mathbb{A} \to \mathbb{B}$ 是一个可定义满射, 且存在序数 α 使得

$$\forall b, c \in \mathbb{B}(\mathrm{MR}(\eta^{-1}(b)) = \mathrm{MR}(\eta^{-1}(c)) = \alpha),$$

则 $\mathrm{MR}(\mathbb{A}) = \alpha + \mathrm{MR}(\mathbb{B})$, 而这一点可以通过对 $\mathrm{MR}(\mathbb{B})$ 归纳证明. ■

推论 4.1.20. 设 T 是 ω-稳定的, $\mathbb{G} = \mathbb{G}^0$, $f : \mathbb{G} \to \mathbb{G}$ 是自同态, 且 $\ker(\mathbb{G})$ 是有限的, 则 f 是满射.

证明： 根据推论3.2.21, $\mathrm{MR}(\mathbb{G}) = \mathrm{MR}(f(\mathbb{G}))$, 从而 $f(\mathbb{G})$ 是 $\mathbb{G}$ 的有限指数子群. 由于 $\mathbb{G}$ 是可定义连通的, 故 $f(\mathbb{G}) = \mathbb{G}$. ■

4.2 Zil′ber 不可分解定理

本节讨论 Zil′ber 不可分解定理及其应用. Zil′ber 使用“不可分解性”替代了“不可约性”, 将代数群的 Borel 群闭包定理（定理7.4.1）

推广到了 Morley 秩有限的 ω-稳定群.

定义 4.2.1. 设 $\mathbb{X}$ 是 $\mathbb{G}$ 的可定义子集. 如果对 $\mathbb{G}$ 的任意可定义子群 $\mathbb{H}$, 都有: 或者 $\mathbb{X}/\mathbb{H}=\{x\mathbb{H}|\ x\in\mathbb{X}\}$ 只有一个元素, 或者 $\mathbb{X}/\mathbb{H}$ 是无限的, 则称 $\mathbb{X}$ 是**不可分解的**.

定理 4.2.2 (Zil′ber 不可分解定理). 设 $\mathbb{G}$ 的 Morley 秩有限, $\{\mathbb{X}_i|\ i\in I\}$ 是 $\mathbb{G}$ 的一族不可分解的可定义子集, 且每个 $\mathbb{X}_i$ 都包含 $\mathrm{id}_{\mathbb{G}}$. 令 $\mathbb{H}$ 是 $\bigcup_{i\in I}\mathbb{X}_i$ 生成的子群, 则存在 $n\leqslant 2\,\mathrm{MR}(\mathbb{G})$ 以及 $i_1,\cdots,i_n\in I$ 使得 $\mathbb{H}=\mathbb{X}_{i_1}\mathbb{X}_{i_2}\cdots\mathbb{X}_{i_n}$. 显然 $\mathbb{H}$ 是可定义的. 此外, $\mathbb{H}$ 还是可定义连通的.

证明: 令 $\mathfrak{X}=\{\mathbb{X}_{i_1}\mathbb{X}_{i_2}\cdots\mathbb{X}_{i_k}|\ k\in\mathbb{N}^{>0},i_1,\cdots,i_k\in I\}$. 由于 $\mathbb{G}$ 的 Morley 秩有限, 因此存在 $\mathbb{X}=\mathbb{X}_{i_1}\mathbb{X}_{i_2}\cdots\mathbb{X}_{i_k}\in\mathfrak{X}$ 使得 $\mathbb{X}$ 的 Morlery 秩最大. 显然, 我们可以假设 $k\leqslant\mathrm{MR}(\mathbb{G})$. 令 p 是 $\mathbb{X}$ 在 $\mathbb{M}$ 上的泛型, $\mathbb{H}=\mathrm{stab}(p)$. 根据定理4.1.5, $\mathbb{H}$ 是 $\mathbb{G}$ 的可定义子群.

我们断言每个 $\mathbb{X}_i\subseteq\mathbb{H}$. 否则, 假设某个 $\mathbb{X}_i\not\subseteq\mathbb{H}$. 由于 $e\in\mathbb{X}_i$, 因此 $\mathbb{X}_i/\mathbb{H}$ 至少有两个元素, 从而 $\mathbb{X}_i/\mathbb{H}$ 是无限的. 假设 $x_0\mathbb{H}$, $x_1\mathbb{H}$, $x_2\mathbb{H}$, $\cdots$ 是 $\mathbb{X}_i/\mathbb{H}$ 的不同元素, 则 x_0p, x_1p, x_2p, $\cdots$ 也互不相同. 显然 x_0p, x_1p, x_2p, $\cdots$ 都是 $\mathbb{X}_i\mathbb{X}$ 在 $\mathbb{M}$ 上的型. 引理3.2.15表明 $\mathrm{MR}(\mathbb{X}_i\mathbb{X})>\mathrm{MR}(p)=\mathrm{MR}(\mathbb{X})$. 这与 $\mathrm{MR}(\mathbb{X})$ 极大矛盾.

显然 $\mathrm{MR}(\mathbb{H})\geqslant\mathrm{MR}(\mathbb{X})=\mathrm{MR}(p)$. 另一方面, 根据引理4.1.6, $\mathrm{MR}(\mathbb{H})\leqslant\mathrm{MR}(p)$. 因此 $\mathrm{MR}(\mathbb{H})=\mathrm{MR}(\mathbb{X})=\mathrm{MR}(p)$, 即 p 是 $\mathbb{H}$ 在 $\mathbb{M}$ 上的泛型. 根据推论4.1.9, $\mathbb{H}=\mathrm{stab}(p)=\mathbb{H}^0$, 即 $\mathbb{H}$ 是可定义连通的. 最后, 由推论4.1.14, 有 $\mathbb{H}=\mathbb{X}\mathbb{X}$. ■

令 $\mathrm{Aut}(\mathbb{G})$ 表示 $\mathbb{G}$ 的自同构群. 设 $\mathbb{E}$ 是可定义群, 如果可定义映射 $\varphi:\mathbb{E}\times\mathbb{G}\to\mathbb{G}$ 满足

$$e\ \mapsto\ (\varphi(e,-):\mathbb{G}\to\mathbb{G})$$

是 $\mathbb{E}$ 到 $\mathrm{Aut}(\mathbb{G})$ 的群同态, 则称 $\mathbb{E}$可定义地作用在 $\mathbb{G}$ 上, 在没有歧义的

情况下,我们将 $\varphi(e,g)$ 记作 $e(g)$. 设 $\mathbb{X}\subseteq\mathbb{G}$. 如果 $\forall e\in\mathbb{E}(e(\mathbb{X})=\mathbb{X})$, 则称 $\mathbb{X}$ 是 $\mathbb{E}$-不变的.

引理 4.2.3. 设可定义群 $\mathbb{E}$ 可定义地作用在 $\mathbb{G}$ 上. 若 $\mathbb{X}$ 是 $\mathbb{E}$-不变的, 且对 $\mathbb{G}$ 的任意 $\mathbb{E}$-不变子群 $\mathbb{H}$, 都有 $|\mathbb{X}/\mathbb{H}|=1$ 或者 $|\mathbb{X}/\mathbb{H}|\geqslant\aleph_0$, 则 $\mathbb{X}$ 是不可分解的.

证明: 设存在 $\mathbb{G}$ 的可定义子群 $\mathbb{H}$ 使得 $1<|\mathbb{X}/\mathbb{H}|<\aleph_0$, 则存在 $x_1,\cdots,x_n\in\mathbb{X}$ 使得 $\mathbb{X}\subseteq x_1\mathbb{H}\cup\cdots x_n\mathbb{H}$. 由于 $\mathbb{X}$ 是 $\mathbb{E}$-不变的, 故对任意的 $a\in\mathbb{E}, x\in\mathbb{X}$, 有

$$a^{-1}(x)\in\mathbb{X}\subseteq x_1\mathbb{H}\cup\cdots x_n\mathbb{H}.$$

故存在 x_i 以及 $h\in\mathbb{H}$, 使得 $a^{-1}(x)=x_ih$, 即 $x=a(x_ih)=a(x_i)a(h)$. 这表明

$$\mathbb{X}\subseteq a(x_1)a(\mathbb{H})\cup\cdots\cup a(x_n)a(\mathbb{H}),$$

从而有 $1\leq|\mathbb{X}/a(\mathbb{H})|\leqslant n$. 令 $\mathbb{H}^*=\bigcap_{a\in\mathbb{E}}a(\mathbb{H})$, 显然 $\mathbb{H}^*$ 是 $\mathbb{E}$-不变的. 根据推论4.1.2, 存在 $a_1,\cdots,a_m$ 使得 $\mathbb{H}^*=a_1(\mathbb{H})\cap\cdots\cap a_m(\mathbb{H})$. 显然

$$\mathbb{X}\subseteq\bigcap_{i=1}^{m}\bigcup_{j=1}^{n}a_i(x_j)a_i(\mathbb{H})=\bigcup_{j=1}^{n}\bigcap_{i=1}^{m}a_i(x_j)a_i(\mathbb{H}).$$

取 $d_{ij}\in\bigcap_{i=1}^{m}a_i(x_j)a_i(\mathbb{H})$, 则 $\bigcap_{i=1}^{m}a_i(x_j)a_i(\mathbb{H})=d_{ij}\bigcap_{i=1}^{m}a_i(\mathbb{H})$, 从而有

$$\mathbb{X}\subseteq\bigcup_{i=1}^{m}\bigcup_{j=1}^{n}d_{ij}(a_1(\mathbb{H})\cap\cdots\cap a_n(\mathbb{H}))=\bigcup_{i=1}^{m}\bigcup_{j=1}^{n}d_{ij}\mathbb{H}^*.$$

这表明:

$$1<|\mathbb{X}/\mathbb{H}|\leqslant|\mathbb{X}/\mathbb{H}^*|\leqslant mn<\aleph_0.$$

由于 $\mathbb{H}^*$ 是 $\mathbb{E}$-不变的, 以上不等式与命题的假设矛盾. 故 $\mathbb{X}$ 是不可分解的. ■

设 $\mathbb{D}$ 是一个可定义集,如果可定义映射 $\varphi: \mathbb{G}\times\mathbb{D}\to\mathbb{D}$ 满足:

(i) $\forall d\in\mathbb{D}(\varphi(\mathrm{id}_{\mathbb{G}},d)=d)$;

(ii) $\forall x\in\mathbb{G}\forall y\in\mathbb{G}\forall d\in\mathbb{D}(\varphi(x,\varphi(y,d))=\varphi(xy,d))$,

则称 $\mathbb{G}$ 可定义地作用在 $\mathbb{D}$ 上,在没有歧义的情况下,我们将 $\varphi(g,d)$ 记作 $g(d)$. 容易验证: 对任意的 $g\in\mathbb{G}$, $d\mapsto g(d)$ 是 $\mathbb{D}$ 到其自身的可定义双射. 如果对任意的 $d_1,d_2\in\mathbb{D}$, 都存在 $g\in\mathbb{G}$ 使得 $g(d_1)=d_2$, 则称 $\mathbb{G}$ 传递地作用在 $\mathbb{D}$ 上. 设 $\mathbb{X}\subseteq\mathbb{D}$, 如果 $\forall g\in\mathbb{G}(g(\mathbb{X})=\mathbb{X})$, 则称 $\mathbb{X}$ 是 $\mathbb{G}$-不变的.

引理 4.2.4. 设 $\mathbb{G}$ 是可定义连通的, $\mathbb{D}$ 是有限集. 若 $\mathbb{G}$ 传递地作用在 $\mathbb{D}$ 上, 则 $\mathbb{D}$ 只有一个元素.

证明: 任取 $d\in\mathbb{D}$, 令 $\mathrm{stab}(d)=\{g\in\mathbb{G}|\ g(d)=d\}$, 则 $\mathrm{stab}(d)$ 是 $\mathbb{G}$ 的可定义子群. 由于 $\mathbb{G}$ 传递地作用在 $\mathbb{D}$ 上, 故 $|\mathbb{G}/\mathrm{stab}(d)|=|\mathbb{D}|$, 因此 $\mathrm{stab}(d)$ 是 $\mathbb{G}$ 的有限指数可定义子群. 由于 $\mathbb{G}$ 是可定义连通的, 故 $\mathrm{stab}(d)=\mathbb{G}$, 因此 $|\mathbb{D}|=1$. ■

定义 4.2.5. 设 G 是一个群 (G 不一定是可定义群), 我们称 $\{aba^{-1}b^{-1}|\ a,b\in G\}$ 生成的群为 G 的**导群**, 记作 $[G,G]$.

从导群的定义来看,一个中可定义群的导群未必是可定义的.

推论 4.2.6. 设 $\mathbb{G}$ 定义在 $M\prec\mathbb{M}$ 上并且是可定义连通的, 若 $\mathbb{G}$ 的 Morley 秩有限, 则

(i) $\mathbb{G}$ 的导群 $[\mathbb{G},\mathbb{G}]$ 是一个定义在 M 上的可定义连通的可定义群;

(ii) 对任意的 $M\prec M'$, 有 $[\mathbb{G}(M'),\mathbb{G}(M')]=[\mathbb{G},\mathbb{G}](M')$.

证明: **(i)** 对每个 $a\in\mathbb{G}$, 令 $a^{\mathbb{G}}=\{gag^{-1}|\ g\in\mathbb{G}\}$, 则 $[\mathbb{G},\mathbb{G}]$ 由 $\{a^{-1}a^{\mathbb{G}}|\ a\in\mathbb{G}\}$ 生成. 由 Zil'ber 不可分解定理, 我们只需验证每个

$a^{-1}a^{\mathbb{G}}$ 是不可分解的. 显然, $a^{-1}a^{\mathbb{G}}$ 是不可分解的当且仅当 $a^{\mathbb{G}}$ 是不可分解的.

现在 $\mathrm{Int}: \mathbb{G}\times\mathbb{G}\to\mathbb{G},\ (g,a)\mapsto gag^{-1}$ 是 $\mathbb{G}$ 对它自己的作用. 显然, 在 Int 的作用下, $a^{\mathbb{G}}$ 是 $\mathbb{G}$-不变的, 而 $\mathbb{G}$-不变子群恰好是正规子群. 假设 $\mathbb{H}$ 是 $\mathbb{G}$ 的正规子群, 且 $|a^{\mathbb{G}}/\mathbb{H}| = n < \aleph_0$. 又假设 $b_1\mathbb{H},\cdots,b_n\mathbb{H}$ 是 $\mathbb{H}$ 的不同陪集使得 $a^{\mathbb{G}}\subseteq b_1\mathbb{H}\cup\cdots\cup b_n\mathbb{H}$. 由于 $a^{\mathbb{G}}$ 和 $\mathbb{H}$ 都是 $\mathbb{G}$-不变的, 故对每个 $g\in\mathbb{G}$, 有

$$\{gb_1g^{-1}/\mathbb{H},\cdots,gb_ng^{-1}/\mathbb{H}\} = \{b_1\mathbb{H},\cdots,b_n\mathbb{H}\}.$$

因此 $\mathbb{G}$ 传递地作用在 $\{b_1\mathbb{H},\cdots,b_n\mathbb{H}\}$ 上. 在 $\mathbb{M}^{\mathrm{eq}}$ 中, 该作用是可定义的, 并且 $\mathbb{G}$ 在 $\mathbb{M}^{\mathrm{eq}}$ 中也是可定义连通的. 根据引理4.2.4, 有 $n=1$. 这就证明了每个 $a^{-1}a^{\mathbb{G}}$ 都是不可分解的. 由 Zil′ber 不可分解定理, 存在 $a_1,\cdots,a_m$ 使得

$$[\mathbb{G},\mathbb{G}] = (a_1^{-1}a_1^{\mathbb{G}})(a_2^{-1}a_2^{\mathbb{G}})\cdots(a_m^{-1}a_m^{\mathbb{G}}),$$

其中 $m\leqslant 2\,\mathrm{MR}(\mathbb{G})$.

(ii) 令 $\varphi(x,y)(y=(y_1,\cdots,y_m))$ 表示以下关系:

$$x\in(y_1^{-1}y_1^{\mathbb{G}})(y_2^{-1}y_2^{\mathbb{G}})\cdots(y_m^{-1}y_m^{\mathbb{G}}).$$

令 $\theta(y)$ 表示以下关系:

$$\text{“}\varphi(\mathbb{M},y)\text{是群”}\quad\wedge\ \forall u,v\in\mathbb{G}(\varphi(uvu^{-1}v^{-1},y)), \tag{4.1}$$

则

$$\mathbb{M}\vDash\theta(y)\iff\varphi(\mathbb{M},y)=[\mathbb{G},\mathbb{G}].$$

由于

$$[\mathbb{G},\mathbb{G}]=\varphi(\mathbb{M},a_1,\cdots,a_m),$$

故 $\mathbb{M} \models \exists y\theta(y)$, 从而 $M' \models \exists y\theta(y)$. 故存在 $c_1, \cdots, c_m \in \mathbb{G}(M')$ 使得 $M' \models \theta(c_1, \cdots, c_m)$, 从而

$$[\mathbb{G}(M'), \mathbb{G}(M')] = \varphi(M', c_1, \cdots, c_m).$$

另一方面, $\mathbb{M}$ 也满足 $\theta(c_1, \cdots, c_m)$, 因此

$$\varphi(\mathbb{G}, c_1, \cdots, c_m) = [\mathbb{G}, \mathbb{G}].$$

即 $[\mathbb{G}(M'), \mathbb{G}(M')] = \varphi(M', c_1, \cdots, c_m) = [\mathbb{G}, \mathbb{G}](M')$. ■

设 G 是一个群, 如果 G 的正规子群只有 $\{\mathrm{id}_G\}$ 和 G, 则称 G 是**单群**. 若 G 是可定义群, 且 G 的可定义正规子群只有 $\{\mathrm{id}_G\}$ 和 G, 则称 G 是**可定义单群**.

定理 4.2.7. 设 $\mathbb{G}$ 是 Morley 秩有限的非交换可定义单群, 则 $\mathbb{G}$ 是单群.

证明: 由于 $\mathbb{G}$ 的可定义连通分支是可定义正规子群, 因此 $\mathbb{G}$ 是可定义连通的. 令 $Z(\mathbb{G}) = \{h \in \mathbb{G} | \forall g \in \mathbb{G}(gh = hg)\}$, 称之为 $\mathbb{G}$ 的中心. 容易验证 $Z(\mathbb{G})$ 是 $\mathbb{G}$ 的正规子群. 由于 $\mathbb{G}$ 非交换, 故 $Z(\mathbb{G}) = \{\mathrm{id}_{\mathbb{G}}\}$.

断言: 对任意的 $g \in \mathbb{G}$, 如果 $g \neq \mathrm{id}_{\mathbb{G}}$, 则 $g^{\mathbb{G}}$ 是无限集.

证明断言: 反设断言不成立，即存在 $g \in \mathbb{G}$ 使得 $|g^{\mathbb{G}}| = n \in \mathbb{N}^{>0}$. 令 $C(g) = \{h \in \mathbb{G} | gh = hg\}$, 则 $C(g)$ 是 $\mathbb{G}$ 的可定义子群, 且指数恰好为 n. 由于 $\mathbb{G}$ 是可定义连通的, 故 $\mathbb{G} = C(g)$, 因此 $g \in Z(\mathbb{G})$, 这是一个矛盾. $\square_{\text{断言证毕}}$

现在设 A 是 $\mathbb{G}$ 的非平凡的正规子群, 即 $A \neq \mathbb{G}, \{\mathrm{id}_G\}$, 则 A 不是可定义的. 显然 $\mathbb{G}$ 的有限子群总是可定义的, 因此 A 是无限的. 令 $\mathbb{A}$ 为 $\{a^{-1}a^{\mathbb{G}} | a \in A\}$ 生成的群. 根据 Zil'ber 不可分解定理, $\mathbb{A}$ 是可定义群. 由于每个 $a^{-1}a^{\mathbb{G}}$ 都是无限集, 故 $\mathbb{A}$ 是无限的. 由 A 的正规性, 可知

$\mathbb{A}$ 是 A 的子群. 最后, 对每个 $g \in \mathbb{G}$, $g^{-1}\mathbb{A}g$ 为 $\{g^{-1}a^{-1}a^{\mathbb{G}}g | \ a \in A\}$ 生成的群. 利用 A 的正规性, 容易验证

$$\{g^{-1}a^{-1}a^{\mathbb{G}}g | \ a \in A\} = \{a^{-1}a^{\mathbb{G}} | \ a \in A\}.$$

故 $g^{-1}\mathbb{A}g = \mathbb{A}$, 即 $\mathbb{A}$ 是 $\mathbb{G}$ 的非平凡可定义正规子群, 这是一个矛盾. 因此 $\mathbb{G}$ 是单群. ■

4.3 函数芽

本节假设 $p(x) \in S_n(\emptyset)$, $q(y) \in S_m(\emptyset)$ 是两个平稳型. 设 $\mathbb{D} \subseteq \mathbb{M}^n$ 是一个 $\mathbb{M}$-可定义集合, $f : \mathbb{D} \to \mathbb{M}^m$ 是 $\mathbb{M}$-可定义函数, 则称 f 是 $\mathbb{M}^n$ 上的 $\mathbb{M}$-可定义部分函数. 如果 $p|\mathbb{M} \vDash \mathrm{dom}(f)$, 则称 f 定义在 p 上. 令 $\mathcal{F}_p$ 为定义在 p 上的所有 $\mathbb{M}$-可定义部分函数, 在 $\mathcal{F}_p$ 上定义一个等价关系:

$$\forall f, g \in \mathcal{F}_p \Big(f \sim g \iff (f(x) = g(x)) \in p(x)|\mathbb{M} \Big).$$

对每个 $f \in \mathcal{F}_p$, 称 f 的等价类 $\overline{f}$ 为 f 在 p 处的**函数芽**. 显然, 对任意的 $f \in \mathcal{F}_p$ 以及 $a, b \vDash p|\mathbb{M}$, 有 $\mathrm{tp}(f(a)/\mathbb{M}) = \mathrm{tp}(f(b)/\mathbb{M})$. 当 $q|\mathbb{M} = \mathrm{tp}(f(a)/\mathbb{M})$ 时, 称 $\overline{f}$ 是 p 到 q 的函数芽, 记作 $\overline{f} : p \to q$.

引理 4.3.1. 设 $f(x)$ 是一个 b-可定义函数, 其中 b 是 $\mathbb{M}$ 中的一个元组. 如果 $\overline{f} : p \to q$, 则对任意的 A, 以及任意的 $a \vDash p|Ab$, 有 $f(a) \vDash q|Ab$.

证明: 令 $a' \vDash p|\mathbb{M}$, 则 $\mathrm{tp}(a/Ab) = \mathrm{tp}(a'/Ab)$. 而 $\overline{f} : p \to q$ 表明 $\mathrm{tp}(f(a')/\mathbb{M}) = q|\mathbb{M}$, 从而 $\mathrm{tp}(f(a)/Ab) = \mathrm{tp}(f(a')/Ab) = q|Ab$. ■

引理 4.3.2. 设 $f \in \mathcal{F}_p$ 且 $\overline{f}: p \to q$, 则存在 $\phi(x) \in p|\mathbb{M}$ 以及 $\psi(y) \in q|\mathbb{M}$ 使得 $f: \phi(\mathbb{M}) \to \psi(\mathbb{M})$ 是满射. 如果 f 是 A-可定义的, 则 ϕ 和 ψ 都是 $\mathcal{L}_A$-公式.

证明: 令 $p^* = p|\mathbb{M}, q^* = q|\mathbb{M}$. 由紧致性, 只需验证 $f: p^*(\mathbb{M}') \to q^*(\mathbb{M}')$ 是满射. 任取 $a \in p^*(\mathbb{M}')$ 以及 $b \in q^*(\mathbb{M}')$, 由 $\mathbb{M}'$ 的齐次性, 存在 $a' \in p^*(\mathbb{M}')$ 使得 $\mathrm{tp}(a, f(a)/\mathbb{M}) = \mathrm{tp}(a', b/\mathbb{M})$. 显然 $f(a') = b$, 故 $f: p^*(\mathbb{M}') \to q^*(\mathbb{M}')$ 是满射. ■

我们用 $\mathrm{Hom}(p, q)$ 来表示 p 到 q 的所有函数芽的集合. 对任意平稳的 $r \in S_k(\emptyset)$, 若 $\overline{f} \in \mathrm{Hom}(p, q)$, $\overline{g} \in \mathrm{Hom}(q, r)$, 则容易验证: 对 $a \models p|\mathbb{M}$, 有 $g(f(a)) \models r|\mathbb{M}$, 从而函数芽的复合 $\overline{g} \circ \overline{f} := \overline{g \circ f}$ 是良定的. 特别地, $\mathrm{Hom}(p, p)$ 在复合运算之下是一个半群 $(\mathrm{Hom}(p, p), \circ, \mathrm{id}_p)$, 其幺元 id_p 是恒等函数的函数芽. 称一个函数芽 $\overline{f}: p \to q$ 是可逆的是指: 存在函数芽 $\overline{g}: q \to p$ 使得 $\overline{g} \circ \overline{f} = \mathrm{id}_p$ 且 $\overline{f} \circ \overline{g} = \mathrm{id}_q$.

引理 4.3.3. 设 $f \in \mathcal{F}_p$ 且 $\overline{f}: p \to q$, 则 $\overline{f}$ 可逆当且仅当 f 在 $p^*(\mathbb{M}')$ 上是单射, 其中 $p^* = p|\mathbb{M}$. 如果 f 是 A-可定义的, 则 $\overline{f}$ 可逆当且仅当 f 在 $(p|A)(\mathbb{M})$ 上是单射.

证明: 设 $\overline{f}$ 可逆, 令 $g \in \mathcal{F}_q$ 使得 $\overline{g} \circ \overline{f} = \mathrm{id}_p$, 则 $g \circ f$ 是 $p^*(\mathbb{M}')$ 上的恒等函数, 从而 f 在 $p^*(\mathbb{M}')$ 上是单射.

反之, 若 f 在 $p^*(\mathbb{M}')$ 上是单射, 则由引理4.3.2和紧致性, 存在 $\phi(x) \in p|\mathbb{M}$ 以及 $\psi(y) \in q|\mathbb{M}$ 使得 $f: \phi(\mathbb{M}) \to \psi(\mathbb{M})$ 是双射, 从而 $f^{-1}: \psi(\mathbb{M}) \to \phi(\mathbb{M})$ 的函数芽是 $\overline{f}$ 的逆. 如果 f 是 A-可定义的, 则 $\psi(x)$ 和 $\phi(y)$ 可以选取为 $\mathcal{L}_A$-公式. ■

我们用 $\mathrm{Iso}(p)$ 来表示 $\mathrm{Hom}(p, p)$ 中可逆元素的集合, 显然 $(\mathrm{Iso}(p), \circ, \mathrm{id}_p)$ 是一个群.

现在假设 $f(x, z)$ 定义了一族函数, 即对每个 $c \in \mathbb{M}^{|z|}$, $f(x, c)$ 都是一个可定义函数. 将 $f(x, z)$ 记作 $f_z(x)$ 或 f_z. 设 $r \in S_{|z|}(\emptyset)$, 且每个

$c \models r$, 都有 $\overline{f_c} : p \to q$, 则称$\overline{f_z}$是以 r 为基的一族 p 到 q 的函数芽, 记作 $\overline{f}_{z \models r} : p \to q$.

另一方面, 假设 $f(x, c_0)$ 定义了 $p(x)$ 上的一个函数, 其中 $f(x, z)$ 是 $\emptyset$-可定义的. 令 $r = \mathrm{tp}(c_0)$, 根据引理4.3.6, 存在 q 使得 $\overline{f}_{z \models r} : p \to q$. 由紧致性, 存在 $\mathcal{L}$-公式 $\theta(z) \in r$ 使得 $\{f_c | \mathbb{M} \models \theta(c)\}$ 定义了 $p(x)$ 上的一族函数. 考虑 $\theta(\mathbb{M})$ 上的等价关系 $\mathbb{E}_f(c', c'')$ 为 $\overline{f_{c'}} = \overline{f_{c''}}$ 显然

$$\mathbb{E}_f(c', c'') \iff (f(x, c') = f(x, c'')) \in p|\mathbb{M}.$$

由于 $p|\mathbb{M}$ 是 $\emptyset$-可定义的, 故 $\mathbb{E}_f$ 是一个 $\emptyset$-可定义的等价关系. 为简化记号, 仍然用 $\overline{c'}$ 表示 c' 的 $\mathbb{E}_f$-等价类. 容易验证, 对任意的 $\sigma \in \mathrm{Aut}(\mathbb{M})$, $\sigma(\overline{f_{c'}}) = \overline{f_{c'}}$ 当且仅当 $\sigma(\overline{c'}) = \overline{c'}$. 因此, 可以将 $\overline{f_{c'}}$ 和 $\overline{c'}$ 等同起来, 在这个意义下, $\overline{f_{c'}} \in \mathbb{M}^{\mathrm{eq}}$. 因此对任意的 $h \in \mathcal{F}_p$, 有 $\overline{h} \in \mathbb{M}^{\mathrm{eq}}$. 若 $h = f(x, c_0)$, $r = \mathrm{tp}(c_0)$, 并且 $\overline{h} : p \to q$, 则 $\overline{f}_{z \models r} : p \to q$.

引理 4.3.4. 设 f_z 是定义在 p 上的一族函数, 且 $\overline{f_b} = \overline{f_c}$, 则对任意的 $a \models p$, 当 $a \perp b$ 且 $a \perp c$ 时, 有 $f(a, b) = f(a, c)$.

证明: 令 $\mathbb{E}_f(x, y)$ 为等价关系:

$$\mathbb{E}_f(c', c'') \iff (f(x, c') = f(x, c'')) \in p|\mathbb{M}.$$

取 d 使得 $d \perp (a, b, c)$ 且 $\mathbb{E}_f(d, b)$, 即 $\overline{f_d} = \overline{f_b}$. 根据推论3.3.10, (a, b, d) 相互独立, 从而 $a \perp (b, d)$, 即 $a \models p|(b, d)$. 由于

$$(f(x, b) = f(x, d)) \in p|\mathbb{M} \implies (f(x, b) = f(x, d)) \in p|(b, d),$$

故 $f(a, b) = f(a, d)$. 同理, (a, c, d) 也相互独立, 从而 $a \perp (c, d)$, 因此 $f(a, c) = f(a, d)$. 故 $f(a, b) = f(a, c)$. ■

引理 4.3.5. $\overline{f}_{z \models r} : p \to q$ 当且仅当对任意的 $(a, c) \models p \otimes r$, 都有$f_c(a) \models$

$q|c$.

证明: $\Longrightarrow$ 由于 $\overline{f_c}: p \to q$, 根据引理4.3.1, 有 $f_c(a) \models q|c$.

$\Longleftarrow$ 需要验证: 对任意的 $d \in r(\mathbb{M})$, 以及任意的 $b \models p|\mathbb{M}$, 都有 $f_d(b) \models q|\mathbb{M}$. 根据命题3.4.2, $(b,d) \models p \otimes r$, 从而根据条件有 $f_d(b) \models q|d$. 现在

$$b \mathop{\perp} \mathbb{M} \implies b \mathop{\perp}_d \mathbb{M} \implies \mathbb{M} \mathop{\perp}_d b,$$

从而

$$\mathrm{MR}(\mathbb{M}/d) \geqslant \mathrm{MR}(\mathbb{M}/d, f_d(b)) \geqslant \mathrm{MR}(\mathbb{M}/d, b) = \mathrm{MR}(\mathbb{M}/d),$$

故 $\mathbb{M} \mathop{\perp}_d f_d(b)$. 由于 $f_d(b) \perp d$, 故 $f_d(b) \perp \mathbb{M}$, 从而 $f_d(b) \models q|\mathbb{M}$. ■

引理 4.3.6. 设 a, b, c 是 $\mathbb{M}$ 中的元组, $p = \mathrm{tp}(a)$, $q = \mathrm{tp}(b)$, 且 a, b, c 满足

$$a \perp c,\ b \perp c,\ \ b \in \mathrm{dcl}(a, c).$$

令 $r = \mathrm{tp}(c)$, 则存在一族可定义函数 f_z 使得 $\overline{f}_{z \models r}: p \to q$.

证明: 由于 $b \in \mathrm{dcl}(a,c)$, 故存在可定义函数 f 使得 $b = f(a,c)$. 根据引理4.3.5, 要证明 $\overline{f}_{z \models r}: p \to q$, 只需验证: 对任意的 $d \models r$ 和 $a' \models p|d$, 都有 $f_d(a') \models q|d$. 根据命题3.4.2, 此时有 $\mathrm{tp}(a,c) = \mathrm{tp}(a',d) = p \otimes r$, 故

$$\mathrm{tp}(b,c) = \mathrm{tp}(f_c(a), c) = \mathrm{tp}(f_d(a'), d) = q \otimes r,$$

从而 $f_d(a') \models q$ 且 $f_d(a') \perp d$, 即 $f_d(a') \models q|d$. ■

4.4 典范函数芽与可定义群的构造

从现在开始，我们在 $\mathbb{M}^{eq}$ 中工作. 根据引理2.3.3, $T^{eq} = \mathrm{Th}(\mathbb{M}^{eq})$ 也是 ω-稳定的，并且本类型元组之间分叉独立性以及关于 Morley 秩的计算都和在 $\mathbb{M}$ 中计算没有区别. 此外, T^{eq} 具有虚元消去, 即 $\mathbb{M}^{eq} = (\mathbb{M}^{eq})^{eq}$. 设 a, b 是 $\mathbb{M}^{eq}$ 中的元组, $A \subseteq \mathbb{M}^{eq}$ 是一个参数集. 回忆一下, 我们用 $a \sim_A b$ 表示 a 与 b 在 A 上相互可定义. 为了强调是在 $\mathbb{M}^{eq}$ 中工作, 我们用 $a \sim_{\mathrm{eq},A} b$ 表示：在结构 $\mathbb{M}^{eq}$ 中, a 与 b 在 A 上相互可定义, 即 $a \in \mathrm{dcl}^{eq}(A, b)$ 且 $b \in \mathrm{dcl}^{eq}(A, a)$. 同样地, 将 $a \sim_{\mathrm{eq},\emptyset} b$ 记作 $a \sim_{\mathrm{eq}} b$.

根据推论3.5.3, 在 $\mathbb{M}^{eq}$ 中工作的好处之一是：对任意的 $A \subseteq \mathbb{M}^{eq}$, $\mathrm{acl}^{eq}(A)$ 上的型都是平稳的. 我们进一步将 $\mathrm{acl}^{eq}(\emptyset)$ 作为参数加入 $\mathbb{M}^{eq}$, 从而使得 $\emptyset$ 上的型都是平稳的. 仍然假设 $p(x), q(y), r(z)$ 是参数来自 $\emptyset$ 的型, x, y 是可以包含虚元类型的变元.

如果 $\overline{h} : p \to q$ 是可逆的, 设 $\overline{g} : q \to p$ 是 $\overline{h}$ 的逆, 则对任意的 $\sigma \in \mathrm{Aut}(\mathbb{M}^{eq})$, $\sigma(\overline{h}) = \overline{h}$ 当且仅当 $\sigma(\overline{g}) = \overline{g}$, 因此 $\overline{g} \sim_{\mathrm{eq}} \overline{h}$. 设 $\overline{f}_{z \models r} : p \to q$. 如果对任意的 $c_1, c_2 \models r$, 都有

$$\overline{f_{c_1}} = \overline{f_{c_2}} \iff c_1 = c_2,$$

则称 $\overline{f}_{z \models r} : p \to q$ 是**典范**的. 如果 $\overline{f}_{z \models r} : p \to q$ 是典范的, 则对每个 $c \models r$, 有 $c \sim_{\mathrm{eq}} \overline{f_c}$. 此时, 映射

$$r(\mathbb{M}) \to \mathbf{hom}(p, q), c \mapsto \overline{f_c}$$

是单射, 因此可以将 $\{\overline{f_c} | c \in r(\mathbb{M}^{eq})\}$ 视作 $r(\mathbb{M}^{eq})$, 从而是型可定义的.

定理 4.4.1. 设 $\overline{f}_{z \models r} : p \to p$ 是典范的. 如果

(i) $\{\overline{f_c} | c \models r\}$ 中的每个元素都可逆, 且 $\{\overline{f_c} | c \models r\}$ 关于逆封闭, 即对每个 $c \models r$, 存在 $d \models r$ 使得 $\overline{f_c}^{-1} = \overline{f_d}$;

(ii) 对任意的 $c_1 \models r, c_2 \models r|c_1$, 都存在 $c_3 \models r$ 使得

$$\overline{f_{c_1}} \circ \overline{f_{c_2}} = \overline{f_{c_3}},$$

且 $c_3 \perp c_1, c_3 \perp c_2$,

则 $\{\overline{f_c} | c \models r\}$ 生成的群 $(G, \circ) \leqslant \mathrm{Iso}(p)$ 同构于一个定义在 $\mathbb{M}^{\mathrm{eq}}$ 中的连通可定义群 $\mathbb{G}$, 且 r 是 $\mathbb{G}$ 的唯一泛型.

证明: 令 $S(p) = \{\overline{f_c} | c \models r\}$. 由于 $S(p)$ 关于逆封闭, 故 $S(p)$ 生成的半群就是 G.

断言: $G = S(p) \cup (S(p) \circ S(p))$.

证明断言: 只需证明对任意的 $c_1, c_2, c_3 \models r$, 存在 d_1, d_2 使得

$$\overline{f_{c_1}} \circ \overline{f_{c_2}} \circ \overline{f_{c_3}} = \overline{f_{d_1}} \circ \overline{f_{d_2}}.$$

令 $d \models r|c_1, c_2, c_3$. 由于 $S(p)$ 关于逆封闭, 故存在 $e \models r$ 使得 $\overline{f_d}^{-1} = \overline{f_e}$. 现在,

$$\begin{aligned}
\overline{f_{c_1}} \circ \overline{f_{c_2}} \circ \overline{f_{c_3}} &= \overline{f_{c_1}} \circ \overline{f_{c_2}} \circ (\overline{f_d} \circ \overline{f_d}^{-1}) \circ \overline{f_{c_3}} \\
&= (\overline{f_{c_1}} \circ \overline{f_{c_2}} \circ \overline{f_d}) \circ (\overline{f_d}^{-1} \circ \overline{f_{c_3}}) \\
&= (\overline{f_{c_1}} \circ \overline{f_{c_2}} \circ \overline{f_d}) \circ (\overline{f_e} \circ \overline{f_{c_3}}).
\end{aligned}$$

由于 $\overline{f_e} = \overline{f_d}^{-1} \sim_{\mathrm{eq}} \overline{f_d}$, 故 $e \sim_{\mathrm{eq}} d$. 由于 $d \perp c_3$, 故 $e \perp c_3$, 从而根据条件 **(ii)**, 存在 $c_4 \models r$ 使得 $\overline{f_e} \circ \overline{f_{c_3}} = \overline{f_{c_4}}$.

由于 $d \perp c_2$, 故存在 $c' \models r$ 使得 $\overline{f_{c_2}} \circ \overline{f_d} = \overline{f_{c'}}$ 且 $c' \perp c_2$. 显然 $\overline{f_{c'}} \in \mathrm{dcl}^{\mathrm{eq}}(\overline{f_{c_2}}, \overline{f_d})$, 故 $c' \in \mathrm{dcl}^{\mathrm{eq}}(d, c_2)$. 由于 $d \perp (c_1, c_2)$, 故 $d \underset{c_2}{\perp} c_1$. 而

$c' \in \mathrm{dcl}^{\mathrm{eq}}(d, c_2)$ 蕴涵 $c' \mathop{\smile\!\!\!\!\!\!|}\limits_{c_2} c_1$. 由传递性,

$$c' \mathop{\smile\!\!\!\!\!\!|} c_2,\ c' \mathop{\smile\!\!\!\!\!\!|}\limits_{c_2} c_1 \implies c' \mathop{\smile\!\!\!\!\!\!|} c_1.$$

故根据条件 **(ii)**, 存在 $c_0 \models r$ 使得 $\overline{f_{c_1}} \circ \overline{f_{c'}} = \overline{f_{c_0}}$, 即

$$\overline{f_{c_1}} \circ \overline{f_{c_2}} \circ \overline{f_d} = \overline{f_{c_1}} \circ \overline{f_{c'}} = \overline{f_{c_0}}.$$

故 $\overline{f_{c_1}} \circ \overline{f_{c_2}} \circ \overline{f_{c_3}} = \overline{f_{c_0}} \circ \overline{f_{c_4}}$. □断言证毕

由于 $\overline{f}_{z\models r} : p \to p$ 是典范的, 故 $S(p) = r(\mathbb{M}^{\mathrm{eq}})$ 是型可定义的. 令

$$g(x, z_1, z_2) = f(x, z_1) \circ f(x, z_2),$$

则对任意的 $c_1, c_2 \models r$, 有 $\overline{g(x, c_1, c_2)} : p \to p$. 令

$$\begin{aligned} \mathbb{E}_g(c_1, c_2; d_1, d_2) &\iff \overline{g(x, c_1, c_2)} = \overline{g(x, d_1, d_2)} \\ &\iff \big(g(x, c_1, c_2) = g(x, d_1, d_2)\big) \in p|\mathbb{M}. \end{aligned}$$

由于 $p|\mathbb{M}$ 是 $\emptyset$-可定义的, 故 $\mathbb{E}_g$ 是 $\emptyset$-可定义等价关系, 从而

$$\big(r(\mathbb{M}^{\mathrm{eq}}) \times r(\mathbb{M}^{\mathrm{eq}})\big)/\mathbb{E}_g = \bigcap_{\psi \in r} \Big(\big(\psi(\mathbb{M}^{\mathrm{eq}}) \times \psi(\mathbb{M}^{\mathrm{eq}})\big)/\mathbb{E}_g \Big)$$

是 $\mathbb{M}^{\mathrm{eq}}$ 中的一个 $\emptyset$-型可定义集合. 故

$$G = S(p) \cup \big(S(p) \circ S(p)\big) \cong r(\mathbb{M}^{\mathrm{eq}}) \cup \Big(\big(r(\mathbb{M}^{\mathrm{eq}}) \times r(\mathbb{M}^{\mathrm{eq}})\big)/\mathbb{E}_g \Big) = \mathbb{G}$$

是一个 $\emptyset$ 上的型可定义的. 同理,

$$\overline{f_{c_1}} \circ \overline{f_{c_2}} = \overline{g(x, d_1, d_2)} \iff f(f(x, c_2), c_1) = g(x, d_1, d_2) \in p|\mathbb{M},$$

因此群运算

$$(\overline{f_{c_1}}, \overline{f_{c_2}}) \mapsto \overline{f_{c_1}} \circ \overline{f_{c_2}} = \overline{g(x, d_1, d_2)}$$

是 $\emptyset$-可定义的. 故 $\mathbb{G} = G$ 是一个 $\emptyset$ 上的型可定义群, 从而根据定理4.1.18, $\mathbb{G}$ 是一个 $\emptyset$-可定义群. 要证明 $r^* = r|\mathbb{M}^{\mathrm{eq}}$ 是 $\mathbb{G}$ 在 $\mathbb{M}^{\mathrm{eq}}$ 上唯一的泛型, 只需验证对任意的 $a \in \mathbb{G}$, $a(r^*) = r^*$. 等价地, 只需验证对任意的 $c \in r(\mathbb{M}^{\mathrm{eq}})$, 以及任意的 $c^* \models r^*$, 都存在 $d \models r^*$ 使得 $\overline{f_c} \circ \overline{f_{c^*}} = \overline{f_d}$. 由于 $c^* \perp c$, 故根据条件 **(ii)**, 存在 $d \models r$ 使得 $\overline{f_c} \circ \overline{f_{c^*}} = \overline{f_d}$, 且 $d \perp c$. 由群乘法的可定义性, 有 $\overline{f_d} \in \mathrm{dcl}^{\mathrm{eq}}(\overline{f_c}, \overline{f_{c^*}})$, 再由典范性可知 $d \in \mathrm{dcl}^{\mathrm{eq}}(c, c^*)$. 由于 $c^* \underset{c}{\perp} \mathbb{M}^{\mathrm{eq}}$, 故

$$\mathrm{MR}(\mathbb{M}^{\mathrm{eq}}/c) \geqslant \mathrm{MR}(\mathbb{M}^{\mathrm{eq}}/c, d) \geqslant \mathrm{MR}(\mathbb{M}^{\mathrm{eq}}/c, c^*) = \mathrm{MR}(\mathbb{M}^{\mathrm{eq}}/c),$$

因此 $d \underset{c}{\perp} \mathbb{M}^{\mathrm{eq}}$. 而我们已经知道 $d \perp c$, 由传递性可知 $d \perp \mathbb{M}^{\mathrm{eq}}$, 即 $d \models r^*$, 从而 r^* 是 $\mathbb{G}$ 在 $\mathbb{M}^{\mathrm{eq}}$ 上唯一的泛型. ■

设 $\mathbb{G}$ 是可定义连通的 $\emptyset$-可定义群, p 是 $\mathbb{G}$ 在 $\emptyset$ 上的泛型, $f(x, z)$ 是 $\mathbb{G}$ 的群乘法, 则对每个 $c \in \mathbb{G}$, 有 $\overline{f_c} \in \mathrm{Iso}(p)$. 特别地, $\overline{f}_{z \models p} : p \to p$ 满足定理4.4.1的条件, 故 $S(p) = \{\overline{f_c} | \, c \models p\}$ 生成了一个群 $(\mathbb{S}, \circ)$.

引理 4.4.2. 设 $\mathbb{G}, \mathbb{S}$ 如上所述, 则

$$\eta : \mathbb{G} \to \mathrm{Iso}(p),\ c \mapsto \overline{f_c}$$

是 $\mathbb{G}$ 到 $\mathbb{S}$ 的可定义同构.

证明: 显然 η 是可定义的单射. 只需验证 η 是一个群同态且 $\mathrm{image}(\eta) = \mathbb{S}$. 显然 $\eta(\mathrm{id}_{\mathbb{G}})$ 是 $p(\mathbb{M}^{\mathrm{eq}})$ 上的恒等函数. 设 $c, d \in \mathbb{G}$ 且 $a \models p|c, d$, 则 $da \models p|c, d$, 从而

$$\overline{f_{cd}}(a) = cda = c(da) = \overline{f_c}(da) = \overline{f_c}(\overline{f_d}(a)) = (\overline{f_c} \circ \overline{f_d})(a),$$

故

$$\eta(cd)=\overline{f_{cd}}=\overline{f_c}\circ\overline{f_d}=\eta(c)\circ\eta(d),$$

因此 η 是群同态. 下面验证 image$(\eta)=\mathbb{S}$. 对任意的 $c\in\mathbb{G}$, 存在 $a,b\models p$ 使得 $c=ab$, 故 $\eta(c)=\eta(a)\circ\eta(b)$. 由于 $\eta(a),\eta(b)\in\mathbb{S}$, 故 $\eta(c)\in\mathbb{S}$, 即 image$(\eta)\subseteq\mathbb{S}$. 而 $\mathbb{S}\subseteq$ image(η) 是显然的. ■

推论 4.4.3. 设 $(\mathbb{G},\cdot_{\mathbb{G}})$ 与 $(\mathbb{H},\cdot_{\mathbb{H}})$ 是可定义连通的 $\emptyset$-可定义群. 设 p 同时是 $\mathbb{G}$ 和 $\mathbb{H}$ 在 $\emptyset$ 上的泛型. 如果

$$(a,b)\models p\otimes p\implies a\cdot_{\mathbb{G}}b=a\cdot_{\mathbb{H}}b, \tag{4.2}$$

则 $\tau:p(\mathbb{M})\to p(\mathbb{M}),x\mapsto x$ 可以扩张为 $(\mathbb{G},\cdot_{\mathbb{G}})$ 到 $(\mathbb{H},\cdot_{\mathbb{H}})$ 的可定义同构.

证明: 令 $\sigma_{\mathbb{G}}(x,z)$ 和 $\sigma_{\mathbb{H}}(x,z)$ 分别为 $\mathbb{G}$ 和 $\mathbb{H}$ 的群乘法. 根据条件 (4.2), 有

$$\overline{(\sigma_{\mathbb{G}})}_{z\models p}:p\to p \text{ 和 } \overline{(\sigma_{\mathbb{H}})}_{z\models p}:p\to p$$

是同一族函数芽. 令 $\mathbb{S}$ 为以上函数芽生成的可定义群. 根据引理4.4.2,

$$\eta_{\mathbb{G}}:p(\mathbb{M})\to\mathbb{S},\ \ c\mapsto\overline{\sigma_{\mathbb{G}}(x,c)}$$

和

$$\eta_{\mathbb{H}}:p(\mathbb{M})\to\mathbb{S},\ \ c\mapsto\overline{\sigma_{\mathbb{H}}(x,c)}$$

分别可以扩张为可定义同构 $\eta^*_{\mathbb{G}}:\mathbb{G}\to\mathbb{S}$ 和 $\eta^*_{\mathbb{H}}:\mathbb{H}\to\mathbb{S}$, 从而可定义同构

$$(\eta^*_{\mathbb{H}})^{-1}\circ\eta^*_{\mathbb{G}}:\ \ \mathbb{G}\to\mathbb{S}\to\mathbb{H}$$

是 τ 的扩张. ■

由推论4.4.3, 直接可得下述推论.

推论 4.4.4. 设 $(\mathbb{G}, \cdot_{\mathbb{G}})$ 与 $(\mathbb{H}, \cdot_{\mathbb{H}})$ 是可定义连通的 $\emptyset$-可定义群, p 和 q 分别是 $\mathbb{G}$ 和 $\mathbb{H}$ 在 $\emptyset$ 上的泛型, $f : p(\mathbb{M}^{\mathrm{eq}}) \to q(\mathbb{M}^{\mathrm{eq}})$ 是 $\emptyset$-可定义的双射且

$$(a, b) \vDash p \otimes p \implies f(a \cdot_{\mathbb{G}} b) = f(a) \cdot_{\mathbb{H}} f(b),$$

则 f 可以扩张为 $\mathbb{G}$ 到 $\mathbb{H}$ 的同构.

4.5 Hrushovski-Weil 群构形定理

本节我们证明 Hrushovski 的群构形定理, 该定理来自 Hrushovski 的博士论文 [3]. Hrushovski 的群构形定理断言了在 ω-稳定的环境下, 一组满足特定运算性质和独立性条件的点事实上来自一个可定义群, 是 Weil 群块定理的推广. 本节仍然假设 T 是 ω-稳定的, 且我们在 $\mathbb{M}^{\mathrm{eq}}$ 中工作.

定理 4.5.1 (Hrushovski 群构形定理). 设 p 是参数来自空集的完全型且是平稳的, γ 是 $\emptyset$-可定义函数, 使得

$$p(\mathbb{M}^{\mathrm{eq}}) \times p(\mathbb{M}^{\mathrm{eq}}) \subseteq \mathrm{dom}(\gamma), \ \ p(\mathbb{M}^{\mathrm{eq}}) \subseteq \mathrm{image}(\gamma).$$

将 $\gamma(a, b)$ 记作 $a * b$. 如果以下条件成立:

(i) 如果 $a \vDash p$, 且 $b \vDash p|a$, 则有 $a * b \vDash p|a$ 且 $a * b \vDash p|b$;

(ii) 如果 $a \vDash p$, $b \vDash p|a$, 且 $c \vDash p|(a, b)$, 则有 $(a * b) * c = a * (b * c)$,

则存在一个 $\emptyset$-可定义群 $(\mathbb{G}, \cdot) \leqslant \mathrm{Iso}(p)$ 以及一个可定义嵌入 $\eta : p(\mathbb{M}^{\mathrm{eq}}) \to \mathbb{G}$, 使得 $\eta(p)|\mathbb{M}^{\mathrm{eq}}$ 是 $\mathbb{G}$ 在 $\mathbb{M}^{\mathrm{eq}}$ 上唯一的泛型, 且

$$a \vDash p, b \vDash p|a \implies \eta(a * b) = \eta(a)\eta(b).$$

证明: 根据条件 **(i)**, **(ii)** 以及引理4.3.6, 有

$$\overline{\gamma(x,y)}_{x\models p}: p\to p,\ \ \overline{\gamma(x,y)}_{y\models p}: p\to p.$$

将 $\gamma_g=\gamma(g,y)$ 记作 g 或 $g(y)$, 则 $\overline{g}$ 表示 p 上的函数芽 $\overline{\gamma(g,y)}$.

断言 [1]: $\overline{\gamma(x,y)}_{x\models p}: p\to p$ 是典范的, 即对任意的 $c_1,c_2\models p$, 如果 $\overline{c_1}=\overline{c_2}$, 则 $c_1=c_2$.

证明断言 [1]: 令 $b\models p$ 使得 $b\perp(c_1,c_2)$, $a\models p$ 使得 $a\perp b$, 则根据条件 **(i)**, 有

$$\mathrm{tp}(a/b)=\mathrm{tp}(a*b/b)=\mathrm{tp}(a/b)*b.$$

由于 $c_1,c_2\models\mathrm{tp}(a/b)=\mathrm{tp}(a/b)*b$, 故存在 $\alpha,\beta\models\mathrm{tp}(a/b)$ 使得 $c_1=\alpha*b$, $c_2=\beta*b$. 现在取 $d\models p|(\alpha,\beta,b,c)$, 则根据条件 **(ii)**, 有

$$\alpha*(b*d)=(\alpha*b)*d=c_1*d=c_2*d=(\beta*b)*d=\beta*(b*d).$$

根据引理4.3.1, 有 $(b*d)\perp(\alpha,\beta,b,c)$, 故

$$\alpha*(b*d)=\beta*(b*d)\implies\overline{\alpha}=\overline{\beta}.$$

由于 $b\perp\alpha, b\perp\beta$, 根据引理4.3.4 , 有

$$c_1=\alpha*b=\gamma(\alpha,b)=\gamma(\beta,b)=\beta*b=c_2.$$

□断言 [1] 证毕

令 $S(p)=\{\overline{a}|\ a\models p\}$, 则 $S(p)\subseteq\hom(p,p)$, 且 $\hom(p,p)$ 在复合 "$\circ$" 下是一个半群. 容易验证, 当 $a,b\models p$ 且 $a\perp b$ 时, 总是有 $\overline{a*b}=\overline{a}\circ\overline{b}\in S(p)$.

断言 [2]: 对任意的 $\overline{a},\overline{b},\overline{c}\in S(p),\overline{a}\circ\overline{c}=\overline{b}\circ\overline{c} \implies \overline{a}=\overline{b}$.

证明断言 [2]: 令 $g\models p|(a,b,c)$, 则

$$(\overline{a}\circ\overline{c})(g)=\gamma(a,\gamma(c,g))=\gamma(a,c*g)=a*(c*g).$$

由于 $\overline{a}\circ\overline{c}=\overline{b}\circ\overline{c}$, 故 $a*(c*g)=b*(c*g)$. 根据引理4.3.1, $c*g\models p|(a,b,c)$, 从而

$$\gamma(a,c*g)=\gamma(b,c*g) \implies \overline{a}=\overline{b}.$$

□断言 [2] 证毕

由**断言 [1]** 和**断言 [2]** 可知, 当 $a,b,c\models p$ 时,

$$a\perp c,\ b\perp c,\ a*c=b*c \implies a=b. \tag{4.3}$$

对称地, 考虑 $\overline{\gamma(x,y)_{y\models p}}:p\to p$(对换 x 和 y 的角色), 我们也可以证明:

$$a\perp b,\ a\perp c,\ a*b=a*c \implies b=c. \tag{4.4}$$

式 (4.4) 事实上表明每个 $\overline{a}\in S(p)$ 都是可逆的.

断言 [3]: $S(p)$ 在 $(\hom(p,p),\circ)$ 中生成的半群是

$$\mathbb{S}=S(p)\cup\Big(S(p)\circ S(p)\Big).$$

证明断言 [3]: 与定理4.4.1的证明类似, 只需验证: 对任意的 $a,b,c\models p$, 可以找到 $e,f\models p$ 使得

$$\bar{a}\circ\bar{b}\circ\bar{c}=\bar{e}\circ\overline{f}.$$

令 $b_2 \models p|(a,b,c)$, 则**断言 [1]** 的证明表明存在 $b_1 \models p|b_2$ 使得 $b = b_1 * b_2$. 我们断言 $b_1 \in \mathrm{dcl}^{\mathrm{eq}}(b, b_2)$, 这是因为若 $\sigma \in \mathrm{Aut}(\mathbb{M}^{\mathrm{eq}}/b, b_2)$, 则有

$$b_1 * b_2 = b = \sigma(b_1) * b_2 = b.$$

由式 (4.3) 可知, $b_1 = \sigma(b_1)$, 因此 $b_1 \in \mathrm{dcl}^{\mathrm{eq}}(b, b_2)$. 同理, 由式 (4.4) 可知, $b_2 \in \mathrm{dcl}^{\mathrm{eq}}(b, b_1)$, 即 $b_1 \sim_{\mathrm{eq},b} b_2$.

由于 $b_2 \mathop{\perp}\limits_{b} (a,c)$, 故 $b_1 \mathop{\perp}\limits_{b} (a,c)$. 由条件 **(i)**, 有 $b \perp b_1$, 从而 $b_1 \perp (a,b,c)$. 此时有

$$\bar{a} \circ \bar{b} \circ \bar{c} = \bar{a} \circ \overline{b_1} \circ \overline{b_2} \circ \bar{c} = \overline{a * b_1} \circ \overline{b_2 * c}.$$

令 $e = a * b_1$, $f = b_2 * c$ 即可满足要求. □断言 [3] 证毕

定理4.4.1的证明表明 $S(p)$ 生成的半群 $(\mathbb{S}, \circ)$ 是型可定义的. 根据**断言 [2]**, $(\mathbb{S}, \circ)$ 满足右消去律.

断言 [4]: $S(p)$ 生成的半群 $(\mathbb{S}, \circ)$ 是群.

证明断言 [4]: 设 $f \in \mathbb{S}$, 我们需要找到一个 $g \in S$ 使得 $g \circ f = \mathrm{id}_p \in \hom(p,p)$. 由紧致性, 存在可定义集 $\mathbb{D}, \mathbb{E}$ 使得 $\mathbb{S} \subseteq \mathbb{D} \subseteq \mathbb{E}$, 且满足:

(i) $\mathbb{E} \times \mathbb{E} \subseteq \mathrm{dom}(\circ)$;

(ii) $\forall x, y, z \in \mathbb{E}(x \circ z = y \circ z \to x = y)$;

(iii) $\forall x, y \in \mathbb{D}(x \circ y \in \mathbb{E})$.

用 $\varphi(x,y)$ 表示公式

$$y \in \mathbb{E} \wedge x \in \mathbb{D} \wedge \exists u \in \mathbb{D}(y = u \circ x).$$

令 $f^n = \underbrace{f \circ \cdots \circ f}_{n个f}$, 则当 $m \leqslant n$ 时, 总是有 $\varphi(f^m, f^n)$. 如果 $m > n$ 时, 总是有 $\neg\varphi(f^m, f^n)$, 则序列 $\{f^n | \, n \in \omega\}$ 见证了一个序性质, 这与稳定性矛盾. 因此存在 $n \in \mathbb{N}$ 以及 $k \in \mathbb{N}^{>0}$ 使得 $\varphi(f^{k+n}, f^n)$, 即存在 $h \in \mathbb{D}$ 使得

$$(h \circ f^{k-1} \circ f) \circ f^n = f^n.$$

由右消去律可知 $(h \circ f^{k-1}) \circ f = \mathrm{id}_p$, 从而 $g = (h \circ f^{k-1})$ 是 f 的左逆. 另一方面, $(f \circ g) \circ f = f \circ \mathrm{id}_p = f$. 再次使用右消去律, 得到 $f \circ g = \mathrm{id}_p$, 从而 g 也是 f 的右逆. 故 f 可逆, 从而 $\mathbb{S}$ 是群. □断言 [4] 证毕

根据定理4.1.18, $\mathbb{S}$ 是一个可定义群. 根据**断言 [1]**,

$$\eta: \ p(\mathbb{M}^{\mathrm{eq}}) \to S(p) \subseteq \mathbb{S}; \ a \mapsto \overline{a}$$

是一个可定义嵌入. 显然, 当 $a \vDash p$ 且 $b \vDash p|b$ 时, 有

$$\eta(a * b) = \overline{a * b} = \overline{a} \circ \overline{b} = \eta(a) \circ \eta(b).$$

由紧致性, 存在 $\emptyset$-可定义集 $\mathbb{D}$ 使得

(i) $p(\mathbb{M}^{\mathrm{eq}}) \subseteq \mathbb{D} \subseteq \mathrm{dom}(\eta)$;

(ii) $\eta : \mathbb{D} \to \mathbb{S}$ 是可定义嵌入;

(iii) $\mathrm{MR}(\mathbb{D}) = \mathrm{MR}(p)$.

令 $q = \eta(p)$, 则 q 也是平稳的. 定理4.4.1的证明表明, 对任意的 $a \in p(\mathbb{M}^{\mathrm{eq}})$, 以及 $g \vDash p|\mathbb{M}^{\mathrm{eq}}$, 有 $\eta(a * g) = \eta(a) \circ \eta(g)$, 故

$$\overline{a} \circ (q|\mathbb{M}^{\mathrm{eq}}) = \eta(a) \circ \mathrm{tp}(\eta(g)/\mathbb{M}^{\mathrm{eq}}) = \mathrm{tp}(\eta(a) \circ \eta(g)/\mathbb{M}^{\mathrm{eq}}) = \mathrm{tp}(\eta(a * g)/\mathbb{M}^{\mathrm{eq}}).$$

由于 $g \perp \mathbb{M}^{\mathrm{eq}}$, 故 $\mathbb{M}^{\mathrm{eq}} \underset{a}{\perp} g$, 从而

$$\mathrm{MR}(\mathbb{M}^{\mathrm{eq}}/a) \geqslant \mathrm{MR}(\mathbb{M}^{\mathrm{eq}}/a, a * g) \geqslant \mathrm{MR}(\mathbb{M}^{\mathrm{eq}}/a, g) = \mathrm{MR}(\mathbb{M}^{\mathrm{eq}}/a),$$

因此 $a*g \underset{a}{\perp} \mathbb{M}^{\mathrm{eq}}$. 而 $a*g \perp a$, 由传递性可知 $a*g \perp \mathbb{M}^{\mathrm{eq}}$, 即 $a*g \models p|\mathbb{M}^{\mathrm{eq}}$, 从而

$$\overline{a} \circ (q|\mathbb{M}^{\mathrm{eq}}) = \mathrm{tp}(\eta(a * g)/\mathbb{M}^{\mathrm{eq}}) = \eta(p)|\mathbb{M}^{\mathrm{eq}} = q|\mathbb{M}^{\mathrm{eq}},$$

即 $S(p) \circ (q|\mathbb{M}^{\mathrm{eq}}) = q|\mathbb{M}^{\mathrm{eq}}$. 由于 $S(p)$ 可以生成 $\mathbb{S}$, 故 $\mathrm{stab}(q|\mathbb{M}^{\mathrm{eq}}) = \mathbb{S}$, 即 $q|\mathbb{M}^{\mathrm{eq}}$ 是 $\mathbb{S}$ 在 $\mathbb{M}^{\mathrm{eq}}$ 中唯一的泛型. ■

5

代数闭域

在本章中, 我们将使用前四章给出的模型论方法来处理代数闭域. 首先介绍交换环的一些基本性质.

5.1 交换环和域的基本性质

5.1.1 交换环

回忆环的一阶语言是 $\mathcal{L}_{\text{ring}} = \{+, -, \times, 0, 1\}$. 如果一个 $\mathcal{L}_{\text{ring}}$-结构 R 满足以下 9 条 $\mathcal{L}_{\text{ring}}$-句子, 则称 R 是交换环 (简称环).

σ_1 (加法交换性): $\forall x \forall y (x+y = y+x)$;

σ_2 (加法结合性): $\forall x \forall y \forall z ((x+y)+z = x+(y+z))$;

σ_3 (加法可逆): $\forall x \exists y (x+y = 0)$;

σ_4 (减法是加法的逆运算): $\forall x (x-x = 0)$;

σ_5 (加法有幺元): $\forall x (x+0 = x)$;

σ_6（乘法交换性）：$\forall x \forall y(x \times y = y \times x)$；

σ_7（乘法结合性）：$\forall x \forall y \forall z((x \times y) \times z = x \times (y \times z))$；

σ_8（乘法有幺元）：$\forall x(x \times \mathbf{1} = x)$；

σ_9（乘法对加法分配）：$\forall x \forall y \forall z(x \times (y + z) = x \times y + x \times z)$.

注 5.1.1. 设 $(R, +, -, \times, 0, 1)$ 是一个交换环.

(i) 乘法符一般省略：$x \times y$ 记作 xy；

(ii) $x \cdot 0 + x = x \cdot (0 + 1) = x \Rightarrow x \cdot 0 = 0$；

(iii) 若 $1 = 0$, 则 $\forall x(x = x \cdot 1 = x \cdot 0 = 0)$, 此时称 R 为**零环**(本课程中的环均为非零环).

(iv) 对 $x \in R$, 如果存在 $y \in R$ 使得 $xy = 1$, 则称 x 可逆, y 是 x 的乘法逆元, 我们用 x^{-1} 表示 x 的乘法逆元.

(v) 我们用 $R^{\times}$ 表示 R 的所有乘法可逆元构成的集合, 显然 $R^{\times}$ 在环乘法下是一个群.

对每个 $n \in \mathbb{N}$, 我们令

$$\mathrm{n} = \underbrace{\mathbf{1} + \cdots + \mathbf{1}}_{n\text{个}}, \ \text{-n} = \mathbf{0}\text{-n},$$

则每个 $\mathbf{Z} = \{\mathrm{n} | \, n \in \mathbb{Z}\}$ 是 $\mathcal{L}_{\text{ring}}$ 的中的闭项集. 我们用 n_R 表示 $\mathrm{n} \in \mathbf{Z}$ 在 R 中的解释, 利用加法和乘法的交换性和结合性, $\mathbb{Z}_R = \{n_R | \, n \in \mathbb{Z}\}$ 恰好是所有 $\mathcal{L}_{\text{ring}}$-闭项在 R 中解释. 容易验证 $\mathbb{Z}_R$ 是 R 的一个子结构. 称环 R 的一个子结构 S 为**子环**. $\mathbb{Z}_R$ 恰好是有由空集生成的子环.

设 X 是一个变元, $a_0, \cdots, a_n \in R$, 则称形如

$$a_n X^n + a_{n-1} X^{n-1} + \cdots + a_0$$

的表达式为 R **上的变元为** X **的一元多项式**. R 上所有的变元为 X 的一元多项式的集合也是一个环, 我们称之为 R **上的一元多项式环**, 记作 $R[X]$. 若

$$f = a_n X^n + a_{n-1} X^{n-1} + \cdots + a_0 \in R[X],$$

其中 $a_n \neq 0$, 则称 f 的次数为 n, 记作 $\deg(f) = n$. 如果 f 不能表示为 $R[X]$ 中次数更低的两个一元多项式之积, 则称 f 是 R **上的不可约多项式**. 设 $X_1, \cdots, X_n$ 为变元, 我们递归定义 $R[X_1, \cdots, X_n]$为 $R[X_1, \cdots, X_{n-1}][X_n]$, 称之为 R **上的** n**-元多项式环**. 当 $n > 1$ 时, 称 $R[X_1, \cdots, X_n]$ 为 R 上的**多元多项式环**. 设

$$f = \sum_{(i_1, \cdots, i_n) \in D} a_{(i_1, \cdots, i_n)} X_1^{i_1} \cdots X_n^{i_n} \in R[X_1, \cdots, X_n].$$

其中 D 是 $\mathbb{N}^n$ 的一个有限子集, 则 f 的次数定义为

$$\max \left\{ \sum_{j=1}^{n} i_j | \; a_{(i_1, \cdots, i_n)} \neq 0 \right\},$$

记作 $\deg(f)$. 设 $\bar{X} = (X_1, \cdots, X_n)$, 对于 R 的子集 A, 我们也会用记号 $A[\bar{X}]$ 来表示系数来自 A, 变元为 $\bar{X}$ 的多项式集合. 容易验证: 每个 $\mathcal{L}_{\text{ring}}$-项 $f(\bar{X})$ 都在 R 中被解释为 $\mathbb{Z}_R[\bar{X}]$ 中的一个多项式. 因此, 对于交换环而言,“原子公式” 恰好是 “整系数的多项式方程”. 设 $S \subseteq R$ 的子集, A 是 R 的子环, 则 $A \cup S$ 生成的子环恰好是

$$\{f(s) | \; s \in S^n, \; f \in A[X_1, \cdots, X_n], \; n \in \mathbb{N}, \}.$$

因此我们将 $A \cup S$ 生成的子环记作 $A[S]$. 特别地, 我们将 S 生成的子环记作 $\mathbb{Z}_R[S]$.

如果交换环 R 还满足公理

$$\forall x(x \neq 0 \to \exists y(x \times y = y \times x = 1)),$$

即 $R^{\times} = R \backslash \{0\}$, 则称 R 为**域**. 令如果域 R 的子环 E 是域, 则称 E 是 R 的一个子域, 并且称 R/E 是一个**域扩张**. 对 R 的子集 S, 我们将包含 S 的最小的子域称为 S 生成的子域. 若 A 是 R 的子环, 则 A 生成的子域为 $\{ab^{-1} \mid a, b \in A, b \neq 0\}$, 记作 $\mathrm{Frac}(A)$, 称其为 A 的**分式域**. 对 R 的子集 S, 则 $A \cup S$ 生成的子域记做 $A(S)$, 它恰好是 $\mathrm{Frac}(A[S])$, 即

$$A(S) = \left\{ \frac{f(s)}{g(t)} \mid n \in \mathbb{N},\ f, g \in A[X_1, \cdots, X_n],\ s, t \in S^n, g(t) \neq 0 \right\}.$$

我们将 S 生成的子域记作 $\mathbb{Z}_R(S)$.

注 5.1.2. 设 R 是一个环, 则 $\emptyset$ 生成的子环 $\mathbb{Z}_R$ 是 R 最小的子环. 显然,

$$(\mathbb{Z}, +, -, \times, 0, 1) \to \mathbb{Z}_R,\ n \mapsto n_R$$

是同态.

定义 5.1.3. 设 R 是一个环. 若 $\mathbb{Z}_R$ 有限, 则称 $\mathbb{Z}_R$ 的基数为 R 的**特征**. 若 $\mathbb{Z}_R$ 无限, 则称 R 的特征为 0. R 的特征记作 $\mathrm{char}\, R$.

显然, 当 $\mathrm{char}\, R \in \mathbb{N}^{>0}$ 时,

$$\mathrm{char}\, R = \min\{n \in \mathbb{N} \mid n > 0, n_R = 0_R\}.$$

令 χ_n 为句子 $\mathrm{n} = 0$, 则 $R \models \chi_n$ 当且仅当 $\mathrm{char}\, R$ 整除 n.

5.1.2 环的理想

定义 5.1.4. 设 R 是一个环. 若 $I \subseteq R$ 满足:

(i) I 是 R 的加法子群;

(ii) $\forall x \in R \forall y \in I(xy \in I)$,

则称 I 为 A 的**理想**.

设 $X \subseteq R$, 则 X 生成一个理想为:

$$\{\sum_{i=1}^{n} r_i a_i | \, r_i \in R, a_i \in X, n \in \mathbb{N}^{>0}\}.$$

我们将 X 生成的理想记作 (X). 若 $X = \{a_1, \cdots, a_n\}$ 有限, 则称 (X) 是有限生成的理想, 且将 (X) 记作 $(a_1, \cdots, a_n)$. 若 $X = \{a\}$ 是单点集, 则称 (X) 为**主理想**且将 (X) 记作 (a).

设 R 是环, I 是 R 的理想, 则可以在商群 $R/I = \{a + I \,|\, a \in R\}$ 上定义的乘法: $(x + I)(y + I) = xy + I$. 容易验证该乘法是良定的, 它使得 R/I 是一个环, 且 $\pi : x \mapsto x + I$ 是 R 到 R/I 的环同态. 称 R/I 为 R 关于 I 的**商环**. 若 $f : R \to B$ 是环同态, 则称 $f^{-1}(0)$ 为 f 的**核**, 记作 $\ker(f)$, 它是 R 的一个理想. $f(R) \subseteq B$ 是 B 的子环. 同态 $f : R \to B$ 诱导一个环同态:

$$\bar{f} : R/\ker(f) \to B, \ x + \ker(f) \mapsto f(x).$$

若 f 是满同态, 则 $\bar{f} : R/\ker(f) \to B$ 是同构. 显然 R 的理想 I 恰好是同态 $\pi : R \to R/I$ 的核. 一般用 $x \equiv y \pmod{I}$ 表示 $x - y \in I$.

例 5.1.5. 令 $A = (\mathbb{Z}, +, -, \times, 0, 1)$, $m \in \mathbb{Z}$, $m\mathbb{Z} = \{m \cdot r \,|\, r \in \mathbb{Z}\}$, 则 $m\mathbb{Z} = -m\mathbb{Z}$ 是 A 的理想, 且

$$x - y \in m\mathbb{Z} \Longleftrightarrow x \equiv y \pmod{m}.$$

商环 $\mathbb{Z}/m\mathbb{Z}$ 的特征为 m 的绝对值.

定义 5.1.6. 设 R 是环. 称 $a \in R\,(a \neq 0)$ 为**零因子**是指存在 $b \in R$, $b \neq 0$ 且 $ab = 0$. 没有零因子的环称为**整环**.

显然, 整环是一个初等类.

例 5.1.7. $\mathbb{Z}, \mathbb{Z}[x], \mathbb{Q}$ 都是整环. $\mathbb{Z}/m\mathbb{Z}$ 是整环当且仅当 m 是素数.

定义 5.1.8. 设 R 是环. 称 $a \in R$ 为**幂零元**是指存在 $n \in \mathbb{N}^+$ 使得 $a^n = 0$.

显然, 幂零元都是零因子.

例 5.1.9. 在商环 $\mathbb{Z}/m^n\mathbb{Z}$ 中, $\bar{m} = m + m^n\mathbb{Z}$ 是的幂零元.

定义 5.1.10. 设 R 是环. 称 $x \in R$ 为**单位**是指存在 $y \in R$ 使得 $xy = 1$.

显然, 环 R 是一个域当且仅当它的非零元都是单位.

例 5.1.11. (i) $\bar{m} = m + nZ$ 是 $\mathbb{Z}/n\mathbb{Z}$ 的单位当且仅当 m 与 n 互素;

(ii) $\mathbb{Q}, \mathbb{R}, \mathbb{C}$ 都是域;

(iii) $\mathbb{Z}/p\mathbb{Z}$ 是域当且仅当 p 是素数, 这个域记作 $\mathbb{F}_p$.

性质 5.1.12. 设 R 是一个环, 则 R 是域当且仅当 R 中的理想只有 $\{0\}$ 和 R.

定义 5.1.13. 称环 R 的理想 I 为**素理想**, 如果对所有的 $x, y \in R$, 有

$$xy \in I \Longrightarrow x \in I \text{ 或 } y \in I.$$

称 I 为 R 的**极大理想**, 如果 $I \neq R$ 且不存在理想 $J \neq R$ 使得 $I \subsetneq J$.

性质 5.1.14. 设 R 是环, 且 I 是 R 的理想, 则

(i) I 是素理想当且仅当 R/I 是整环;

(ii) I 是极大理想当且仅当 R/I 是域;

特别地, R 是整环/域当且仅当 (0) 是素理想/极大理想.

域上的多项式环有以下性质.

性质 5.1.15. 设 F 是一个域, X 是一个单变元, I 是 $F[X]$ 的理想, 则以下表述等价:

(i) I 是素理想;

(ii) I 是极大理想;

(iii) 存在不可约多项式 $f \in F[X]$ 使得 $I = (f)$.

需要注意, 性质5.1.15不适用于域上的多元多项式环.

若 $f : R \to B$ 是环同态且 $J \subseteq B$ 是素理想, 则 $f^{-1}(J)$ 是 R 中的理想, 且

$$\bar{f} : R/f^{-1}(J) \to B/J,\ x/f^{-1}(J) \mapsto f(x)/J$$

是单射环同态, 故 $R/f^{-1}(J)$ 与 B/J 的一个子环 C 同构. 若 J 是素理想, 则 B/J 是整环, 故 C 是整环, 即 $R/f^{-1}(J)$ 是整环, 从而 $f^{-1}(J)$ 是素理想. 故素理想的原像是素理想.

推论 5.1.16. 若 F 是域, 则 F 的特征为 0 或素数.

证明: 令 $f : \mathbb{Z} \to \mathbb{Z}_F \subseteq F, n \mapsto n_F$ 为自然同态, 则 $\mathbb{Z}/\ker(f) \cong \mathbb{Z}_F$. 由于 (0) 是 F 的素理想, 故 $\ker(f)$ 是 $\mathbb{Z}$ 的素理想. 而 $\mathbb{Z}$ 的素理想只有 (0) 和 (p), 其中 p 是素数. ■

以上推论表明: 如果域 F 的特征为 0, 则 $n \mapsto n_F$ 是整数环 $\mathbb{Z}$ 到 F 的嵌入, 如果域 F 的特征为 $p > 0$, 则 $(n + p\mathbb{Z}) \mapsto n_F$ 是有限域 $\mathbb{F}_p = \mathbb{Z}/p\mathbb{Z}$ 到 F 的嵌入.

推论 5.1.17. 设 F_1, F_2 是两个域, 若 $\operatorname{char} F_1 = \operatorname{char} F_2$, 则 $n_{F_1} \mapsto n_{F_2}$ 是 F_1 到 F_2 的部分同构.

定理 5.1.18. 每个非零环都有极大理想 (由 Zorn 引理).

推论 5.1.19. 若 $I \neq R$ 是理想, 则 R 有一个极大理想包含 I.

5.1.3 域的扩张

设 E, F 是域, F/E 是域扩张. 如果域 E' 满足 $E \subseteq E' \subseteq F$, 则称 E' 是 F/E 的中间域. 设 F/E 是域扩张, 如果 $a \in F$ 是 E 上某个多项式 f 的根, 则称 a 在 E 上是**代数的**, 否则就称 a 在 E 上是**超越的**. 使得 $f(a) = 0$ 的次数最小的首一多项式 $f(X) \in E[X]$ 称为 a 在 E 上的极小多项式, 记作 $\mathrm{irr}(a, E)$. 显然 $\mathrm{irr}(a, E)$ 总是不可约的.

性质 5.1.20. 设 F/E 是一个域扩张. 若 $a \in F$ 在 E 上是代数的, 则 $E[a] = \{f(a) \mid f \in E[X]\}$ 是一个域, 它同构于 $E[X]/(\mathrm{irr}(a, E))$.

设 F/E 是一个域扩张. 若 F 的每个元素在 E 上都是代数的, 则称 F/E 是一个**代数扩张**. 若 E 上的每个非常数的多项式都在 E 中有根, 则称 E 是一个**代数闭域**.

性质 5.1.21. 设 E 是域, 则存在域扩张 F/E 使得 F 是代数闭域且 F/E 的中间域都不是代数闭域, 称 F 为 E 的一个**代数闭包**.

性质 5.1.22. 设 E 是域, 则

(i) E 的不同代数闭包 F_1, F_2 之间都有一个固定 E 的域同构 $\eta: F_1 \to F_2$, 因此在同构意义下, E 只有一个代数闭包, 记作 E^{alg}.

(ii) 如果 F/E 是域扩张, 且 F 是代数闭域, 则

$$E^{\mathrm{alg}} = \{a \in F \mid a\text{在}F\text{上是代数的}\}.$$

(推论 5.4.5 表明 $\{a \in F \mid a\text{在}F\text{上是代数的}\}$ 是一个代数闭域.)

5.1.4 可分扩张与完美域

设 E 是一个域, $f(X) \in E[X]$, $m \in \mathbb{N}$. 称 $a \in E^{\mathrm{alg}}$ 是 f 的 m-**重根**是指 $(X-a)^m | f$ 且 $(X-a)^{m+1} \nmid f$(在 $E^{\mathrm{alg}}[X]$ 中计算). 如果

$m > 1$, 则称 a 是 f 的一个重根. 如果 f 在 E^{alg} 中没有重根, 则称 f **可分**. 否则称 f **不可分**. 如果 $\text{irr}(a, E)$ 是可分的, 则称 a 在 E 上可分; 如果每个 $a \in F\backslash E$ 都在 E 上可分, 则称 F/E 是一个**可分扩张**. 显然, 1 次多项式总是可分的, 因此每个 E/E 总是可分扩张. 如果 $a \notin E$ 且 $\text{irr}(a, E)$ 只有一个根, 则称 a 在 E 上**纯不可分**; 如果每个 $a \in F\backslash E$ 都在 E 上纯不可分, 则称 F/E 是一个**纯不可分扩张**. 显然, $f(X) \in E[X]$ 可分当且仅当 f 的每个因子都可分. 如果 E 的任意代数扩张都是可分的, 则称 E 是一个**完美域**.

设 E 是一个特征为 $p > 0$ 的域, 则容易验证:

$$\forall x, y \in E((x+y)^p = x^p + y^p).$$

因此 **Frobenius 映射**$\text{Fr} : E \to E,\ x \mapsto x^p$是一个域同态, 从而是单射. 如果 Fr 不是满射, 即存在 $a \in E\backslash \text{Fr}(E)$, 则 $X^p - a$ 只有一个 p-重根, 且在 E 上不可约, 因此 a 在 E 上不可分. 然而, 当 E 的特征为 0 时, 通过对不可约多项式取导数, 可以证明 E 上的不可约多项式都是可分的.

性质 5.1.23. 设 E 是一个域, 则

$$E^{\text{sep}} = \{a \in E^{\text{alg}} | \ a\text{在}E\text{上可分}\}$$

和

$$E^{\text{ins}} = \{a \in E^{\text{alg}} | \ a\text{在}E\text{上纯不可分}\}$$

分别称为 E 的可分闭包和纯不可分闭包, 它们都是 E^{alg} 的子域, 并且 $E = E^{\text{sep}} \cap E^{\text{ins}}$.

显然, 当 E 是完美域时, 总是有 $E = E^{\text{ins}}$. 特别地, 当 E 的特征为 0 时, 有 $E = E^{\text{ins}}$.

性质 5.1.24. 设 E 是一个域, E 是完美域当且仅当 $E = E^{\text{ins}}$. 如果

char $E = p > 0$, 将 Fr 视作 E^{alg} 上的同构, 则

(i) E 是完美域当且仅当 $\text{Fr} : E \to E$ 也是同构(满射).

(ii) E 是完美域当且仅当 $E = \bigcup_{n \in \mathbb{N}^{>0}} \text{Fr}^{-n}(E)$.

5.1.5 Galois 扩张与 Galois 基本定理

设 F/E 是域扩张, F 显然是 E 上的向量空间, 我们用 $[F : E]$ 来表示该向量空间的维数. 如果 F 是有限维的 E-空间, 则称 F/E 是**有限扩张**. 显然, 有限扩张一定是代数扩张(反之则不成立). 如果对每个 $a \in F$, 有 $\text{irr}(a, E)$ 的每个根都在 F 中, 则称 F/E 是一个**正规扩张**. 如果 E/F 是有限、正规、可分的扩张, 则称其为 **Galois 扩张**.

性质 5.1.25. 若 F/E 是有限可分扩张, 则存在域扩张 F'/F 使得 F'/E 是 Galois 扩张.

设 F/E 是域扩张, 若 $f \in E[X]$ 的所有根 $a_1, \cdots, a_n$ 都在 F 中, 且 $F = E[a_1, \cdots, a_n]$, 则称 F 是 f 的**分裂域**. 显然, 如果 f 可分, 则 f 在 F 中恰好有 $\deg(f)$ 个不同的根.

设 F/E 是一个域扩张, 令 $\text{Aut}(F/E)$ 是 F 的所有固定 E 的自同构, 即

$$\text{Aut}(F/E) = \{\sigma : F \to F |\ \sigma\text{是自同构且}\forall x \in E(\sigma(x) = x)\}.$$

我们称 $\text{Aut}(F/E)$ 为 F/E 的 **Galois 群**. 对 $\text{Aut}(F/E)$ 子群 H, 令

$$F^H = \{x \in F |\ \forall h \in H(h(x) = x)\}.$$

容易验证 F^H 是一个域, 我们称 F^H 为 H 的**固定域**.

定理 5.1.26 (见 [11] 推论 2.16, 定理 4.9)**.** 设 F/E 是域扩张, 则以下表述等价:

(i) F/E 是 Galois 扩张;

(ii) F 是 E 上某个可分多项式的分裂域;

(iii) $|\mathrm{Aut}(F/E)| = [F : E]$;

(iv) $E = F^{\mathrm{Aut}(F/E)}$.

一个 Galois 扩张 F/E 的中间域与 Galois 群 $\mathrm{Aut}(F/E)$ 的子群之间有如下一一对应关系.

定理 5.1.27 (Galois 基本定理 (见 [11] 定理 5.1)). 设 F/E 是 Galois 扩张, 令 $\mathcal{G}$ 为 $\mathrm{Aut}(F/E)$ 的子群的集和, $\mathcal{F}$ 为 F/E 的中间域集合. 则映射

$$\mathcal{G} \to \mathcal{F},\ H \mapsto F^H$$

是双射, 它的逆映射是

$$\mathcal{F} \to \mathcal{G},\ E' \mapsto \mathrm{Aut}(F/E'),$$

即

(i) 对 $\mathrm{Aut}(F/E)$ 的每个子群 H, 都有 $H = \mathrm{Aut}(F/F^H)$;

(ii) 对每个中间域 E', $E' = F^{\mathrm{Aut}(F/E')}$.

显然, 根据定理5.1.26, 若 F/E 是 Galois 扩张, 则对每个中间域 E', F/E' 都是 Galois 扩张.

5.2 ω-稳定域

本节讨论具有 ω-稳定性的域. Macintyre 证明了无限的 ω-稳定域都是代数闭域 [7]. 我们在本节给出 Macintyre 的证明细节.

引理 5.2.1. 设 $K = (K,+,\cdot,0,1)$ 是一个无限的 ω-稳定域, 则 $\mathrm{Md}(K) = 1$, 即加法群 $(K,+)$ 是连通的. 由于乘法群与加法群的 Morley 秩相同, 故乘法群也是连通的.

证明: 我们用 $K^\times$ 表示 K 的乘法群. 设 A 是 $(K,+)$ 的有限指数子群. 对每个 $b \in K^\times$, $bA = \{ba|\ a \in A\}$ 也是 $(K,+)$ 的子群且与 A 的 Morley 秩相同, 从而也是 K 的有限指数子群. 令 $I = \bigcap_{b\in K^\times} bA$, 则 I 是 K 的理想, 因此 $I = \{0\}$ 或者 K. 根据定理4.1.1, I 是有限个 bA 的交, 故 I 具有有限指数, 从而 $A = I = K$. ■

推论 5.2.2. 设 K 是无限的 ω-稳定域, 则

(i) 对任意的 $n \in \mathbb{N}$,

$$f : K^\times \to K^\times,\ x \mapsto x^n$$

是一个满射. 等价地, 对每个 $a \in K$, $X^n - a$ 在 K 中有根.

(ii) 若 K 的特征为 $p > 0$, 则

$$g : K \to K,\ x \mapsto x^p - x$$

是一个满射. 等价地, 对每个 $a \in K$, $X^p - X - a$ 在 K 中有根.

证明: 显然 f 是 $K^\times$ 上的自同态, 而 $\ker(f)$ 是 $X^n - 1$ 的根, 因此是有限的. 根据推论4.1.20和引理5.2.1, f 是满射. 同理, g 是 $(K,+)$ 的自同态, $\ker(g)$ 是 $X^p - X$ 的根, 因此也是满射. ■

根据性质5.1.24, 当 K 的特征为 $p > 0$ 时, $\mathrm{Fr} : x \mapsto x^p$ 是满射表明 K 是完美域, 因此 ω-稳定域都是完美域.

引理 5.2.3. 设 E/K 是一个有限域扩张, 则 E 在 K 中可解释: 存在定义在 K 中的域 E' 使得 E 与 E' 同构.

证明: 设 $e=(e_1,\cdots,e_n)$ 是 E 作为 K-空间的一组(线性)基. 设 E 的幺元为 $1_E=\sum_i d_ie_i$, 其中 $d_i\in K$. 对任意的 $1\leqslant i,j\leqslant n$, 存在 $c_{i,j}=(c_{i,j,1},\cdots,c_{i,j,n})\in K^n$ 使得 $e_i\cdot e_j=\sum_s c_{i,j,s}e_s$. 我们在向量空间 $V=K^n$ 上定义一个乘法 $\circ$ 为: 对任意的 $a,b\in K^n$, $a=(a_1,\cdots,a_n), b=(b_1,\cdots,b_n)$, 令

$$a\circ b=\Big(\sum_{i,j}(a_ib_jc_{i,j,1}),\cdots,\sum_{i,j}(a_ib_jc_{i,j,n})\Big).$$

令 $\mathrm{id}_V=(d_1,\cdots,d_n), 0_V=(0,\cdots,0)$. 由于 E 上的加法恰好是 E 作为 K 上向量空间的加法. 容易验证 $(V,+,\circ,0_V,\mathrm{id}_V)$ 是 K 中的可定义域并且与 E 同构. ■

推论 5.2.4. ω-稳定域的有限扩张仍然是 ω-稳定的.

证明: 由引理5.2.3可直接得到. ■

我们还需要用到 Sylow 定理.

定理 5.2.5 (Sylow 定理 (见 [11] 附录 C, 定理 2.1)). 设 G 是一个有限群, p 是一个素数. 若 $n,m\in\mathbb{N}$ 使得 $p^nm=|G|$ 且 p 不整除 m, 则 G 有一个子群 H 使得 $|H|=p^n$, 称这样的 H 为 G 的 **Sylow p-子群**. 特别地, 如果 p 整除 $|G|$, 则 G 有一个 p-阶循环子群.

如果 $\mathrm{Aut}(F/E)$ 是一个循环群, 则称 F/E 是**循环扩张**. 根据 Galois 基本定理(定理5.1.27)和 Sylow 定理, 任何 Galois 扩张 F/E 都有一个中间域 E', 使得 $\mathrm{Aut}(F/E')$ 是素数阶循环群, 即 F/E' 是一个素数阶循环扩张.

性质 5.2.6. 有限 Abel 群是循环群的直积.

引理 5.2.7. 设 E 是一个域, 则 $E^\times$ 的有限子群都是循环群.

证明: 设 H 是 E 的有限子群, 则 H 是有限 Abel 群. 由 Sylow 定理, H 是它的所有 Sylow p-子群的直积 (p 是素数). 如果 H 的所有 Sylow p-子群都是循环的, 则 H 也是循环的, 因此不妨假设 H 的阶为 p^n. 如果 H 不是循环的, 则 H 是有限 Abel 群 H_1 和 H_2 的直积. 取 H_1 的 p-阶子群 A_1, H_2 的 p-阶子群 A_2, 则 $A_1 \times A_2$ 是 $E^\times$ 的子群, 注意到每个 $x \in A_1 \times A_2$ 的阶都是 p, 从而都是 $X^p - 1$ 的根. 这表明 $X^p - 1$ 在 E 中至少有 p^2 个根, 这是一个矛盾. ∎

定义 5.2.8. 我们称 $X^n - 1$ 的根为**n-次单位根**. 如果 $X^n - 1$(在某个代数闭域中) 的某个根 ξ 的阶是 n, 即对任意的 $m < n$, $\xi^m \neq 1$, 则称 ξ 是**n-次本原单位根**.

引理 5.2.9. 设 E 是一个代数闭域, 当 E 的特征为 0 或不整除 n 时, E 中有 n-次本原单位根.

证明: 显然 $X^n - 1$ 的所有根构成 $E^\times$ 的一个子群 H. 根据引理5.2.7, H 是循环群. 我们只需证明 $X^n - 1$ 有 n 个不同的根, 即没有重根. 当 E 的特征为 0 或不整除 n 时, $X^n - 1$ 的导函数 nX^{n-1} 非零且它的根为 0, 故 $X^n - 1$ 与 nX^{n-1} 没有公共根, 从而 $X^n - 1$ 没有重根. ∎

接下来, 我们将证明 ω-稳定域包含了所有的单位根. 我们需要引用以下定理.

定理 5.2.10 (见 [11] 定理 9.5 和 9.7)**.** 设 F/E 是一个 Galois 扩张, 并且 $\mathrm{Aut}(F/E)$ 是 n-阶循环群.

(i) 若 E 的特征为 0 或者与 n 互素, 并且 E 含有 $X^n - 1$ 的所有根, 则存在 $a \in E$ 以及 $\alpha \in F$ 使得 $F = E[\alpha]$ 并且 $\mathrm{irr}(\alpha, E) = X^n - a$.

(ii) 若 E 的特征为 n, 则存在 $a \in E$ 以及 $\alpha \in F$ 使得 $F = E[\alpha]$ 并且 $\mathrm{irr}(\alpha, E) = X^n - X - a$.

引理 5.2.11. 设 K 是无限的 ω-稳定域, 则对任意的 $n \in \mathbb{N}^{>0}$, K 都包含了 $X^n - 1$ 的所有根.

证明： 我们对 $n \geqslant 1$ 归纳证明. 当 $n=1$ 时,引理显然成立. 现在假设对任意的 $m<n$,引理都成立.

如果 K 的特征 $p>0$ 整除 n, 即存在 $m \geqslant 1$ 使得 $n=pm$, 则 X^n-1 与 X^m-1 有相同的根. 由归纳假设, K 含有 X^m-1 的所有根,从而引理成立.

下面假设 K 的特征为 0 或者与 n 互素. 根据引理5.2.9, 此时 X^n-1 在 K 的某个代数扩张中有本原根 ξ. 显然 $K[\xi]$ 是 X^n-1 的分裂域. 如果 $\xi \in K$, 则我们已经证完. 下面设 $\xi \notin K$, 我们来导出矛盾. 根据定理5.1.26, $K[\xi]/K$ 是 Galois 扩张.

如果 n 是素数, 则 X^n-1 的除了 1 以外的所有根所有根都是 n-次本原单位根, 因此 $K[\xi]/K$ 是一个 n-阶循环扩张. 根据定理5.1.26, 有 $[K[\xi]:K]=n$. 由于 $K[\xi] \cong K[X]/(\mathrm{irr}(\xi, K))$, 故 $\deg(\mathrm{irr}(\xi, K))=n$. 显然 $\mathrm{irr}(\xi, K)$ 整除 X^n-1, 因此 $\mathrm{irr}(\xi, K)=X^n-1$. 然而

$$X^n-1=(X-1)(1+X+\cdots+X^{n-1})$$

是可约的, 这是一个矛盾.

如果 n 不是素数, 则 n-次本原单位根的个数小于等于 $n-1$, 从而 $|\mathrm{Aut}(K[\xi]/K)| \leqslant n-1$. 假设素数 q 整除 $|\mathrm{Aut}(K[\xi]/K)|$. 根据 Sylow 定理, $\mathrm{Aut}(K[\xi]/K)$ 有一个 q-阶子群 H. 令 $E'=K[\xi]^H$. 由 Galois 基本定理, $K[\xi]/E'$ 是循环 Galois 扩张且 H 是其 Galois 群. 由推论5.2.4, E' 也是 ω-稳定的. 由于 $q \leqslant n-1$, 归纳假设表明 K 包含了 X^q-1 的所有根. 根据定理5.2.10, 存在 $a, b \in E'$ 使得 X^q-a 或 X^q-X-b 在 E' 上不可约. 这与推论5.2.2矛盾. ■

定理 5.2.12. 设 K 是无限的 ω-稳定域, 则 K 是代数闭域.

证明： 反设 K 不是代数闭域, 则 K 有一个真有限扩张 E. 由于 K 是完美域, 因此 E/K 是可分扩张. 根据性质5.1.25, 存在域扩张 F/E 使得 F/K 是 Galois 扩张. 根据 Sylow 定理, $\mathrm{Aut}(F/K)$ 有一个 p-阶子群

H, 其中 p 是素数. 令 $E' = F^H$. 由 Galois 基本定理, F/E' 是循环 Galois 扩张且 H 是其 Galois 群. 由推论5.2.4, E' 也是 ω-稳定的, 由引理5.2.11, E' 包含了 $X^p - 1$ 的所有根.

若 E' 的特征为 0 或者与 p 互素, 根据定理5.2.10-**(i)**, 存在 $a \in E'$ 使得 $X^p - a$ 在 E' 上不可约. 但是 E' 是 ω-稳定域, 根据推论5.2.2-**(i)**, $X^p - a$ 在 E 上有根. 这是一个矛盾.

若 E' 的特征为 p, 根据定理5.2.10-**(ii)**, 存在 $a \in E'$ 使得 $X^p - X - a$ 在 E' 上不可约. 但是 E' 是 ω-稳定域, 根据推论5.2.2-**(ii)**, $X^p - X - a$ 在 E 上有根. 这是一个矛盾.

因此 K 没有真有限扩张, 从而是代数闭域. ■

5.3 代数闭域的范畴性和量词消去

为了简化记号，我们仍然用 $\mathcal{L}$ 来表示环的语言 $\mathcal{L}_{\text{ring}}$. 显然, 域可以用一组公理来描述, 我们把域的公理记作 Σ_{field}. 对每个 $n \in \mathbb{N}^{>0}$, 令

$$\theta_n = \forall x_0 \cdots \forall x_{n-1} \exists y (y^n + x_{n-1} y^{n-1} \cdots + x_1 y + x_0 = 0),$$

则 $\Sigma_{\text{field}} \cup \{\theta_1, \theta_2, \theta_3, \cdots\}$ 的模型恰好是代数闭域, 我们将代数闭域的理论记作 **ACF**, 将特征为 0 的代数闭域的理论记作 $\mathbf{ACF}_0$, 将特征为 p 的代数闭域的理论记作 $\mathbf{ACF}_p$. 令 χ_n 为句子 $\underbrace{1 + \cdots + 1}_{n\text{个}} = 0$, 则

$$\text{ACF}_0 = \text{ACF} \cup \{\neg \chi_n \mid n = 1, 2, \cdots\}, \ \text{ACF}_p = \text{ACF} \cup \{\chi_p\}.$$

定理 5.3.1 (代数基本定理). 复数域是特征为 0 的代数闭域, 即

$$(\mathbb{C}, \times, +, 0, 1) \models \text{ACF}_0 .$$

性质 5.3.2. 如果 $h: F_1 \to F_2$ 是一个域同构, 则 h 可以扩张为 F_1^{alg} 到 F_2^{alg} 的域同构.

设 $A \subseteq F$, E 是 A 生成的子域. 若 $a \in F$ 在 E 上是代数的/超越的, 则称 a 在 A 上是代数的/超越的. 我们规定 A 的代数闭包为 E 的代数闭包.

定义 5.3.3. 设 F 是一个域, $A \subseteq F$, 称 $\{a_i | i \in I\} \subseteq F$ 在 A 上**代数独立**是指: 对任意的 $i \in I$, 都有 a_i 在 $A \cup \{a_j | j \in I,\ j \neq i\}$ 上是超越的. 称 $\{a_i | i \in I\}$ 是 F 在 A 上的**超越基**是指:

(i) $\{a_i | i \in I\}$ 在 A 上代数独立;

(ii) 任意 $b \in F$ 都在 $A \cup \{a_i | i \in I\}$ 是代数的, 即

$$F \subseteq (A \cup \{a_i | i \in I\})^{\text{alg}}.$$

性质 5.3.4. 如果 F 是代数闭域, $A \subseteq F$, $\{a_i | i \in I\}$ 是 F 在 A 上的超越基, 则 $F = (A \cup \{a_i | i \in I\})^{\text{alg}}$.

引理 5.3.5. 设 $p = 0$ 或者是素数, $F \vDash \text{ACF}_p$ 且 $|F| > \aleph_0$, 则 F 在空集上的超越基的基数为 $|F|$.

证明: 设 $p = 0$, $\{b_i | i \in I\} \subseteq F$ 是 F 在空集上的一组超越基, 其中 I 是一个加标集. 我们来证明 I 的基数是 $|F|$. 令 $U = \mathbb{Q} \cup \{b_i | i \in I\}$, E 为 U 生成的子域, 则

$$E = \{\frac{f(a)}{g(a)} | f, g \in \mathbb{Z}[X_1, \cdots, X_n],\ a \in U^n, g(a) \neq 0, n \in \mathbb{N}^n\}.$$

故 $|E| = |U| = \max\{|\mathbb{Q}|, |I|\}$.

另一方面, 由于 $\{b_i | i \in I\}$ 是 F 在 $\mathbb{Q}$ 上的一组超越基, 故每个 $d \in F$ 都在 E 上是代数的. 由于 F 是代数闭域, $F = E^{\text{alg}}$, 即 F

中的每个元素恰好是 $E[X]$ 中某个多项式的根，而 $|E[X]| = |E|$, 因此 $|E^{\text{alg}}| = |E|$, 故 $|F| = \max\{|\mathbb{Q}|, |I|\}$. 由于 $|\mathbb{Q}| = \aleph_0 < |F|$, 故 $|I| = |F|$.

同理, 将上面的 $\mathbb{Q}$ 改为 $\mathbb{F}_p$, 可证 $p > 0$ 的情形. ■

注 5.3.6. 设 F 是一个域, $E \subseteq F$ 是子域, 若 $\{a_i | i \in I\} \subseteq F$ 在 E 上代数独立, 则 $E \cup \{a_i | i \in I\}$ 生成的子域同构于多项式环 $E[X_i]_{i \in I}$ 的分式域.

定理 5.3.7. 设 $p = 0$ 或者是素数, 则 ACF_p 是不可数范畴的, 从而是完备的.

证明: 设 M 和 N 是两个特征为 p、基数均为 λ 的代数闭域. 根据引理5.3.5, 可以设 $B = \{b_i | i < \lambda\} \subseteq M$ 和 $D = \{d_i | i < \lambda\} \subseteq N$ 分别是 M 和 N 在 $\emptyset$ 上的超越基. 显然,

$$h : B \to D,\ h(b_i) = d_i\ \ (i < \lambda)$$

是一个部分嵌入, 故 B 生成的子域 F_1 与 D 生成的子域 F_2 都同构于多项式环 $E[X_i]_{i<\lambda}$ 的分式域, 其中当 $p = 0$ 时, $E = \mathbb{Q}$, 当 $p > 0$ 时, $E = \mathbb{F}_p$. 因此 $F_1 \cong F_2$. 由于 $M = F_1^{\text{alg}}$, $N = F_2^{\text{alg}}$, 根据性质5.3.2, M 与 N 同构. ■

定理 5.3.8. 设 p 是 0 或素数, 则 ACF_p 具有量词消去.

证明: 设 M 和 N 是 ACF_p 的模型, A 是 M 和 N 的公共子结构. 容易验证 A 所生成的子域也是 M 和 N 的公共子域, 因此不妨设 A 就是 M 和 N 的公共子域. 根据推论1.7.9, 只需证明对每个无量词的 $\mathcal{L}_A$-公式 $\phi(x)$, 都有

$$M \models \exists x \phi(x) \iff N \models \exists x \phi(x),$$

其中 x 是一个单变元. 显然, 含有一个自由变元 x 的 $\mathcal{L}_A$-原子公式都形如多项式方程 $f(x)=0$, 其中 $f\in A[x]$. 因此对每个无量词的 $\mathcal{L}_A$-公式 $\phi(x)$ 都形如

$$\phi_0(x)\vee\cdots\vee\phi_{m-1}(x),$$

其中每个 $\phi_i(x)$ 形如

$$(f_0(x)\square_0 0)\wedge\cdots\wedge(f_{n-1}(x)\square_{n-1}0),$$

每个 $\square_j$ 是 "=" 或者 "≠", $f_0,\cdots,f_{n-1}$ 是多项式. 不失一般性, 我们设 $\phi(x)$ 形如

$$(f_0(x)=0\wedge\cdots\wedge f_{n-1}(x)=0)\wedge(g_0(x)\neq 0\wedge\cdots\wedge g_{n-1}(x)\neq 0),$$

其中每个 f_i 和 g_i 都是多项式.

情形 1: 假设存在 $0\leqslant i<n$ 使得 f_i 不是常数, 且 $M\vDash\exists x\phi(x)$, 即存在 $a\in M$ 使得 $M\vDash\phi(a)$. 由于 f_i 不是常数, 因此 a 在 A 上是代数的. 令 $h(x)=\mathrm{irr}(a,A)$ 是 a 在 A 上的极小多项式. 由于 N 是代数闭域, 因此存在 $b\in N$ 使得 $h(b)=0$. 容易验证 $N\vDash\phi(b)$, 即 $N\vDash\exists x\phi(x)$.

情形 2: 假设每个 f_i 都是常函数, 且 $M\vDash\exists x\phi(x)$, 则每个 f_i 都是常数 0. 由于每个 g_j 至多有有限多个根, 而 N 是无限集合, 因此, 一定存在 $b\in N$ 使得 $N\vDash g_0(b)\neq 0\wedge\cdots\wedge g_{n-1}(b)\neq 0$. 故 $N\vDash\exists x\phi(x)$. ■

5.4 量词消去的推论

推论 5.4.1. 设 $p=0$ 或者是素数, 则 ACF_p 是强极小的.

证明: 设 $M \models \mathrm{ACF}_p$, 则参数来自 M 的原子公式 $\phi(x)$ 定义的集合或者是有限集, 或者是 M. 根据量词消去, M 的可定义子集都是原子公式定义的集合的有限 Boole 组合, 从而是有限的或者余有限的. ■

推论 5.4.2. ACF_p 具有弱虚元消去.

证明: 由命题2.5.6可得. ■

引理 5.4.3. 设 $\mathbb{M}$ 是域. 如果 $A = \{c_1, \cdots, c_m\}$ 是 $\mathbb{M}$ 中的 n-元组的集合, 令 e 是 A 的典范参数, 则存在 k-元组 d 使得 $d \in \mathrm{dcl}^{\mathrm{eq}}(e)$, 且 $e \in \mathrm{dcl}^{\mathrm{eq}}(d)$.

证明: 设 $c_i = (c_{i1}, \cdots, c_{in})$. 令 $P(X_1, \cdots, X_n, Y)$ 为多项式

$$\prod_{i=1}^{n}(c_{i1}X_1 + \cdots + c_{in}X_n + Y).$$

令 d 为 P 的系数序列, 显然固定 e 的自同构都是对 A 的置换, 它们都不会改变 P 的系数, 因此 $d \in \mathrm{dcl}^{\mathrm{eq}}(e)$. 由于 $\mathbb{M}[X_1, \cdots, X_n, Y]$ 是唯一因子分解环, 而

$$(c_{11}X_1 + \cdots + c_{1n}X_n + Y), \cdots, (c_{n1}X_1 + \cdots + c_{nn}X_n + Y)$$

是 P 的全部不可约因子, 而固定 d 的自同构都是对 P 的不可约因子的置换, 因此都是对 A 的置换, 从而固定 e, 故 $e \in \mathrm{dcl}^{\mathrm{eq}}(d)$. ■

推论 5.4.4. ACF_p 具有虚元消去.

证明: 根据弱虚元消去, 对每个 $e \in \mathbb{M}^{\mathrm{eq}}$, 存在 $b \in \mathbb{M}^n$ 使得 $e \in \mathrm{dcl}^{\mathrm{eq}}(b)$ 且 $b \in \mathrm{acl}^{\mathrm{eq}}(e)$. 令 $u = \{b = b_0, \cdots, b_n\}$ 是 b 的全部 e-共轭, $d \in \mathbb{M}^k$ 使得 u 和 d 相互可定义. 显然 e 和 d 相互可定义. ■

推论 5.4.5. 若 M 是代数闭域, $A \subseteq M$, 则

(i) $\mathrm{acl}(A) = A^{\mathrm{alg}}$;

(ii) 若 a, b 均在 A 上超越, 则 $\mathrm{tp}(a/A) = \mathrm{tp}(b/A)$;

(iii) 若 $a \in \mathrm{acl}(A)$, 令 k 是 A 生成的子域, 且 $d(x)$ 是 a 在 k 上的极小多项式, 则 $(d(x) = 0) \models \mathrm{tp}(a/k)$.

证明: **(i)** 显然, $A^{\mathrm{alg}} \subseteq \mathrm{acl}(A)$. 我们来证明 $\mathrm{acl}(A) \subseteq A^{\mathrm{alg}}$. 若 $a \in \mathrm{acl}(A)$, 则存在 $\mathcal{L}_A$ 公式 $\phi(x)$ 使得 $M \models \phi(a)$ 且 $\phi(M)$ 有限. 根据量词消去, 可以假设 $\phi(x)$ 是形如

$$(f_1(x) = 0 \wedge \cdots \wedge f_n(x) = 0) \wedge (g_1(x) \neq 0 \wedge \cdots \wedge g_n(x) \neq 0) \tag{5.1}$$

的公式的析取式, 其中每个 $f_i, g_j \in A[x]$. 由于 $\phi(M)$ 有限, $\phi(x)$ 的每一个析取支定义的集合是有限的, 因此其每个析取支含有形如 $f(x) = 0$ 的公式, 故 a 是某个 $f(x) \in A[x]$ 的根, 即 $a \in A^{\mathrm{alg}}$.

(ii) 若 a, b 在 A 上超越, 则对每个 $f(x) \in A[x]$, 有 $f(a) \neq 0$ 且 $f(b) \neq 0$, 即

$$M \models (f(a) = 0) \leftrightarrow (f(b) = 0),$$

根据量词消去, 有 $\mathrm{tp}(a/A) = \mathrm{tp}(b/A)$.

(iii) 只需证明: 若 $\psi(x)$ 形如式 (5.1), 则

$$\psi(x) \in \mathrm{tp}(a/k) \iff M \models \forall x(d(x) = 0 \to \psi(x)).$$

然而 $M \models \psi(a)$ 意味着 $d(x)$ 整除每个 $f_i(x)$ 且与每个 $g_j(x)$ 互素, 故 $d(x)$ 的根均是 $f_i(x)$ 的根且不是 $g_j(x)$ 的根. ∎

5.5 Noether 环与 Noether 空间

5.5.1 Noether 环

定义 5.5.1. 称一个交换环 R 是 **Noether 环**是指其每个理想都是有限生成的.

显然, Noether 环的商环都是 Noether 环.

引理 5.5.2. 设 R 是交换环, 则以下表述等价:

(i) R 是 Noether 环;

(ii) R 满足**升链条件**, 即 R 的理想没有无限的严格升链;

(iii) R 满足**极大条件**, 即对 R 的一族理想 Σ, 如果 Σ 非空, 则 Σ 有极大元.

证明: **(i) $\Longrightarrow$ (ii)** 设 R 是 Noether 环, $I_0 \subseteq I_1 \subseteq I_2 \subseteq \cdots$ 是 R 中的一族理想的升链, 且每个 I_n 都是非平凡的理想, 即 $1 \notin I_n$. 令 $I^* = \bigcup_{n\in\mathbb{N}} I_n$, 则 $1 \notin I^*$, 故 I^* 也是非平凡理想. 由于 I^* 是有限生成的, 故存在 $a_1, \cdots, a_k \in I^*$ 使得 $I^* = (a_1, \cdots, a_k)$. 存在充分大的 $n \in \mathbb{N}$ 使得 $a_1, \cdots, a_k \in I_n$, 因此 $I_n = I_{n+1} = \cdots = I^*$.

(ii) $\Longrightarrow$ (iii) 设 $\mathcal{J} = \{I_\alpha \mid \alpha \in \lambda\}$ 是 R 中的一族理想. 如果 $\mathcal{J}$ 没有极大元, 则 $\mathcal{J}$ 中有一个严格的无限升链.

(iii) $\Longrightarrow$ (i) 若 R 的一个理想 I 不是有限生成的, 则

$$\Sigma = \{J \subseteq I \mid J\text{是}I\text{的有限子集生成的理想}\}$$

非空且没有极大元. ■

定义 5.5.3. 设 R 是交换环, $I \subseteq R$ 是理想, 对 R 的任意理想 J_1, J_2, 如果 $I = J_1 \cap J_2$, 则 $I = J_1$ 或 $I = J_2$, 就称 I 是**不可约**的.

容易验证, 交换环的素理想都是不可约的.

引理 5.5.4. 若 R 是 Noether 环, 则 R 的每个理想都是有限多个不可约理想之交.

证明: 令 Σ 为 R 中不能表示为有限个不可约理想之交的理想构成的的集合. 若 Σ 非空, 则 Σ 有极大元 J. 由于 J 不是不可约的, 故存在理想 J_1, J_2 使得 $J = J_1 \cap J_2$, 且 $J \neq J_1,\ J_2$. 由于 Σ 是极大的, 故 $J_1,\ J_2 \notin \Sigma$. 因此 J_1 和 J_2 均是有限多个不可约理想之交, 从而 J 也是有限多个不可约理想之交, 这与 $J \in \Sigma$ 矛盾. 因此 Σ 是空集. ■

定义 5.5.5. 设 R 是一个交换环, $I \subseteq R$ 是理想, $\{J_1, \cdots, J_n\}$ 是一族不可约理想, 如果 $I = \bigcap_{i=1}^n J_i$ 且对每个 $1 \leqslant i \leqslant n$, I 都是 $\bigcap_{i \neq j} J_j$ 的真子集, 则称 $\{J_1, \cdots, J_n\}$ 是 I 的一个**不可约分解**.

引理 5.5.6. 若 R 是 Noether 环, 则 R 的理想均有唯一的不可约分解.

证明: 存在性由引理5.5.4给出, 下面证明唯一性. 设 $I \subseteq R$ 是理想, $\{J_1, \cdots, J_n\}$ 和 $\{K_1, \cdots, K_m\}$ 都是 I 的一个不可约分解, 则 $J_i \subseteq K_1 \cap \cdots \cap K_m$ 蕴涵存在 $l \leqslant m$ 使得 $J_i = K_l$, 故 $\{J_1, \cdots, J_n\} \subseteq \{K_1, \cdots, K_m\}$. 同理可证 $\{K_1, \cdots, K_m\} \subseteq \{J_1, \cdots, J_n\}$. ■

定义 5.5.7. 设 R 是一个交换环, $I \subseteq R$ 是理想, 如果对任意的 $x, y \in R$, 有 $xy \in I$, 则 $x \in I$ 或存在 $n \in \mathbb{N}$ 使得 $y^n \in I$, 就称 I 是**准素理想**.

引理 5.5.8. 若 R 是 Noether 环, 则 R 的不可约真理想都是准素理想.

证明: 设 I 是 R 的理想, 则 I 不可约（或准素）当且仅当 R/I 的零理想不可约（或准素）. 故只需证明: 若零理想 (0) 不可约, 则它是

准素理想. 设 $x, y \in R$ 且 $xy = 0$. 假设 $x \neq 0$. 对每个 $k \in \mathbb{N}$, 令 $\mathrm{Ann}(y^k) = \{z \in R |\ zy^k = 0\}$, 则

$$\mathrm{Ann}(y) \subseteq \mathrm{Ann}(y^2) \subseteq \mathrm{Ann}(y^2) \subseteq \cdots.$$

由升链条件, 存在 $n \in \mathbb{N}$ 使得 $\mathrm{Ann}(y^n) = \mathrm{Ann}(y^{n+1}) = \cdots$.

断言: $(x) \cap (y^n) = \{0\}$.

证明断言: 设 $z \in (x) \cap (y^n)$, 则存在 $u, v \in R$, 使得 $z = ux = vy^n$, 从而 $vy^{n+1} = uxy = 0$. 故 $v \in \mathrm{Ann}(y^{n+1})$, 从而 $v \in \mathrm{Ann}(y^n)$, 即 $z = vy^n = 0$. □断言证毕

由于 (0) 不可约且 $x \neq 0$, 故 $y^n = 0$. ■

定义 5.5.9. 设 R 是一个交换环, $I \subseteq R$ 是理想, 则

$$\sqrt{I} = \{r \in R | \text{存在} n \in \mathbb{N} \text{使得} r^n \in I\}.$$

称 $\sqrt{I}$ 为 I 的**根理想**.

显然, 准素理想 I 的根理想 $\sqrt{I}$ 是某个素理想 $\mathfrak{p}$, 我们称这样的准素理想为 **$\mathfrak{p}$-准素理想**.

引理 5.5.10. 设 R 是一个交换环, $I \subseteq R$ 是理想, 令 $\mathcal{P}$ 是所有包含 I 的素理想, 则 $\sqrt{I} = \bigcap_{J \in \mathcal{P}} J$. 特别地, $\sqrt{(0)}$ 是 R 的所有素理想之交.

证明: $\sqrt{I} \subseteq \bigcap_{J \in \mathcal{P}} J$ 是显然的. 另一方面, 设 $a \notin \sqrt{I}$, 则 $A = \{a, a^2, a^3, \cdots\}$ 与 I 不相交. 令 J_0 为包含 I 且与 A 不相交理想中的一个极大元. 我们断言 J_0 是素理想. 否则, 存在 $b_1, b_2 \in R$ 使得 $b_1 b_2 \in J_0$ 且 $b_1, b_2 \notin J_0$. 由 J_0 的极大性, 存在 $r_1, r_2 \in R$, $c_1, c_2 \in J_0$, 以及

$n_1, n_2 \in \mathbb{N}^{>0}$ 使得 $r_1 b_1 + c_1 = a^{n_1}$ 且 $r_2 b_2 + c_2 = a^{n_2}$. 而

$$(r_1 b_1 + c_1)(r_2 b_2 + c_2) = a^{n_1+n_2} \in J_0,$$

这是一个矛盾. 故 $a \notin \bigcap_{J \in \mathcal{P}} J$. ■

推论 5.5.11. 设 R 是一个交换环, 则 R 中的根理想恰好是一些素理想之交. 特别地, 根理想的交还是根理想.

引理 5.5.12. 设 R 是交换环, I, J 是两个理想, 则 $\sqrt{I \cap J} = \sqrt{I} \cap \sqrt{J}$. 特别地, 如果 $\mathfrak{p}$ 是一个素理想, 则任意两个 $\mathfrak{p}$-准素理想之交仍然是 $\mathfrak{p}$-准素理想.

证明: 首先 $\sqrt{I \cap J} \subseteq \sqrt{I} \cap \sqrt{J}$ 是显然的. 另一方面, 设 $a \in \sqrt{I} \cap \sqrt{J}$, 则存在 $m, n \in \mathbb{N}$ 使得 $a^m \in I$, $a^n \in J$, 从而 $a^{m+n} \in I \cap J$, 即 $a \in \sqrt{I \cap J}$. ■

定义 5.5.13. 设 R 是一个交换环, $I \subseteq R$ 是理想, $\{J_1, \cdots, J_n\}$ 是一族准素理想, 如果 $I = \bigcap_{i=1}^n J_i$ 且

(i) 对每个 $1 \leqslant i \leqslant n$, I 都是 $\bigcap_{i \neq j} J_j$ 的真子集;

(ii) 对任意的 $1 \leqslant i \neq k \leqslant n$ 有 $\sqrt{J_i} \neq \sqrt{J_k}$,

则称 $\{J_1, \cdots, J_n\}$ 是 I 的一个**准素分解**.

引理 5.5.14. Noether 环的每个理想都有唯一的准素分解.

证明: 设 R 是 Noether 环, $I \subseteq R$ 是理想. 根据引理5.5.6, I 有唯一的不可约分解 $I = \bigcap_{i=1}^n I_i$. 根据引理5.5.8, I 的不可约理想都是准素的. 取素理想 $\mathfrak{p}_1, \cdots, \mathfrak{p}_m$ 使得每个 I_i 都是某个 $\mathfrak{p}_j$-准素理想. 根据引理5.5.12, 有限个 $\mathfrak{p}_j$-准素理想的交仍然是 $\mathfrak{p}_j$-准素理想. 因此我们可以

将 $\{I_1,\cdots,I_n\}$ 中所有的 $\mathfrak{p}_j$-准素理想交到一起得到一个 $\mathfrak{p}_j$-准素理想 P_j. 容易验证, 此时 $I=\bigcap_{j=1}^m P_j$ 就是一个准素分解.

另一方面, 设 $I=\bigcap_{r=1}^t K_r$ 也是 I 的一个准素分解. 由于

$$\sqrt{I}=\sqrt{P_1}\cap\cdots\cap\sqrt{P_m}=\sqrt{K_1}\cap\cdots\cap\sqrt{K_t}$$

是 $\sqrt{I}$ 的不可约分解, 根据引理5.5.6, 有

$$\{\sqrt{P_1},\cdots,\sqrt{P_m}\}=\{\sqrt{K_1},\cdots,\sqrt{K_t}\}.$$

特别地, $t=m$. 对每个 $1\leqslant j\leqslant m$, 不妨设每个 K_j 恰好是 $\mathfrak{p}_j$-准素理想. 设 $K_j=\bigcap_{s=1}^{f(j)}Q_{sj}$ 是 K_j 的不可约分解, 则对每个 $1\leqslant s\leqslant f(j)$, Q_{sj} 都是 $\mathfrak{p}_j$-准素理想. 因此对每个 $1\leqslant j_1\neq j_2\leqslant m$, 每个 $1\leqslant s_1\leqslant f(j_1)$, 以及每个 $1\leqslant s_2\leqslant f(j_2)$, 总有 $Q_{s_1j_1}\neq Q_{s_2j_2}$. 故 $\bigcap_{j=1}^m\bigcap_{s=1}^{f(j)}Q_{sj}$ 也是 I 的不可约分解. 显然每个 K_j 也是

$$\{Q_{sj}|\,1\leqslant j\leqslant m,1\leqslant s\leqslant f(j)\}=\{I_i|\,1\leqslant i\leqslant n\}$$

中所有的 $\mathfrak{p}_j$-准素理想交到一起得到. 因此

$$\{P_1,\cdots,P_m\}=\{K_1,\cdots,K_m\}.$$

这就证明了准素分解的唯一性. ■

定义 5.5.15. 设 R 是 Noether 环, $I\subseteq R$ 是理想, $I=\bigcap_{j=1}^m P_j$ 是一个准素分解, 其中 P_j 是 $\mathfrak{p}_j$-准素理想, 则称 $\{\mathfrak{p}_j|\,j=1,\cdots,m\}$ 是 I 的**素因子**.

显然, 引理5.5.14表明以上定义是合理的.

定义 5.5.16. 若 I,J 是交换环 R 的理想, 则定义

$$IJ=\{\sum_{i\leqslant n} f_i g_i |\, f_i\in I,\ g_i\in J, n\in\mathbb{N}^{>0}\}.$$

称 IJ 为 I 和 J 的积. 将 II 记作 I^2, 类似地 $I^{n+1}=I^nI$. 定义

$$I+J=\{\sum_{i\leqslant n} f+g|\, f\in I,\ g\in J, n\in\mathbb{N}^{>0}\},$$

称 $I+J$ 为 I 和 J 的和.

引理 5.5.17. 设 R 是 Noether 环, $I\subseteq R$ 是理想, 则存在 $n\in\mathbb{N}$ 使得 $\sqrt{I}^n\subseteq I$.

证明: 设 $\sqrt{I}=(x_1,\cdots,x_k)$, 则存在 $n_1,\cdots,n_k\in\mathbb{N}$ 使得 $x_i^{n_i}\in I$. 令 $m=\sum_{i=1}^k n_i+1$, 则

$$\sqrt{I}^m=(x_1^{j_1}\cdots x_k^{j_k}|\, \sum_{i=1}^k j_i=m).$$

显然, 当 $\sum_{i=1}^k j_i=m$ 时, 总有某个 $j_i\geqslant n_i$, 故 $x_1^{j_1}\cdots x_k^{j_k}\in I$, 从而 $\sqrt{I}^m\subseteq I$. ■

推论 5.5.18. 设 R 是 Noether 环, 则 $\sqrt{(0)}$ 是幂零的, 即存在 $n\in\mathbb{N}$ 使得 $\sqrt{(0)}^n=(0)$.

定理 5.5.19 (Hilbert 基定理)**.** 若 R 是 Noether 环, X 是一个（单）变元, 则 $R[X]$ 也是 Noether 环. 特别地, 对任意域 K, $K[X_1,\cdots,X_n]$ 是 Noether 环.

证明: 设理想 $J\subseteq R[X]$ 不是有限生成的理想, 则存在 J 中的多项式序列 $f_0=0,f_1,f_2,\cdots$ 使得 f_{n+1} 是 $J\backslash(f_0,\cdots,f_n)$ 中次数最小的多项

式. 故总是有 $\deg(f_n) \leqslant \deg(f_{n+1})$. 令 a_n 为 f_n 的首项的系数,

$$I = (a_0, a_1, a_2, \cdots) \subseteq R,$$

则存在充分大的 $N \in \mathbb{N}$ 使得 $I = (a_0, \cdots, a_N)$. 故存在 $u_0, \cdots, u_N$ 使得 $a_{N+1} = u_0 a_0 + \cdots + u_N a_N$. 令

$$g = \sum_{i=0}^{N} u_i f_i X^{\deg(f_{N+1}) - \deg(f_i)}, \ J_N = (f_0, \cdots, f_N),$$

则 $g \in J_N$. 由于 $f_{N+1} \in J \backslash J_N$, 故 $g - f_{N+1} \in (J \backslash J_N)$. 另一方面, g 与 f_{N+1} 的首项相同, 故 $\deg(g - f_{N+1}) < \deg(f_{N+1})$, 即 f_{N+1} 不是 $J - J_N$ 中次数最小的项. 矛盾. ■

5.5.2 Noether 空间

定义 5.5.20. 设 X 是一个拓扑空间, 称 X 满足**降链条件**是指: 对 X 中的任意满足

$$X_0 \supseteq X_1 \supseteq X_2 \supseteq \cdots$$

的闭子集 $\{X_i | i \in \mathbb{N}\}$, 都存在 $m \in \mathbb{N}$ 使得 $X_m = X_{m+1} = \cdots$. 满足降链条件的空间也叫**Noether 空间** .

定义 5.5.21. 设 X 是一个拓扑空间, 称 X 是**不可约**的是指 X 不能分解为两个闭的真子集之并.

根据定义, 如果 X 是不可约的, 则 X 的每个非空开子集 U 都是稠密的, 即 U 的拓扑闭包是 X.

引理 5.5.22. 设拓扑空间 X 是 Noether 空间, 则 X 可以唯一分解为有限多个不可约闭集 $X_1, \cdots, X_k$ 之并, 使得 $X_i \not\subseteq \bigcup_{j \neq i} X_i$, $i = 1, \cdots, k$, 称 $X = X_1 \cup \cdots \cup X_k$ 是 X 的一个不可约分解, 每个 X_i 为 X 的一个**不可约分支**.

证明: 若 X 不能分解为有限多个不可约闭集之并, 则存在真闭子集 X_1, X_2 使得 $X_1 \cup X_2 = X$. 显然, X_1 与 X_2 中至少有一个不能分解为有限多个不可约闭集之并. 不妨设 X_1 不能分解为有限多个不可约闭集之并, 则存在 X_1 的真闭子集 X_{11}, X_{12} 使得 $X_{11} \cup X_{12} = X_1$. 同理, X_{11} 与 X_{12} 中至少有一个不能分解为有限多个不可约闭集之并. 这个论证可以一直重复, 从而得到 X 的一个闭子集的无限降链, 得出矛盾.

下面证明唯一性. 设 $X = V_1 \cup \cdots \cup V_m$ 和 $X = U_1 \cup \cdots \cup U_l$ 是 X 的两个不可约分解. 对任意的 $1 \leqslant i \leqslant m$, 存在 $1 \leqslant j \leqslant l$ 使得 V_i 是 U_j 的子集. 同样, U_j 是某个 V_k 的子集. 由 $V_i \subseteq V_k$ 可得 $i = k$, 从而 $V_i = U_j$. 这表明 $V_i \in \{U_1, \cdots, U_l\}$. 同理可证, 每个 U_j 都恰好是某个 V_i. ■

引理 5.5.23. X 是 Noether 空间当且仅当 X 的每个开子集都是紧的.

证明: $\Longrightarrow$ 设 X 是 Noether 空间, $O \subseteq X$ 是开子集. 不妨设 $\{U_i | i \in \mathbb{N}\}$ 是 O 的一族开覆盖. 对每个 $i \in \mathbb{N}$, 令 $V_i = X \backslash U_i$. 若 $\{U_i | i \in \mathbb{N}\}$ 没有有限子覆盖, 则

$$V_0 \cap O,\ V_0 \cap V_1 \cap O, \cdots, V_0 \cap \cdots \cap V_n \cap O, \cdots$$

中含有一条无限降链, 故

$$V_0,\ V_0 \cap V_1, \cdots, V_0 \cap \cdots \cap V_n, \cdots$$

中也含有一条无限降链, 这与闭集族的降链条件矛盾.

$\Longleftarrow$ 设 X 不是 Noether 空间,

$$V_0,\ V_1, \cdots,\ V_n, \cdots$$

是 X 的闭子集族的严格降链. 令 $V = \bigcap_{n\in\mathbb{N}} V_n, O = X\backslash V, O_n = X\backslash V_n$, 则 $\{O_n | n \in \mathbb{N}\}$ 是 O 的一个开覆盖, 但没有有限子覆盖. ■

引理 5.5.24. X 是 Noether 空间当且仅当 X 的每个子空间都是 Noether 空间.

证明: 设 Y 是 X 的一个子空间, $Y_0 \supsetneq Y_1 \supsetneq Y_2 \supsetneq \cdots$ 是 Y 中的一族闭集, 则存在 X 的一族闭子集 $X_0, X_1, X_2, \cdots$ 使得 $Y_n = X_n \cap Y$. 令 $V_n = \bigcap_{i=0}^n X_i$, 则 $V_0, V_1, V_2, \cdots$ 是一条严格降链.

反之, X 的每个空间都是 Noether 空间, 则 X 本身也是 Noether 空间. ■

推论 5.5.25. 如果拓扑空间 X 是 Noether 空间, 则它的任何开子集和闭子集都是 Noether 空间.

5.5.3 交换环的谱

定义 5.5.26. 设 R 是一个交换环, 则称 $\mathrm{spec}(R) = \{\mathfrak{p} | \ \mathfrak{p}\text{是}R\text{的素理想}\}$ 为 R 的**谱**.

对 R 的子集 X, 规定 $\mathbb{V}_{\mathrm{spec}}(X) = \{\mathfrak{p} \in \mathrm{spec}(R) | X \subseteq \mathfrak{p}\}$. 如果 I 为 $X \subseteq R$ 生成的理想, 则显然有 $\mathbb{V}_{\mathrm{spec}}(X) = \mathbb{V}_{\mathrm{spec}}(I)$.

引理 5.5.27. 设 R 是一个交换环, $I \subseteq R$ 是一个理想, 则

$$\mathbb{V}_{\mathrm{spec}}(I) = \mathbb{V}_{\mathrm{spec}}(\sqrt{I}) \text{ 且 } \bigcap \mathbb{V}_{\mathrm{spec}}(I) = \sqrt{I}.$$

证明: 由引理5.5.10可得. ■

设 R 是一个交换环. 规定 $\{\mathbb{V}_{\mathrm{spec}}(X) | \ X \subseteq R\}$ 为 $\mathrm{spec}(R)$ 的闭子集族. 容易验证 $\mathrm{spec}(R)$ 是一个拓扑空间:

(i) $\emptyset = \mathbb{V}_{\mathrm{spec}}(R), \mathrm{spec}(R) = \mathbb{V}_{\mathrm{spec}}(0)$;

(ii) 对任意理想 $I, J \subseteq R$, 有

$$\mathbb{V}_{\text{spec}}(I) \cup \mathbb{V}_{\text{spec}}(J) = \mathbb{V}_{\text{spec}}(I \cap J) = \mathbb{V}_{\text{spec}}(IJ)\;;$$

(iii) 对 R 的任意一族理想 $\{J_s | s \in S\}$,

$$\bigcap_{s \in S} \mathbb{V}_{\text{spec}}(J_s) = \mathbb{V}_{\text{spec}}(\bigcup_{s \in S} J_s).$$

引理 5.5.28. 设 R 是一个交换环, $\mathfrak{p} \subseteq R$ 是一个素理想, 则 $\mathbb{V}_{\text{spec}}(\mathfrak{p})$ 是不可约的.

证明: 设存在理想 $I, J \subseteq R$ 使得

$$\mathbb{V}_{\text{spec}}(\mathfrak{p}) = \mathbb{V}_{\text{spec}}(I) \cup \mathbb{V}_{\text{spec}}(J) = \mathbb{V}_{\text{spec}}(IJ),$$

则 $IJ \subseteq \mathfrak{p}$, 从而有 $I \subseteq \mathfrak{p}$ 或者 $J \subseteq \mathfrak{p}$, 即 $\mathbb{V}_{\text{spec}}(\mathfrak{p}) \subseteq \mathbb{V}_{\text{spec}}(I)$ 或 $\mathbb{V}_{\text{spec}}(\mathfrak{p}) \subseteq \mathbb{V}_{\text{spec}}(J)$, 从而 $\mathbb{V}_{\text{spec}}(\mathfrak{p}) = \mathbb{V}_{\text{spec}}(I)$ 或 $\mathbb{V}_{\text{spec}}(\mathfrak{p}) = \mathbb{V}_{\text{spec}}(J)$. 故 $\mathbb{V}_{\text{spec}}(\mathfrak{p})$ 不可约. ■

引理 5.5.29. 设 R 是一个 Noether 环, 令 $\mathfrak{C}$ 为 $\text{spec}(R)$ 的闭集族, $\mathfrak{I}$ 为 R 的根理想族, 则映射

$$\varphi : \mathfrak{C} \to \mathfrak{I},\ V \mapsto \bigcap V$$

是双射.

证明: 对任意的 $I \in \mathfrak{I}$, 显然有 $\varphi(\mathbb{V}_{\text{spec}}(I)) = \sqrt{I} = I$, 从而 φ 是满射.

现在设 I, J 是 R 的两个理想, 根据引理5.5.14, I 和 J 分别有素因子 $\{\mathfrak{p}_1, \cdots, \mathfrak{p}_n\}$ 和 $\{\mathfrak{q}_1, \cdots, \mathfrak{q}_m\}$. 显然有

$$\mathbb{V}_{\text{spec}}(I) = \mathbb{V}_{\text{spec}}(\mathfrak{p}_1) \cup \cdots \cup \mathbb{V}_{\text{spec}}(\mathfrak{p}_n),$$

且

$$\mathbb{V}_{\text{spec}}(J) = \mathbb{V}_{\text{spec}}(\mathfrak{q}_1) \cup \cdots \cup \mathbb{V}_{\text{spec}}(\mathfrak{q}_m).$$

故当 $\mathbb{V}_{\text{spec}}(I) \neq \mathbb{V}_{\text{spec}}(J)$ 时, I 和 J 有不同的素因子, 从而 $\sqrt{I} \neq \sqrt{J}$, 故 φ 是单射. ■

引理 5.5.30. 设 R 是一个交换环, I 是 R 的理想. 如果 $\{\mathfrak{p}_1, \cdots, \mathfrak{p}_n\}$ 是 I 的素因子, 则

$$\mathbb{V}_{\text{spec}}(I) = \mathbb{V}_{\text{spec}}(\mathfrak{p}_1) \cup \cdots \cup \mathbb{V}_{\text{spec}}(\mathfrak{p}_n)$$

是 $\mathbb{V}_{\text{spec}}(I)$ 的一个不可约分解.

证明: 根据引理5.5.28, 每个 $\mathbb{V}_{\text{spec}}(\mathfrak{p}_i)$ 都不可约. 由于 $\mathbb{V}_{\text{spec}}(I) = \mathbb{V}_{\text{spec}}(\sqrt{I})$, 因此不妨设 I 是一个根理想, 从而有 $I = \bigcap_{i=1}^{m} \mathfrak{p}_i$. 显然

$$\mathbb{V}_{\text{spec}}(I) = \mathbb{V}_{\text{spec}}(\mathfrak{p}_1) \cup \cdots \cup \mathbb{V}_{\text{spec}}(\mathfrak{p}_n).$$

根据引理5.5.29, $\{\mathbb{V}_{\text{spec}}(\mathfrak{p}_1), \cdots, \mathbb{V}_{\text{spec}}(\mathfrak{p}_n)\}$ 恰好是 $\mathbb{V}_{\text{spec}}(I)$ 的全部不可约分支, 即以上分解是一个不可约分解. ■

推论 5.5.31. 设 R 是一个 Noether 环, I 是 R 的根理想, 则 I 是素理想当且仅当 $\mathbb{V}_{\text{spec}}(I)$ 不可约.

定理 5.5.32. 如果 R 是 Noether 环, 则 spec(R) 是 Noether 空间.

证明: 根据引理5.5.29, 若 spec(R) 中一个闭集的一条严格降链是 $\{\mathbb{V}_{\text{spec}}(I_t) \mid t \in T\}$, 其中 I_t 是理想, 则对应的根理想族 $\{\sqrt{I_t} \mid t \in T\}$ 是一条严格升链, 这与 R 的 Noether 性矛盾. ■

注意, 定理5.5.32的逆命题并不成立, 即存在非 Noether 环 R 使得 spec(R) 是 Noether 空间.

例 5.5.33. 考虑域 k 上有无限多个变元的多项式环 $R = k[X_1, X_2, X_3, \cdots]$. 令 I 为 $\{X_n^n \mid n \in \mathbb{N}\}$ 生成的理想, $\bar{R} = R/I$, $\bar{X}_i = X_i/I$, 则 $\bar{R} = k[\bar{X}_1, \bar{X}_2, \bar{X}_3, \cdots]$. 令 $\mathfrak{p} \subseteq \bar{R}$ 为 $\{\bar{X}_n \mid n \in \mathbb{N}^+\}$ 生成的理想. 显然 $\bar{R}/\mathfrak{p} \cong k$, 从而 $\mathfrak{p}$ 是一个极大理想. 另一方面, 每个 $\bar{X}_n$ 都是幂零的, 因此 $\mathfrak{p} \subseteq \sqrt{(0)}$. 根据引理 5.5.10, $\mathfrak{p}$ 是 $\bar{R}$ 中唯一的素理想, 故 $\mathrm{spec}(\bar{R}) = \{\mathfrak{p}\}$. 显然 $\mathrm{spec}(\bar{R})$ 是 Noether 空间. 另一方面,

$$(\bar{X}_1) \subsetneq (\bar{X}_1, \bar{X}_2) \subsetneq (\bar{X}_1, \bar{X}_2, \bar{X}_3) \subsetneq \cdots$$

显然是 $\bar{R}$ 中理想的一条严格升链, 从而 $\bar{R}$ 不是 Noether 环.

例 5.5.34. 设 k 是一个域, 则 $k[X]$ 是一个主理想整环, 故

$$\mathrm{spec}(k[X]) = \{(f) \mid f \in k[X]\text{不可约}\}.$$

设 K 是一个代数闭域且 $k \subseteq K$, 则根据推论 5.4.5, 映射

$$\varphi: p = \mathrm{tp}(a/k) \mapsto \begin{cases} (\mathrm{irr}(a,k)), & a\text{在}k\text{上代数}, \\ (0), & a\text{在}k\text{上超越} \end{cases}$$

是 $S_1(k)$ 到 $\mathrm{spec}(k[X])$ 的连续双射. 注意 φ 不是同胚, 这是因为若 $p \in S_1(k)$ 是超越的, 则 $\{p\}$ 的闭包是 $\{p\}$, 而 $\{(0)\}$ 的闭包是 $\mathrm{spec}(k[X])$.

5.6 Zariski 闭集与 Hilbert 零点定理

设 k 是一个域, $f \in k[X_1, \cdots, X_n]$, 则 $\mathbb{V}_k(f)$表示 f 在 k 中的零点集. 若 $P \subseteq k[X_1, \cdots, X_n]$, 则 $\mathbb{V}_k(P)$ 表示 P 在 k 中的公共零点集, 即 $\mathbb{V}_k(P) = \bigcap_{f \in P} \mathbb{V}_k(f)$. 当 P 是有限集 $\{f_1, \cdots, f_l\}$ 时, $\mathbb{V}_k(P)$ 也记作 $\mathbb{V}_k(f_1, \cdots, f_l)$. 显然, 如果 I 是 P 生成的理想, 则 $\mathbb{V}_k(P) = \mathbb{V}_k(I)$. 当 $P_1 \subseteq P_2 \subseteq k[X_1, \cdots, X_n]$ 时, 有 $\mathbb{V}_k(P_2) \subseteq \mathbb{V}_k(P_1)$. 对任意的 $f \in$

$k[X_1, \cdots, X_n]$ 及 $a \in k^n$, 有 $f(a) = 0$ 当且仅当 $f^n(0) = 0$, 故 $\mathbb{V}_k(I) = \mathbb{V}_k(\sqrt{I})$.

定义 5.6.1. 设 k 是一个域, 如果 $X \subseteq k^n$ 是有限多个 n-元多项式 $f_1, \cdots, f_l \in k[X_1, \cdots, X_n]$ 的公共零点集, 即 $X = \mathbb{V}_k(f_1, \cdots, f_l)$, 则称 X 是 k^n 的 **Zariski 闭子集**. Zariski 闭集的补集称为 **Zariski 开子集**. 显然, k^n 的 Zariski 闭子集关于有限交是封闭的.

引理 5.6.2. 设 k 是一个域, 则

(i) k^n 的 Zariski 闭子集关于任意交封闭.

(ii) 对任意理想 $I, J \subseteq k[X_1, \cdots, X_n]$, 有

$$\mathbb{V}_k(I) \cup \mathbb{V}_k(J) = \mathbb{V}_k(I \cap J) = \mathbb{V}_k(IJ).$$

特别地, k^n 的 Zariski 闭子集关于有限并封闭.

(iii) 对任意理想 $I, J \subseteq k[X_1, \cdots, X_n]$, 有

$$\mathbb{V}_k(I) \cap \mathbb{V}_k(J) = \mathbb{V}_k(I \cup J) = \mathbb{V}_k(I + J).$$

证明: **(i)** 只需证明对任意的 $P \subseteq k[X_1, \cdots, X_n]$, $\mathbb{V}_k(P)$ 都是 Zariski 闭集. 令 I 是 P 生成的理想, 则 $\mathbb{V}_k(I) = \mathbb{V}_k(P)$. 根据 Hilbert 基定理, I 是有限生成的. 设 $I = (g_1, \cdots, g_m)$, 则 $\mathbb{V}_k(P) = \mathbb{V}_k(g_1, \cdots, g_m)$. 故 $\mathbb{V}_k(P)$ 是 Zariski 闭集.

(ii) 设 $I, J \subseteq k[X_1, \cdots, X_n]$ 是理想. 显然,

$$\mathbb{V}_k(I), \mathbb{V}_k(J) \subseteq \mathbb{V}_k(I \cap J) \subseteq \mathbb{V}_k(IJ),$$

故

$$\mathbb{V}_k(I) \cup \mathbb{V}_k(J) \subseteq \mathbb{V}_k(I \cap J) \subseteq \mathbb{V}_k(IJ).$$

接下来只需证明 $\mathbb{V}_k(IJ) \subseteq \mathbb{V}_k(I) \cup \mathbb{V}_k(J)$. 若 $a \in \mathbb{V}_k(IJ)$ 且 $a \notin \mathbb{V}_k(I)$, 则存在 $f \in I$ 使得 $f(a) \neq 0$. 现在, 对任意的 $g \in J$, 有 $fg \in IJ$, 故 $f(a)g(a) = (fg)(a) = 0$, 从而 $g(a) = 0$, 即 $a \in \mathbb{V}_k(J)$. 这就证明了 $\mathbb{V}_k(IJ) \subseteq \mathbb{V}_k(I) \cup \mathbb{V}_k(J)$.

(iii) 显然 $\mathbb{V}_k(I+J) \subseteq \mathbb{V}_k(I), \mathbb{V}_k(J)$, 故 $\mathbb{V}_k(I+J) \subseteq \mathbb{V}_k(I) \cap \mathbb{V}_k(J)$. 另一方面, 设 $a \in \mathbb{V}_k(I) \cap \mathbb{V}_k(J)$, 则对任意的 $f \in I$ 以及 $g \in J$ 有 $(f+g)(a) = f(a) + g(a) = 0$. 故 $\mathbb{V}_k(I) \cap \mathbb{V}_k(J) \subseteq \mathbb{V}_k(I+J)$. ■

注 5.6.3. **(i)** 引理 5.6.2(**i**) 和 (**ii**) 表明 k^n 的 Zariski 闭子集族定义了 k^n 上的一个拓扑, 称为 **Zariski 拓扑**.

(ii) 引理 5.6.2(**ii**) 的证明不能推广到 Zariski 闭集的"一般并".

(iii) 引理 5.6.2(**iii**) 表明 k^n 的 Zariski 闭子集族具有**降链条件**, 即不存在严格的无限降链

$$V_1 \supsetneq V_2 \supsetneq V_3 \supsetneq \cdots$$

使得每个 $V_i \subseteq k^n$ 都是 Zariski 闭集. 故 k^n 在 Zariski 拓扑下是一个 Noether 空间.

注 5.6.4. 在第 5.5.3 小节中, 我们引入了交换环的谱. 设 k 是一个域, 令 $R = k[X_1, \cdots, X_n]$, 则 k^n 到 $\mathrm{spec}(R)$ 有一个自然映射

$$\eta : k^n \to \mathrm{spec}(R),\ a \mapsto \mathfrak{m}_a = \{f \in R |\ f(a) = 0\}.$$

显然每个 $\mathfrak{m}_a$ 都是 R 的极大理想. 对每个理想 $I \subseteq R$,

$$\eta^{-1}(\mathbb{V}_{\mathrm{spec}}(I)) = \{a \in k^n |\ I \subseteq \mathfrak{m}_a\} = \mathbb{V}_k(I).$$

故 $\eta : k^n \to \mathrm{spec}(k[X_1, \cdots, X_n])$ 是一个连续单射(嵌入).

根据引理5.5.22和引理5.5.23, 有下述推论.

推论 5.6.5. 设 k 是一个域, $V \subseteq k^n$ 是 Zariski 闭集, 则

(i) V 是有限多个不可约 Zariski 闭集之并;

(ii) V 是紧的.

从现在开始, 我们固定 K 为一个代数闭域. 设 $I \subseteq K[X_1, \cdots, X_n]$ 是一个理想, 将 $\mathbb{V}_K(I)$ 简记作 $\mathbb{V}(I)$. 设 $X \subseteq K^n$, 则 $\mathbb{I}(X)$ 表示在 X 上取值为零的多项式的集合, 即

$$\mathbb{I}(X) = \{f \in K[X_1, \cdots, X_n] | f(X) = 0\}.$$

显然, $\mathbb{I}(X)$ 是 $K[X_1, \cdots, X_n]$ 的一个理想.

定理 5.6.6 (Hilbert 零点定理). 设 $J \subseteq K[X_1, \cdots, X_n]$ 是一个理想, 则 $\mathbb{I}(\mathbb{V}(J)) = \sqrt{J}$.

证明: 若 $f \in \sqrt{J}$, 设 $f^n \in J$, 则对任意的 $a \in \mathbb{V}(J)$, $f^n(a) = (f(a))^n = 0$, 从而 $f(a) = 0$, 即 $\sqrt{J} \subseteq \mathbb{I}(\mathbb{V}(J))$.

另一方面, 设 $f \in \mathbb{I}(\mathbb{V}(J))$. 不妨设

$$J = (g_1, \cdots, g_k), g_i \in K[X_1, \cdots, X_n],$$

则 $\mathbb{V}(J) = \mathbb{V}(g_1, \cdots, g_k)$. 若 $f \notin \sqrt{J}$, 根据引理5.5.10, 存在一个素理想 $\mathfrak{p} \supseteq J$ 使得 $f \notin \mathfrak{p}$. 现在 $R = K[X_1, \cdots, X_n]/\mathfrak{p}$ 是一个整环. 显然, $a \mapsto a/\mathfrak{p}$ 是 K 到 R 的一个嵌入, 即 K 可看作 R 的一个子域, 从而 K 上的多项式也可视作 R 上的多项式. 令

$$a_1 = (X_1/\mathfrak{p}), \cdots, a_n = (X_n/\mathfrak{p}).$$

由于 $f \notin \mathfrak{p}$, 故

$$f(a_1, \cdots, a_n) = f(X_1, \cdots, X_n)/\mathfrak{p} \neq 0_R \in R.$$

而每个 $g_i \in J \subseteq \mathfrak{p}$, 故

$$g_i(a_1, \cdots, a_n) = g_i(X_1, \cdots, X_n)/\mathfrak{p} = 0_R \in R.$$

令 $K^* \supseteq R$ 为代数闭域. 则

$$K^* \models (f(a_1, \cdots, a_n) \neq 0) \wedge \bigwedge_{i \leqslant k} (g_i(a_1, \cdots, a_n) = 0),$$

根据代数闭域的量词消去, 我们有 $K \prec K^*$, 从而存在 $b_1, \cdots, b_n \in K$ 使得

$$K \models (f(b_1, \cdots, b_n) \neq 0) \wedge \bigwedge_{i \leqslant k} (g_i(b_1, \cdots, b_n) = 0),$$

这与 $f \in \mathbb{I}(\mathbb{V}(J))$ 矛盾. ■

推论 5.6.7. 若 J 是 $K[X_1, \cdots, X_n]$ 的真理想, 则 $\mathbb{V}(J) \neq \emptyset$.

证明: 由 Hilbert 零点定理, $\sqrt{J} = \mathbb{I}(\mathbb{V}(J))$. 若 $J \neq K[X_1, \cdots, X_n]$, 则 $\sqrt{J} \neq K[X_1, \cdots, X_n]$. 反设 $\mathbb{V}(J) = \emptyset$, 则

$$\sqrt{J} = \mathbb{I}(\mathbb{V}(J)) = \mathbb{I}(\emptyset) = K[X_1, \cdots, X_n],$$

这是一个矛盾. ■

更一般地, 我们有下述推论.

推论 5.6.8. $K[X_1, \cdots, X_n]$ 中根理想的集合和 K^n 的 Zariski 闭子集之间有一个自然的双射: 若 $V \subseteq K^n$ 是 Zariski 闭子集, 则 $\mathbb{I}(V)$ 是根理想, 且 $\mathbb{V}(\mathbb{I}(V)) = V$. 反之, 若 J 是根理想, 则 $\mathbb{V}(J)$ 是 K^n 的 Zariski 闭子集, 且 $\mathbb{I}(\mathbb{V}(J)) = J$.

注 5.6.9. (i) 设 $\mathfrak{m}$ 是 $K[X_1, \cdots, X_n]$ 的一个极大理想. 根据 Hilbert 零点

定理, $\mathbb{V}(\mathfrak{m})$ 非空. 任取 $a \in \mathbb{V}(\mathfrak{m})$, 令

$$\mathfrak{m}_a = \{f \in K[X_1, \cdots, X_n] \mid f(a) = 0\},$$

则显然有 $\mathfrak{m} \subseteq \mathfrak{m}_a$, 从而有 $\mathfrak{m} = \mathfrak{m}_a$, 即 $\mathfrak{M} = \{\mathfrak{m}_a \mid a \in K^n\}$ 恰好为 $K[X_1, \cdots, X_n]$ 的所有极大理想.

(ii) 设 $I \subseteq K[X_1, \cdots, X_n]$ 是一个理想, 则

$$\mathbb{I}(\mathbb{V}(I)) = \sqrt{I} = \bigcap_{a \in \mathbb{V}(I)} \mathfrak{m}_a = \bigcap_{I \subseteq \mathfrak{m} \in \mathfrak{M}} \mathfrak{m}.$$

根据引理 5.5.27, $\bigcap \mathbb{V}_{\text{spec}}(I) = \sqrt{I}$. 故 Hilbert 零点定理可以表述为

$$\bigcap \{\mathfrak{m} \mid I \subseteq \mathfrak{m} \in \mathfrak{M}\} = \bigcap \mathbb{V}_{\text{spec}}(I),$$

即"包含 I 的极大理想之交" = "包含 I 的素理想之交".

推论 5.6.10. 设 $V_1, V_2 \subseteq K^n$ 是Zariski 闭集, 则 $\mathbb{I}(V_1 \cup V_2) = \mathbb{I}(V_1) \cap \mathbb{I}(V_2)$.

证明: 根据引理5.6.2和推论5.6.8,

$$\mathbb{V}(\mathbb{I}(V_1) \cap \mathbb{I}(V_2)) = \mathbb{V}(\mathbb{I}(V_1)) \cup \mathbb{V}(\mathbb{I}(V_2)) = V_1 \cup V_2,$$

故

$$\mathbb{I}(V_1 \cup V_2) = \mathbb{I}(\mathbb{V}(\mathbb{I}(V_1) \cap \mathbb{I}(V_2))) = \sqrt{\mathbb{I}(V_1) \cap \mathbb{I}(V_2)}.$$

由于 $\mathbb{I}(V_1), \mathbb{I}(V_2)$ 都是根理想, 根据推论5.5.11, $\sqrt{\mathbb{I}(V_1) \cap \mathbb{I}(V_2)} = \mathbb{I}(V_1) \cap \mathbb{I}(V_2)$. ∎

引理 5.6.11. 设 $V \subseteq K^n$ 是Zariski 闭集, 则 V 不可约当且仅当 $\mathbb{I}(V)$ 是素理想.

证明: 显然, $\mathbb{I}(V)$ 是一个根理想. 根据引理5.5.10, $\mathbb{I}(V)$ 是包含 $\mathbb{I}(V)$ 的素理想之交. 而 $K[X_1,\cdots,X_n]$ 是 Noether 环, 从而 $\mathbb{I}(V)$ 是有限多个素理想 $\mathfrak{p}_1,\cdots,\mathfrak{p}_l$ 之交, 假设这里的 l 是满足条件的最小整数, 即对每个 $1\leqslant i\leqslant l$, $\mathbb{I}(V)$ 都是 $\bigcap_{j\neq i}\mathfrak{p}_j$ 的真子集. 根据引理5.6.2, $V=\bigcup_{1\leqslant i\leqslant l}\mathbb{V}(\mathfrak{p}_i)$. 若 $\mathbb{I}(V)$ 不是素理想, 则 $l\geqslant 2$, 从而 V 不是不可约的.

反之, 若 $V=V_1\cup V_2$, 其中 V_1,V_2 都是 V 的真 Zariski 闭子集, 则根据推论5.6.10,

$$\mathbb{I}(V)=\mathbb{I}(V_1)\cap\mathbb{I}(V_2)\text{ 且 }\mathbb{I}(V_1)\not\subseteq\mathbb{I}(V_2),\ \mathbb{I}(V_2)\not\subseteq\mathbb{I}(V_1).$$

任取 $a\in\mathbb{I}(V_1)\backslash\mathbb{I}(V_2)$, $b\in\mathbb{I}(V_2)\backslash\mathbb{I}(V_1)$, 则 $ab\in\mathbb{I}(V_1)\cap\mathbb{I}(V_2)$, 而 $a,b\notin\mathbb{I}(V_1)\cap\mathbb{I}(V_2)$, 即 $\mathbb{I}(V)$ 不是素理想. ■

引理 5.6.12. 设 $I\subseteq K[X_1,\cdots,X_n]$ 是理想, 则 I 准素素理想的当且仅当 $\mathbb{V}(I)$ 是不可约的.

证明: 设 $\sqrt{I}=J_1\cap\cdots\cap J_m$ 是 $\sqrt{I}$ 的准素分解, 则

$$\mathbb{V}(I)=\mathbb{V}(J_1)\cup\cdots\cup\mathbb{V}(J_m),$$

其中 $\{J_1,\cdots,J_m\}$ 是互不相同的素理想, 根据推论5.6.8和引理5.6.11, $\{\mathbb{V}(J_1),\cdots,\mathbb{V}(J_m)\}$ 是互不相同的不可约闭集. 故 I 准素当且仅当 $m=1$ 当且仅当 $\mathbb{V}(I)$ 不可约. ■

5.7 Zariski 闭集的可定义性

本节假设 K 是一个充分饱和的代数闭域, k 是 K 的一个子域且 $|k| < |K|$.

定义 5.7.1. 设 $V \subseteq K^n$ 是一个Zariski 闭集. 称 V(在域论的意义下) 定义在 k 上是指 $\mathbb{I}(V)$ 由 $k[X_1, \cdots, X_n]$ 中的多项式生成.

注 5.7.2. Zariski 闭集 V 作为可定义集定义在 k 上是指存在一个参数来自 k 的公式 $\phi(x)$ 使得 $V = \phi(K^n)$, 这里的 ϕ 不必是多项式方程组的合取.

显然对任意的 $n \in \mathbb{N}$, $(K^n, +)$ 是一个 K-向量空间. 若 W 是 K^n 的子空间, 则 W 是可定义的. 事实上, 任取 W 的一组基 $e_1, \cdots, e_m$, 则对任意的 $a \in K^n$, 有

$$a \in W \iff \exists x_1 \cdots \exists x_m (a = \sum_{i=1}^{m} x_i e_i).$$

此时 W 定义在 $\{e_1, \cdots, e_m\} \subseteq K^n$ 上.

引理 5.7.3. 设 W 是向量空间 K^n 的一个子空间. 如果 W 是 k-可定义的, 则 W 有一组来自 k^n 的线性基.

证明: 设 W 的维数为 $m \leqslant n$. 对 $\{1, \cdots, n\}$ 的子集 D, 令坐标投射函数 $\pi_D : K^n \to K^m$ 为 $\pi_D(x_1, \cdots, x_n) = (x_i)_{i \in D}$. 显然 π_D 是 $\emptyset$-可定义的. 现在取适当 $D \subseteq \{1, \cdots, n\}$ 使得 $\pi_D \restriction_W : W \to K^m$ 是线性同构. 由于 W 是 k-可定义的, 故 $\pi_D^{-1} : K^m \to W$ 也是 k-可定义的. 令

$$e_1 = (1, 0, \cdots, 0), e_2 = (0, 1, 0, \cdots, 0), \cdots, e_m = (0, \cdots, 0, 1).$$

显然 $e_1, \cdots, e_m \in k^m$ 是 K^m 的一组基. 则 $\pi_D^{-1}(e_1), \cdots, \pi_D^{-1}(e_m) \in k^n$ 是 W 的一组基. ■

引理 5.7.4. 设 $V \subseteq K^n$ 是一个Zariski 闭集, 如果 V 是 k-可定义的, 则 $\mathbb{I}(V)$ 由 $k[X_1, \cdots, X_n]$ 中的多项式生成, 即 V(在域论的意义下) 定义在 k 上.

证明: 设 $X = (X_1, \cdots, X_n)$. 对每个 $d \in \mathbb{N}$, 令 $K[X]_d$ 为 $K[X]$ 中次数不超过 d 的多项式. 则 $K[X]_d$ 中的单项式只有有限多个, 设它们为 $\{Y_1, \cdots, Y_n\}$. 则 $K[X]_d$ 是 K 上的 n-维向量空间, 且

$$f : K[X]_d \to K^n, \ \sum_{i=1}^{n} c_i Y_i \mapsto (c_1, \cdots, c_n)$$

是线性同构. 令 $\mathbb{I}_d(V) = \mathbb{I}(V) \cap K[X]_d$. 则 $\mathbb{I}_d(V)$ 是 $K[X]_d$ 的子空间, 从而 $W = f(\mathbb{I}_d(V))$ 是 K^n 的子空间.

由于 V 是 k-可定义的, 故 $\mathbb{I}(V)$ 是 $\mathrm{Aut}(K/k)$ 不变的 (将 K 上的自同构自然延拓到 $K[X]$ 上), 从而 $\mathbb{I}_d(V)$ 也是 $\mathrm{Aut}(K/k)$ 不变的. 这表明 W 也是 $\mathrm{Aut}(K/k)$ 不变的. 根据引理5.7.3, W 有一组来自 k^n 的基, 而这蕴含着 $\mathbb{I}(V)_d$ 中的多项式都是 $k[X]$ 中的多项式的 K-线性组合. 由 $d \in \mathbb{N}$ 的任意性可知, $\mathbb{I}(V)$ 中的多项式都可以表示为 $k[X]$ 中一组多项式的 K-线性组合, 因此 $\mathbb{I}(V)$ 由 $k[X] \cap \mathbb{I}(V)$ 中的多项式生成. ■

以上两个引理的证明的思路来自 [6].

定理 5.7.5. 设 $V \subseteq K^n$ 是Zariski 闭集, 则 V 是 k-可定义的当且仅当 V 在域论的意义下定义在 k 上.

证明: 如果 V 在域论的意义下定义在 k 上, 则显然 V 是模型论意义下 k-可定义的.

反之, 如果 V 是模型论意义下 k-可定义的, 则根据引理5.7.4, V 在域论的意义下定义在 k 上. ■

注 5.7.6. 根据推论 5.4.4, V 有一个典范参数 $b \in K^m$. 令 k 为 b 生成的子域, 则根据引理 5.7.4, V 在域论的意义下定义在 k 上, 并且对任意 K 的自同构, 有 $\sigma(V) = V$ 当且仅当 $\sigma \in \mathrm{Aut}(K/k)$.

引理 5.7.7. 设 k 是 K 的完美子域, 则 $\mathrm{dcl}(k) = k$.

证明: 设 $a \in \mathrm{dcl}(k)$, 则 $\mathrm{tp}(a/k)$ 是代数型. 根据推论5.4.5, $\mathrm{tp}(a/k)$ 被 a 在 k 上的极小多项式 $d(x) = \mathrm{irr}(a, k)$ 决定, 即 $(d(x) = 0) \vDash \mathrm{tp}(a/k)$. 如果 $a \notin k$, 则 $d(x)$ 的次数 $\geqslant 2$. 由于 $d(x)$ 没有重根, 故 $d(x)$ 还有一个根 $a' \neq a$. 现在 $\mathrm{tp}(a/k) = \mathrm{tp}(a'/k)$, 故存在一个固定 k 的自同构 σ 使得 $\sigma(a) = a'$, 这与 $a \in \mathrm{dcl}(k)$ 矛盾. ■

由于 Fr 是单射, 故 $\mathrm{Fr}^{-n}(k) \subseteq \mathrm{dcl}(k)$, 从而 $k^{\mathrm{ins}} \subseteq \mathrm{dcl}(k)$. 因此有下述推论.

推论 5.7.8. $\mathrm{dcl}(k) = k^{\mathrm{ins}}$.

一个直接的推论是:

推论 5.7.9. 设 $V \subseteq K^n$ 是Zariski 闭集, 则 V 在域论的意义下定义在 k 上当且仅当 V 在域论的意义下定义在 k^{ins} 上.

定义 5.7.10. 设 V 是 K^n 的Zariski 闭子集.

(i) 称 V 是k-**闭的**, 是指 V 恰好是 k 上一组多项式的零点;

(ii) 称 V 是k-**不可约的**, 是指 V 不是两个真 k-闭子集的并.

记号: 设 $V \subseteq K^n$ 是 k-闭集, 则 $\mathbb{I}_k(V) = \mathbb{I}(V) \cap k[X_1, \cdots, X_n]$.

注 5.7.11. 设 $V \subseteq K^n$ 是一个Zariski 闭集.

(i) V 是 k-闭的当且仅当 $\mathbb{I}(V)$ 是由 $\mathbb{I}_k(V)$ 生成的, 且 $\mathbb{I}_k(V)$ 是一个根理想.

(ii) K^n 的 k-闭子集与 $k[X_1, \cdots, X_n]$ 的根理想一一对应.

(iii) 根据定理 5.7.5, V 是 k-闭的当且仅当它是 k-可定义的.

(iv) K^n 的所有 k-闭集对应的拓扑也使得 K^n 成为 Noether 空间, 故每个 k-闭集 V 可以唯一地表示为有限多个 k-不可约闭集的并, 称这些 k-不可约闭集为 V 的 k-不可约分支.

(v) V 不可约当且仅当 V 是 K-不可约的. 根据量词消去, 当 k 是代数闭域且 V 定义在 k 上时, V 不可约当且仅当 V 是 k-不可约的.

引理 5.7.12. 设 $V \subseteq K^n$ 是一个Zariski 闭集, k 是一个子域, 且 V 是 k-闭的, 则 V 是 k-不可约的当且仅当 $\mathbb{I}_k(V)$ 在 $k[X_1, \cdots, X_n]$ 中是素理想.

证明: 设 $\mathbb{I}_k(V)$ 不是素理想, 则存在 $f, g \in k[X_1, \cdots, X_n]$ 使得 $fg \in \mathbb{I}_k(V)$ 且 $f, g \notin \mathbb{I}_k(V)$. 显然 $V \subseteq \mathbb{V}(fg) = \mathbb{V}(f) \cup \mathbb{V}(g)$. 故 $V = (V \cap \mathbb{V}(f)) \cup (V \cap \mathbb{V}(g))$. 由于 $f, g \notin \mathbb{I}_k(V)$, 故 $(V \cap \mathbb{V}(f))$ 和 $(V \cap \mathbb{V}(g))$ 均是 V 的真子集. 显然 $(V \cap \mathbb{V}(f))$ 和 $(V \cap \mathbb{V}(g))$ 均是 k-闭集, 因此 V 不是 k-不可约的.

另一方面, 设 $V_1, \cdots, V_m$ 是 V 的所有 k-不可约分支, 则根据推论5.6.10有

$$\mathbb{I}(V) = \mathbb{I}(V_1) \cap \cdots \cap \mathbb{I}(V_m),$$

从而

$$\mathbb{I}_k(V) = \mathbb{I}_k(V_1) \cap \cdots \cap \mathbb{I}_k(V_m)$$

上一段论述表明 $\{\mathbb{I}_k(V_i) \mid i = 1, \cdots, m\}$ 恰好是 $\mathbb{I}_k(V)$ 的素因子. 故当 V 有多个 k-不可约分支时, $\mathbb{I}_k(V)$ 不是素理想. ■

5.8 Zariski 集的维数

在没有特殊说明的情况下, 本节总是假设 K 是充分饱和的代数闭域, k 是 K 的完美子域且 $|k| < |K|$.

引理 5.8.1. 设 $\bar{b} = (b_1, \cdots, b_m) \in K^m$ 使得

$$\dim(b_1, \cdots, b_s/k) = \dim(b_1, \cdots, b_m/k) = s,$$

则存在多项式 $\{P_1, \cdots, P_{m-s}\} \subseteq k[X_1, \cdots, X_m]$, 使得对每个满足以下条件的 $\bar{c} \in K^m$:

(i) $\dim(c_1, \cdots, c_s/k) = s$;

(ii) $P_1(\bar{c}) = \cdots = P_{m-s}(\bar{c}) = 0$,

都有 $\text{tp}(\bar{c}/k) = \text{tp}(\bar{b}/k)$.

证明: 每个 $0 \leqslant i < m - s$, 令 $k(b_1, \cdots, b_{s+i})$ 为 $k \cup \{b_1, \cdots, b_{s+i}\}$ 生成的子域. 由于

$$\dim(b_1, \cdots, b_s/k) = \dim(b_1, \cdots, b_m/k) = s,$$

故对每个 $0 \leqslant i < m - s$, 有 $b_{s+i+1} \in \text{acl}(k, b_1, \cdots, b_s)$, 因此存在多项式

$$P_i(X_1, \cdots, X_{s+i}, X_{s+i+1}) \in k[X_1, \cdots, X_{s+i}, X_{s+i+1}]$$

使得 $P_i(b_1, \cdots, b_{s+i}, X_{s+i+1})$ 是 b_{s+i+1} 在 $k(b_1, \cdots, b_{s+i})$ 上的极小多项式. 令 $\bar{c} \in K^m$ 满足 $\dim(c_1, \cdots, c_s/k) = s$ 且

$$P_1(\bar{c}) = \cdots = P_{m-s}(\bar{c}) = 0.$$

对 n 归纳证明:

$$\mathrm{tp}(b_1,\cdots,b_{s+n}/k)=\mathrm{tp}(c_1,\cdots,c_{s+n}/k). \tag{5.2}$$

根据推论2.2.13, 当 $n=0$ 时 (5.2) 成立. 现在假设 $n=i$ 时 (5.2) 成立, 则存在 $\sigma\in\mathrm{Aut}(K/k)$ 使得 $\sigma(b_1,\cdots,b_{s+i})=(c_1,\cdots,c_{s+i})$. 显然

$$\sigma(P_{i+1}(b_1,\cdots,b_{s+i},b_{s+i+1}))=P_{i+1}(c_1,\cdots,c_{s+i},\sigma(b_{s+i+1}))=0,$$

且 $P_{i+1}(c_1,\cdots,c_{s+i},X_{s+i+1})$ 是 $k(c_1,\cdots,c_{s+i})$ 上的不可约多项式. 根据推论5.4.5,

$$\mathrm{tp}(c_{s+i+1}/k(c_1,\cdots,c_{s+i}))=\mathrm{tp}(\sigma(b_{s+i+1})/k(c_1,\cdots,c_{s+i})),$$

因此有

$$\mathrm{tp}(c_1,\cdots,c_{s+i+1}/k)=\mathrm{tp}(\sigma(b_1),\cdots,\sigma(b_{s+i+1})/k)=\mathrm{tp}(b_1,\cdots,b_{s+i+1}/k).$$

引理得证. ■

注 5.8.2. 根据引理 3.2.22, 代数闭域中的Morley 秩 “MR(−)” 和维数 “dim(−)” 是同一个函数.

回忆: 对 K^n 是 A-可定义子集 X, $S_X(A)$ 表示 A 上的所有包含 X 的型, 即 $p\in S_X(A)$ 当且仅当 $X\in p$.

引理 5.8.3. 设 $A\subseteq K$, $a\in K^m$, 则存在一个 A-可定义的Zariski 闭集 X 使得 $\mathrm{tp}(\bar{a}/A)$ 是 $S_X(A)$ 中唯一的泛型.

证明: 不妨把 A 替换为 A 所生成的子域 k, 这是因为 $\mathrm{MR}(a/k)=\mathrm{MR}(a/A)$ 且 $S_X(A)=S_X(k)$. 不妨假设

$$\dim(a_1,\cdots,a_s/k)=\dim(a_1,\cdots,a_m/k)=s.$$

令 $P_1, \cdots, P_{m-s}$ 如引理5.8.1所述,

$$X = \{b \in K^m | \, P_1(b) = \cdots = P_{m-s}(b) = 0\}.$$

显然 $a \in X$, 故 $\mathrm{tp}(a/k) \in S_X(k)$. 显然 $\mathrm{MR}(\mathrm{tp}(a/k)) \leqslant \mathrm{MR}(X)$. 另一方面, 每个 $b \in X$ 都满足 $b_{s+i+1} \in \mathrm{acl}(k, b_1, \cdots, b_{s+i})$, 其中 $0 \leqslant i < m-s$, 故 $\dim(b/k) \leqslant s$, 并且 $\dim(b/k) \geqslant s$ 当且仅当 $\dim(b_1, \cdots, b_s/k) = s$ 从而有 $\mathrm{MR}(X) = \max\{\dim(b/k) | \, b \in X\} = s$, 且 $\mathrm{tp}(c/k) \in S_X(k)$ 是泛型当且仅当 $\dim(c_1, \cdots, c_s/k) = s$. 根据引理5.8.1, $\mathrm{tp}(c/k) = \mathrm{tp}(a/k)$, 即 $\mathrm{tp}(a/k)$ 是 $S_X(A)$ 中唯一的泛型. ■

引理 5.8.4. 设 $V \subseteq K^n$ 是 k-闭的, 且是 k-不可约的, 则 $S_V(k)$ 中只有一个泛型 p, 且它满足如下性质: 对每个 k-闭集 $\phi(K)$, 有 $\phi(x) \in p$ 当且仅当 $V \subseteq \phi(K)$.

证明: 根据引理5.8.3, 对每个 $q \in S_V(k)$, 存在 k-闭集 V_q 使得 q 是 $S_{V_q}(k)$ 中唯一的泛型. 不妨假设每个 $V_q \subseteq V$. 显然 $V = \bigcup_{q \in S_V(k)} V_q$. 注意到 $|S_V(k)| = |k| < |K|$, 根据紧致性, 存在 $q_1, \cdots, q_t$ 使得 $V = V_{q_1} \cup \cdots \cup V_{q_t}$. 由于 V 是 k-不可约的, 故存在 $p \in S_V(k)$ 使得 $V = V_p$. 根据 V_p 的定义, p 是 $S_{V_p}(k) = S_V(k)$ 中唯一的泛型.

另一方面, 令 $\Sigma(x) = \{\neg\psi(x) | \, \psi(K)$是 k-闭集, 且 $\psi(K) \subsetneq V\}$, 设 $\phi_V(x)$ 是定义 V 的公式. 由于 V 是 k-不可约的, 故 $\Sigma(x) \cup \{\phi_V(x)\}$ 是一致的. 因此存在一个完全型 $r \in S_V(k)$ 使得对每个 k-闭集 $\psi(K)$, 都有 $\psi(x) \in r$ 当且仅当 $V \subseteq \psi(K)$. 取 V_r 如上, 则 r 是 $S_{V_r}(k)$ 中唯一的泛型. 现在 $V \subseteq V_r$, 故 $\mathrm{MR}(V) \leqslant \mathrm{MR}(V_r) = \mathrm{MR}(r) \leqslant \mathrm{MR}(V)$, 因此 p 也是 V_r 中的泛型, 从而 $r = p$. 显然, V 是 r 中公式能定义的最小的 k-闭集, 故引理得证. ■

推论 5.8.5. 设 $p \in S_n(k)$, 令 V_p 是 p 中公式定义的最小的 k-闭集, 则

(i) p 是 $S_{V_p}(k)$ 中唯一的泛型. 特别地, $\mathrm{MR}(p) = \mathrm{MR}(V_p)$.

(ii) V_p 是 k-不可约闭集.

证明: 根据引理5.8.3,存在定义在 k 上的闭集 X 使得 p 是 $S_X(k)$ 中唯一的泛型. 存在一组 k-不可约闭集 $V_1, \cdots, V_m$ 使得 $X = V_1 \cup \cdots \cup V_m$. 显然 p 属于某个 $S_{V_{i_0}}(k)$. 根据引理5.8.4, $V_{i_0} = V_p$ 是 p 中最小的 k-闭集. ■

注 5.8.6. 引理 5.8.4 和推论 5.8.5 表明: 每个 $p \in S_n(k)$ 对应一个 k-不可约闭集 $f(p) = V_p \subseteq K^n$; 反之, 每个 k-不可约闭集 $V \subseteq K^n$ 对应一个 $h(V) = q_V \in S_n(k)$, 且 $h(f(p)) = p$, $f(h(V)) = V$. 显然, 对任意的 $\sigma \in \mathrm{Aut}(K)$, 有 $\sigma(p) = p$ 当且仅当 $\sigma(V_p) = V_p$, 故 V_p 的典范参数就是 p 的典范参数. 因此 $S_n(k)$ 中的每个型都在 K 中有典范参数.

根据引理5.7.12和推论5.8.5可得下述推论.

推论 5.8.7. 对任意的 $p \in S_n(k)$, 有 $\mathbb{I}_k(V_p) \in \mathrm{spec}(k[X_1, \cdots, X_n])$.

注 5.8.8. 推论 5.8.5 和推论 5.8.7 表明, 映射

$$\eta: S_n(k) \to \mathrm{spec}(k[X_1, \cdots, X_n]),\ p \mapsto \mathbb{I}_k(V_p)$$

是一个双射. 该映射是连续的, 但不是同胚的. 更一般地, 设 V^* 是 k-不可约的 k-闭集, 则

$$\eta_{V^*}: S_{V^*}(k) \to \mathrm{spec}(k[X_1, \cdots, X_n]/\mathbb{I}_k(V^*)),$$
$$p \mapsto \mathbb{I}_k(V_p)/\mathbb{I}_k(V^*)$$

也是一个连续的双射.

推论 5.8.9. 设 $V \subseteq K^n$ 是 k-不可约的闭集, p是$S_V(k)$ 中唯一的泛型, 则对 V 的每个 k-可定义的非空开子集 O, p 都含有公式 "$x \in O$". 特别地, $\mathrm{MR}(O) = \mathrm{MR}(V)$ 且 $\mathrm{MR}(V \backslash O) < \mathrm{MR}(V)$.

设 $X \subseteq K^n$,则将 X 在 Zariski 拓扑下的闭包称为 X 的 **Zariski 闭包**, 即包含 X 的最小的 Zariski 闭集, 记作 $\mathrm{cl}_{\mathrm{Zari}}(X)$. 推论5.8.9表明, 如果 V 是 k-不可约的, O 是 V 的 k-可定义的非空开子集, 则 $\mathrm{cl}_{\mathrm{Zari}}(O) = V$ 且 $\mathrm{MR}(\mathrm{cl}_{\mathrm{Zari}}(O) \setminus O) < \mathrm{MR}(O)$.

对任意 k-可定义的开集 O, $\mathrm{cl}_{\mathrm{Zari}}(O)$ 也是 k-可定义的, 因此是有限多个不可约 k-闭集 $V_1, \cdots, V_l$ 的并. 显然 $\mathrm{cl}_{\mathrm{Zari}}(O) = \mathrm{cl}_{\mathrm{Zari}}(O \cap V_1) \cup \cdots \cup \mathrm{cl}_{\mathrm{Zari}}(O \cap V_l)$, 故 $\mathrm{MR}(\mathrm{cl}_{\mathrm{Zari}}(O) \setminus O) < \mathrm{MR}(O)$.

注 5.8.10. (i) 由于 Zariski 闭集族满足降链条件, 故任意 $X \subseteq K^n$ 的 Zariski 闭包都是可定义的;

(ii) 若 $X \subseteq k^n$, 则 $\mathrm{cl}_{\mathrm{Zari}}(X)$ 在 $\mathrm{Aut}(K/k)$ 下是不变的, 故 $\mathrm{cl}_{\mathrm{Zari}}(X)$ 是 k-闭集.

推论 5.8.11. 如果 $X \subseteq K^n$ 是可定义集合, 则 $\mathrm{MR}(\mathrm{cl}_{\mathrm{Zari}}(X)) = \mathrm{MR}(X)$ 且 $\mathrm{MR}(\mathrm{cl}_{\mathrm{Zari}}(X) \setminus X) < \mathrm{MR}(X)$.

证明: 则根据量词消去, X 是 Zariski 闭集的有限 Boole 组合, 因此形如

$$(O_1 \cap V_1) \cup \cdots \cup (O_l \cap V_l),$$

其中每个 O_i 是 Zariski 开集, 每个 V_i 是 Zariski 闭集. 以上分析表明对每个 $i \leqslant l$, 都有 $\mathrm{MR}(\mathrm{cl}_{\mathrm{Zari}}(O_i \cap V_i)) = \mathrm{MR}(O_i \cap V_i)$ 且

$$\mathrm{MR}(\mathrm{cl}_{\mathrm{Zari}}(O_i \cap V_i) \setminus O_i \cap V_i) < \mathrm{MR}(O_i \cap V_i),$$

故 $\mathrm{MR}(\mathrm{cl}_{\mathrm{Zari}}(X)) = \mathrm{MR}(X)$ 且 $\mathrm{MR}(\mathrm{cl}_{\mathrm{Zari}}(X) \setminus X) < \mathrm{MR}(X)$. ■

推论 5.8.12. 设 V 是闭集, 若 V 是不可约的, 则 $\mathrm{Md}(V) = 1$.

证明: 根据引理3.2.12, $\mathrm{Md}(V)$= “$S_V(K)$ 中泛型的个数”. 根据引理5.8.4, 当 V 不可约时, $S_V(K)$ 中只有一个泛型, 故 $\mathrm{Md}(V) = 1$. ■

推论 5.8.13. 设 $p \in S_n(k)$, 令 V_p 是 p 中公式定义的最小的 k-闭集, 则 $\mathrm{Md}(p) = \mathrm{Md}(V_p)$.

证明: 只需证明 $\mathrm{Md}(p) \geqslant \mathrm{Md}(V_p)$. 设 $\mathrm{Md}(V_p) \geqslant n$, 则 $S_{V_p}(K)$ 中至少有 n 个泛型, 设为 $q_1, \cdots, q_n$. 由于 p 是 $S_{V_p}(k)$ 中唯一的泛型, 故 $q_1, \cdots, q_n$ 均是 p 的扩张, 这表明 p 中每个公式中均至少有 n 个泛型, 从而 $\mathrm{Md}(p) \geqslant n$. ■

推论 5.8.14. 设 V 是 k-不可约的 k-闭集, W 是 k-闭集. 若 W 是 V 的真子集, 则 $\mathrm{MR}(W) < \mathrm{MR}(V)$.

证明: 根据引理5.8.4, V 中只有一个 k 上的泛型 p 且 $W \notin p$. 若 $\mathrm{MR}(W) = \mathrm{MR}(V)$, 则 W 中的 k 上的泛型 q 也是 V 在 k 上的泛型, 从而 $p = q$. 这是一个矛盾. ■

引理 5.8.15. 若 $V \subseteq K^n$ 是不可约闭集, 则 $\mathrm{MR}(V) \geqslant m + 1$ 当且仅当 V 真包含一个不可约闭集 W, 满足 $\mathrm{MR}(W) \geqslant m$.

证明: 根据推论5.8.14, 右边显然蕴涵左边. 下面证明左边蕴涵右边. 设 $\mathrm{MR}(V) = m + 1$. 令 $p = \mathrm{tp}(a_1, \cdots, a_n/k)$ 是 V 中的泛型. 不妨假设 a_1 在 k 上代数无关, 则 $q = \mathrm{tp}(a_1, \cdots, a_n/k, a_1)$ 的 Morley 秩为 m. 设 $\phi(x) \in q$ 定义了 $\mathrm{dcl}(k, a_1)$-不可约闭集 V_q, 则 $\mathrm{MR}(V_q) = m$. 我们断言 $V_q \subseteq V$. 否则 $W = V_q \cap V$ 是 V_q 的真子集, 根据推论5.8.14, $\mathrm{MR}(W) < \mathrm{MR}(V_q)$. 而 $q \in S_W(k, a_1)$, 故

$$\mathrm{MR}(q) \leqslant \mathrm{MR}(W) < \mathrm{MR}(V_q) = \mathrm{MR}(q),$$

这是一个矛盾. 即 $V_q \subseteq V$ 且 $\mathrm{MR}(V_q) = m$. ■

引理 5.8.16. 设 V 是 k-不可约的 k-闭集, 则存在 k-共轭的不可约闭集 $V_1, \cdots, V_m$ 使得 $V = V_1 \cup \cdots \cup V_m$.

证明: 设 $V_1, \cdots, V_m$ 是 V 的全部不可约分支. 由于每个 $\sigma \in \mathrm{Aut}(K/k)$ 都固定 V, 从而置换 $\{V_1, \cdots, V_m\}$, 这表明每个 V_i 的 k-共轭只有有限多个. 令 W_i 是 V_i 的全体 k-共轭之并, 则 W_i 是 $\mathrm{Aut}(K/k)$-不变的, 从而定义在 k 上. 现在 $V = W_1 \cup \cdots \cup W_m$. 由于 V 是 k-不可约的, 故 $W_1 = \cdots = W_m$, 即 $V_1, \cdots, V_m$ 相互 k-共轭. ■

引理 5.8.17. 设 $p \in S_n(k)$, $\mathrm{Md}(p) = d$, 则 V_p 是 d 个相互 k-共轭的不可约闭集 $V_1, \cdots, V_d$ 之并. 特别地, V_p 不可约当且仅当 $\mathrm{Md}(V_p) = 1$.

证明: 根据推论5.8.5, V_p 是 k-不可约闭集, 从而根据引理5.8.16, V_p 是一组相互 k-共轭的不可约闭集 $V_1, \cdots, V_m$ 之并. 显然

$$\mathrm{MR}(V_1) = \cdots = \mathrm{MR}(V_m) = \mathrm{MR}(V_p).$$

根据引理5.8.4, 每个 V_i 在 K 上仅有一个泛型 q_i 且它们互不相同. 显然, $q_1, \cdots, q_m$ 恰好是 V_p 在 K 上全部的泛型, 从而 $\mathrm{Md}(V_p) = m$. 然而, 根据推论5.8.13, $\mathrm{Md}(V_p) = d$, 故 $d = m$.

显然, 以上论证表明 $\mathrm{Md}(V_p) = 1$ 蕴涵 V_p 不可约. 另一方面, 推论5.8.12表明 V_p 不可约蕴涵 $\mathrm{Md}(V_p) = 1$. ■

由推论5.8.12和引理5.8.17可得下述推论.

推论 5.8.18. 设 V 是闭集, 则 V 不可约当且仅当 $\mathrm{Md}(V) = 1$.

引理 5.8.19. 设 $a \in K^m$, $\mathrm{Md}(a/k) = d$, $b \in \mathrm{dcl}(k, a)$, 则 $\mathrm{Md}(b/k) \leqslant d$.

证明: 设 $b = f(a)$, 其中 f 是 k-可定义函数. 设 $\mathrm{Md}(b/k) = t$, 则存在 $c_1, \cdots, c_t \in K^{|b|}$ 使得 $\mathrm{tp}(c_1/k^{\mathrm{alg}}), \cdots, \mathrm{tp}(c_t/k^{\mathrm{alg}})$ 是 $\mathrm{tp}(b/k)$ 的 t 个泛扩张. 对每个 c_i, 存在 a_i 使得 $\mathrm{tp}(a, b/k) = \mathrm{tp}(a_i, c_i/k)$. 显然 $\mathrm{MR}(a_i/k^{\mathrm{alg}}) = \mathrm{MR}(a_i/k)$, 故 $\mathrm{tp}(a_1/k^{\mathrm{alg}}), \cdots, \mathrm{tp}(a_t/k^{\mathrm{alg}})$ 均是 $\mathrm{tp}(a/k)$ 的泛扩张. 由于 $c_i = f(a_i)$ 且 $\mathrm{tp}(c_1/k^{\mathrm{alg}}), \cdots, \mathrm{tp}(c_t/k^{\mathrm{alg}})$ 互不相同, 故

$\mathrm{tp}(a_1/k^{\mathrm{alg}}), \cdots, \mathrm{tp}(a_t/k^{\mathrm{alg}})$ 也互不相同, 即 $\mathrm{tp}(a/k^{\mathrm{alg}})$ 至少有 t 个不同的泛扩张, 从而 $\mathrm{Md}(a/k) \geqslant t = \mathrm{Md}(b/k)$. ■

引理 5.8.20. 设 $a \in K^m$, 则 $\mathrm{Md}(\mathrm{tp}(a/k)) = 1$ 当且仅当 $k^{\mathrm{alg}} \cap \mathrm{dcl}(k, a) = \mathrm{dcl}(k)$, 即 $\mathrm{dcl}(k)$ 在 $\mathrm{dcl}(k, a)$ 中是相对代数闭的.

证明: $\Longrightarrow$ 设 $\mathrm{Md}(\mathrm{tp}(a/k)) = 1$, $b \in \mathrm{dcl}(k, a)$, 则根据引理5.8.19, $\mathrm{Md}(b/k) = 1$. 若 $b \in k^{\mathrm{alg}}$, 则 $\mathrm{Md}(b/k)$ 恰好是 b 在 $\mathrm{dcl}(k)$ 上极小多项式的次数, 即 $b \in \mathrm{dcl}(k)$.

$\Longleftarrow$ 设 $\mathrm{Md}(\mathrm{tp}(a/k)) = d$. 令 V 是 $\mathrm{tp}(a/k)$ 中最小的闭集, 则由引理5.8.17, V 是 d 个相互共轭的不可约闭集 $V_1, \cdots, V_d$ 之并. 特别地, 每个 V_i 的典范参数都在 k^{alg} 中. 不妨设 $a \in V_1$, 则 $\mathrm{MR}(a/k^{\mathrm{alg}}) = \mathrm{MR}(a/k)$, 故 $\mathrm{tp}(a/k^{\mathrm{alg}})$ 是 V_1 中唯一的泛型. 对于每个 $\sigma \in \mathrm{Aut}(K/k)$, $\mathrm{tp}(\sigma(a)/k^{\mathrm{alg}})$ 是 $\sigma(V_1)$ 中唯一的泛型. 故当 $\sigma \in \mathrm{Aut}(K/k, a)$ 时, $\sigma(V_1) = V_1$. 因此 V_1 的典范参数在 $k^{\mathrm{alg}} \cap \mathrm{dcl}(k, a) = \mathrm{dcl}(k)$ 中, 故其定义在 k 上. 因此 $V = V_1$ 且 $d = 1$. ■

6

代数簇

直观上，代数簇是由 Zariski 闭集“粘合”而得到的一种数学对象. 本章将从模型论和代数的角度来讨论代数簇，并推广第5章中的一些结论. 在本章中，我们假设 K 是一个充分饱和的代数闭域，k 是 K 的一个子域且 $|k| < |K|$.

6.1 仿射代数簇，拟仿射代数簇，正则函数

设 $V \subseteq K^n$ 是一个闭集，则称 $K[X_1, \cdots, X_n]/\mathbb{I}(V)$ 为 V 的**坐标环**，记作 $K[V]$. 若 V 是不可约的，则 $\mathbb{I}(V)$ 是素理想，从而 $K[V]$ 是一个整环. 此时，称 $K[V]$ 的分式域为 V 的**函数域**，记作 $K(V)$. 若 V 定义在 k 上，则 $k[V] = k[X_1, \cdots, X_n]/\mathbb{I}_k(V)$. 如果 V 是 k-闭的，则 $K[V] = k[V] \otimes_k K$. 如果 V 还是 k-不可约的，则 $k[V]$ 是一个整环.

引理 6.1.1. 设 V 是定义在 k 上的 k-不可约仿射代数簇，a 是 V 在 k 上的泛点，则 $k[V] \cong k[a]$. 特别地，$k(V) \cong k(a)$.

证明: 显然, V 是 $\text{tp}(a/k)$ 中最小的闭集. 与推论5.8.7的证明类似, 考虑映射

$$\varphi : k[X_1, \cdots, X_n] \to k[a],\ f \mapsto f(a),$$

则 $f(a) = 0$ 当且仅当 $(f(X) = 0) \in \text{tp}(a/k)$ 当且仅当 $V \subseteq \mathbb{V}(f)$ 当且仅当 $f \in \mathbb{I}(V)$, 即 $\ker(\varphi) = \mathbb{I}_k(V)$. ■

推论 6.1.2. 设 V 是定义在 k 上的 k-不可约仿射代数簇, 则

$$\text{MR}(V) = \text{tr. degree}(k(V)/k).$$

特别地, 当 V 不可约时, 有

$$\text{MR}(V) = \text{tr. degree}(k(V)/k) = \text{tr. degree}(K(V)/K).$$

证明: 令 a 为 V 在 k 上的泛点, 则

$$\text{MR}(V) = \text{MR}(a/k) = \dim(a/K) = \text{tr. degree}(a/k) = \text{tr. degree}(k(a)/k).$$

根据引理6.1.1, 有 $\text{tr. degree}(k(a)/k) = \text{tr. degree}(k(V)/k)$. ■

定义 6.1.3. 称仿射代数簇的开子集为**拟仿射代数簇**.

记号: 设 $g(X)$ 是一个多项式, 其中 $X = (X_1, \cdots, X_n)$, 用 $\mathbb{D}(g)$表示集合 $\{a \in K^n | \, g(a) \neq 0\}$, 用 $\mathbb{D}_k(g)$表示集合 $\mathbb{D}(g) \cap k^n$.

注 6.1.4. 设 V 是一个仿射代数簇, 称形如 $\mathbb{D}(g) \cap V$ 的集合为 V 的主开集. 设 $V = \mathbb{V}(f_1, \cdots, f_m)$, $W = \mathbb{V}(g_1, \cdots, g_l)$, 则 V 的开子集 $U = V \backslash W$ 被以下公式定义:

$$\bigwedge_{i=1}^{m} (f_i(X) = 0) \wedge \left(\bigvee_{j=1}^{n} (g_j(X) \neq 0) \right).$$

即

$$U = V \cap (\mathbb{D}(g_1) \cup \cdots \cup \mathbb{D}(g_l)).$$

显然，令 $g = \prod_{i=1}^{l} g_i$, 则 $\mathbb{D}(g_1) \cup \cdots \cup \mathbb{D}(g_l) = \mathbb{D}(g)$. 因此, 每个 V 的每个开子集都是主开集. 如果以上的 f_i, g_j 都是 k 上的多项式, 则称 U 在域论的意义下定义在 k 上, 显然 U 定义在 k 上当且仅当 U 是 k-可定义的. U 继承了 V 的拓扑, 因而也是一个拓扑空间, 且也具有降链条件. 根据引理 5.5.23, U 是紧空间, 即它的任意开覆盖总是有有限子覆盖. U 的每个开/闭子集也都是紧集.

定义 6.1.5. 称拟仿射代数簇 U 为不可约的, 如果 U 不是两个真闭子集的并.

根据引理5.5.22, 拟仿射代数簇可以分解为其不可约闭子集之并.

引理 6.1.6. 拟仿射代数簇 U 不可约当且仅当 U 的闭包 $\mathrm{cl}_{\mathrm{Zari}}(U)$ 是不可约的.

证明: 设 U 是可约的. 令 W_1, W_2 为 U 的两个真闭子集且 $W_1 \cup W_2 = U$, 则存在两个仿射代数簇 V_1 和 V_2 使得 $W_1 = V_1 \cap U, W_2 = V_2 \cap U$. 显然 $U \subseteq V_1 \cup V_2$, 故 $\mathrm{cl}_{\mathrm{Zari}}(U) \subseteq V_1 \cup V_2$ 且 $(\mathrm{cl}_{\mathrm{Zari}}(U) \cap V_1)$ 和 $(\mathrm{cl}_{\mathrm{Zari}}(U) \cap V_1)$ 均是 $\mathrm{cl}_{\mathrm{Zari}}(U)$ 的真闭子集, 从而 $\mathrm{cl}_{\mathrm{Zari}}(U)$ 是可约的.

反之, 设 $\mathrm{cl}_{\mathrm{Zari}}(U)$ 是可约的, 则存在 $\mathrm{cl}_{\mathrm{Zari}}(U)$ 的真闭子集 V_1, V_2 使得 $\mathrm{cl}_{\mathrm{Zari}}(U) = V_1 \cup V_2$. 显然 $V_1 \cap U$ 和 $V_2 \cap U$ 也是 U 的真子集, 这表明 U 也是可约的. ■

引理 6.1.7. 设 V 是 k-不可约仿射代数簇, U 是 V 的开子集. 如果 U 是 k-可定义的, 则

(i) $\mathrm{MR}(U) = \mathrm{MR}(V)$.

(ii) $\mathrm{cl}_{\mathrm{Zari}}(U) = V$. 特别地, U 不可约.

证明: 设 $U = V\backslash W$, 其中 W 是定义在 k 上的仿射代数簇. 由于 U 非空, $V \cap W$ 是 V 的真子集, 根据引理5.8.14, 有 $\mathrm{MR}(V \cap W) < V$, 故 $\mathrm{MR}(U) = \mathrm{MR}(V)$.

显然, $\mathrm{cl}_{\mathrm{Zari}}(U)$ 在 $\mathrm{Aut}(K/k)$ 下是不变的, 从而也是 k-闭集. 现在 $\mathrm{MR}(\mathrm{cl}_{\mathrm{Zari}}(U)) = \mathrm{MR}(V)$, 故 $\mathrm{cl}_{\mathrm{Zari}}(U) = V$. ■

定义 6.1.8. 设 $V \subseteq K^n$ 是一个仿射/拟仿射代数簇.

(i) 设 $a \in V, f : V \to K$. 称 f 在点 a 是**正则**的, 如果存在一个包含 a 的开子集 $U \subseteq V$, 以及多项式 $P(X)$, $Q(X)$, 使得 Q 在 U 上处处不为零且 $f \restriction_U = P/Q \restriction_U$.

(i') 设 K 的特征为 $p > 0, a \in V, f : V \to K$. 称 f 在点 a 是 p-**正则**的, 如果存在一个在 a 点正则的函数 $g : V \to K$ 以及 $n \in \mathbb{N}^{>0}$ 使得 $f = \mathrm{Fr}^{-n} \circ g$.

(ii) 设 U 是 V 的开子集. 称函数 $f : U \to K$ 是正则 (或 p-正则) 的, 如果 f 在 U 的每个点上都是正则 (或 p-正则) 的.

(iii) 设 $U_1 \subseteq K^m, U_2 \subseteq K^n$ 是仿射/拟仿射代数簇, 称

$$f = (f_1, \cdots, f_n) : U_1 \to U_2$$

是 **正则映射**(或 p-正则映射)是指 f 的每个分量函数 f_i 都是 U_1 上的正则函数 (或 p-正则函数). 如果 f 是单射, 则称 f 是一个(**正则**) **嵌入**. 如果 f 是一个嵌入且 f^{-1} 也是正则的, 则称 f 是**正则同构**.

根据定义容易验证, 仿射代数簇之间的正则映射是连续映射.

引理 6.1.9. 设 U 是仿射/拟仿射代数簇, f 是 U 上的正则函数, 则存在 U 的有限开覆盖 $U_1, \cdots, U_s$ 以及多项式 $P_1, \cdots, P_s, Q_1, \cdots, Q_s$, 使得在每个 U_i 上, 都有 $f \restriction_{U_i} = P_i/Q_i \restriction_{U_i}$. 特别地, f 是可定义的.

证明: 根据引理5.5.23, U 的任何开覆盖都有有限子覆盖. ∎

定义 6.1.10. 设 U 是定义在 k 上的仿射/拟仿射代数簇, f 是 U 上的正则函数, 记号与引理 6.1.9 相同. 如果每个 U_i 都是 k-可定义的, 并且每个 P_i, Q_i 都是 k 上的多项式, 则称 f 是一个 k-正则函数.

定义 6.1.11. 设 k 是 K 的子域, $f, g \in k[X_1, \cdots, X_n]$. 称形如

$$h(X_1, \cdots, X_n) = f(X_1, \cdots, X_n)/g(X_1, \cdots, X_n)$$

的函数为 k 上的**有理函数**或**k-有理函数**, 其定义域为 $\mathbb{D}(g)$. 如果两个有理函数在其公共定义域上相同, 则规定它们为同一个有理函数.

引理 6.1.12. 若 k 是 K 的子域, $X \subseteq K^n$ 是 k-可定义的, 且 $f : X \to K$ 是 k-可定义函数, 则存在 X 的一个 k-可定义集的有限覆盖 $X = X_1 \cup \cdots \cup X_l$, 一族 k-有理函数 $h_1, \cdots, h_l$, 以及 $n_1, \cdots, n_l \in \mathbb{N}$, 使得对每个 $i \leqslant l$, 有

$$f\restriction_{X_i} = \begin{cases} \mathrm{Fr}^{n_i} \circ h_i\restriction_{X_i}, & \text{若} \operatorname{char} K = p > 0, \\ h_i\restriction_{X_i}, & \text{若} \operatorname{char} K = 0. \end{cases}$$

证明: 对每个 $a \in X$, 令

$$k(a) = \{h(a) \mid h\text{是}n\text{-元}k\text{-有理函数且}a \in \mathrm{dom}(h)\},$$

则 $k(a)$ 是 $k \cup \{a\}$ 所生成的子域. 根据引理5.7.7,

$$f(a) \in \mathrm{dcl}(k, a) = k(a)^{\mathrm{ins}} = \begin{cases} \bigcup_{n\in\mathbb{N}} \mathrm{Fr}^{-n}(k(a)), & \text{若} \operatorname{char} K = p > 0, \\ k(a), & \text{若} \operatorname{char} K = 0, \end{cases}$$

故存在 k-有理函数 h 以及 $n \geqslant 0$ 使得 $f(a) = \mathrm{Fr}^{-n}(h(a))$($\operatorname{char} K = 0$ 时取 $n = 0$). 令 $\mathcal{F}_k$ 为 k 上的全体 n-元有理函数. 对每个 $h \in \mathcal{F}_k$ 以

及 $n \geqslant 0$, 令

$$X_{h,n} = \{b \in X \mid f(b) = \mathrm{Fr}^{-n}(h(a))\}.$$

显然对每个 $a \in X$, 存在 $h \in \mathcal{F}_k$ 以及 $n \geqslant 0$ 使得 $a \in X_{h,n}$, 故

$$X = \bigcup_{h \in \mathcal{F}_k,\ n \geqslant 0} X_{h,n}.$$

根据紧致性定理, 存在 k-有理函数 $h_1, \cdots, h_k$ 以及 $n_1, \cdots, n_k \geqslant 0$ 使得

$$X = X_{h_1,n_1} \cup \cdots \cup X_{h_k,n_k},$$

推论得证. ■

引理 6.1.13. 设 V 是不可约仿射代数簇, 则 V 上的正则函数都属于 $K[V]$.

证明: 设 f 是 V 上的正则函数. $\{(U_i, P_i, Q_i) \mid i \leqslant s\}$ 如引理6.1.9所述. 令 D_i 为 Q_i 的非零点集, 则显然 $U_i \subseteq D_i$, 从而 $V \subseteq D_1 \cup \cdots \cup D_s$. 这表明 $V \cap \mathbb{V}(Q_1, \cdots, Q_s) = \emptyset$, 故 $V \cap \mathbb{V}(Q_1^2, \cdots, Q_s^2)$ 也是空集, 即 $\mathbb{I}(V)$ 与 $(Q_1^2, \cdots, Q_s^2)$ 没有公共零点. 由零点定理, $\mathbb{I}(V) + (Q_1^2, \cdots, Q_s^2) = K[X]$. 即存在 $g_1, \cdots, g_s \in K[X]$, 使得

$$1 = g_1 Q_1^2 + \cdots + g_s Q_s^2 \mod \mathbb{I}(V).$$

断言: $f = g_1 P_1 Q_1 + \cdots + g_s P_s Q_s$.

证明断言: 对任意的 $i < j \leqslant s$, 有

$$f \restriction_{U_i \cap U_j} = Q_i / P_i \restriction_{U_i \cap U_j} = Q_j / P_j \restriction_{U_i \cap U_j}.$$

对任意的 $j \leqslant s$, 有

$$Q_j^2 \sum_{i \leqslant s} g_i P_i Q_i = P_j Q_j \sum_{i \leqslant s} g_i Q_i^2.$$

由于 $\sum_{i \leqslant s} g_i Q_i^2$ 在 V 上恒等于 1, 故对任意的 $j \leqslant s$, 有

$$Q_j^2 \sum_{i \leqslant s} g_i P_i Q_i \restriction_V = P_j Q_j \restriction_V .$$

现在, 对每个 $j \leqslant s$, 有

$$Q_j^2 f \restriction_{U_j} = Q_j^2 (P_j / Q_j) \restriction_{U_j} = P_j Q_j \restriction_{U_j} .$$

结合以上两个方程可知, 对每个 $j \leqslant s$, 有

$$f \restriction_{U_j} = \sum_{i \leqslant s} g_i P_i Q_i \restriction_{U_j},$$

从而 $f = \sum_{i \leqslant s} g_i P_i Q_i \restriction_V$. $\square_{\text{断言证毕}}$

由以上**断言**可知 $f \in K[V]$. ■

记号: 根据引理6.1.13, 仿射代数簇 V 上的正则函数恰好是 V 的坐标环 $K[V]$, 我们沿用这个记号, 对于拟仿射代数簇 U, 我们用 $K[U]$ 表示 U 上的正则函数构成的环.

设 A 是一个环, $S \subseteq A$ 关于乘法封闭, 在 $A \times S$ 上定义一个等价关系:

$$(a, s) \sim (a', s') \iff \exists t \in S(t(as' - a's) = 0).$$

令 $S^{-1}A = (A \times S)/\sim$. 将 (a, s) 的等价类记作 a/s, 并且规定

$$(a/s) + (a'/s') = (as' + a's)/ss', \ (a/s)(a'/s') = aa'/ss',$$

则 $S^{-1}A$ 是一个环,其零元为 $0/s$. 若 $0 \in S$,则 $S^{-1}A$ 是一个零环. 如果 $S = \{h^n |\, n \in \mathbb{N}\}$,其中 $h \in A$,则将 $S^{-1}A$ 记作 A_h. 显然,当 A 是整环,且 $0 \notin S$ 时,$A \subseteq S^{-1}A \subseteq \mathrm{Frac}(A)$.

用类似的方法可以证明下述引理.

引理 6.1.14. 设 V 是一个仿射代数簇,h 是一个多项式,$U = V \cap \mathbb{D}(h)$,则 $K[U] = K[V]_h$.

证明: 设 f 是 U 上的正则函数. $\{(U_i, P_i, Q_i) |\, i \leqslant s\}$ 如引理6.1.9所述,则

$$V \cap \mathbb{D}(h) \cap \mathbb{V}(Q_1, \cdots, Q_s) = \emptyset,$$

即 $V \cap \mathbb{V}(Q_1, \cdots, Q_s) \subseteq \mathbb{V}(h)$. 根据 Hilbert 零点定理,

$$h \in \sqrt{(\mathbb{I}(V) + (Q_1^2, \cdots, Q_s^2))},$$

因此存在 $n \in \mathbb{N}$ 以及 $g_1, \cdots, g_s \in K[X]$ 使得

$$h^n = g_1 Q_1^2 + \cdots + g_s Q_s^2 \mod \mathbb{I}(V).$$

引理6.1.13的证明表明: $fh^n = g_1 P_1 Q_1 + \cdots + g_s P_s Q_s$,故 $f \in K[V]_h$. ■

注 6.1.15. 若 U 是不可约拟仿射代数簇,由注 6.1.4,存在不可约仿射代数簇 V 以及多项式 h 使得 $U = V \cap \mathbb{D}(h)$. 故 $K[U] = K[V]_h$.

推论 6.1.16. 设 U 是不可约的仿射/拟仿射代数簇,则 $K[U]$ 是整环.

证明: 由引理6.1.14和注6.1.15可得. ■

推论 6.1.17. 设 V 是一个不可约仿射代数簇,U 是 V 的开子集,则 $K[V] \subseteq K[U]$ 且 $\mathrm{Frac}(K[V]) = \mathrm{Frac}(K[U])$.

定义 6.1.18. 设 U 是一个不可约仿射/拟仿射代数簇, 则 U 上的**有理函数**是指 U 的某个非空开子集上的正则函数. 若 U 上的两个有理函数在其公共定义域上相同, 则规定它们相同.

如果 V 是一个不可约仿射代数簇, 则 $K[V]$ 是整环, $K(V)$ 是 $K[V]$ 的分式域. 对任意的 $f, g \in K[V]$, 假设 $g \neq 0\ (\in K[V])$, 则 f/g 是 $\mathbb{D}(g) \cap V$ 上的正则函数, 从而是 V 上的有理函数. 这就表明, $K(V)$ 中的函数都是有理函数.

引理 6.1.19. 若 V 是不可约的仿射代数簇, 则 V 上的有理函数都来自 $K(V)$.

证明: 设 h 是 V 上的有理函数, 则 h 是 V 的某个开子集 U 上的正则函数. 由于在公共定义域上相等的有理函数是相同的, 故可以假设 $h = P/Q\restriction_U$, 其中 P, Q 是多项式函数. 现在 $\bar{P} = P/\mathbb{I}(V), \bar{Q} = Q/\mathbb{I}(V) \in K[V]$ 且 $\bar{Q} \neq 0$, 故 $\bar{P}/\bar{Q} \in K(V)$, 从而 $h \in K(V)$. ■

以上引理表明: 对于不可约的仿射代数簇 V 而言, V 上的有理函数域恰好是 $K(V)$. 对于拟仿射代数簇 U, 我们仍然用记号 $K(U)$ 表示 U 上的有理函数.

定义 6.1.20. 设 A 和 B 是两个环, 如果 $f : A \to B$ 是一个环同态, 则称 B 是一个**A-代数**. 对任意的 $a \in A, b \in B$, 通常将 $f(a)b$ 记作 ab. 设 C 也是一个 A-代数. 如果映射 $\varphi : B \to C$ 是一个环同态 (环同构), 且对任意的 $a \in A, b \in B$, 有 $\varphi(ab) = a\varphi(b)$, 则称 φ 是 **A-代数同态**(A-**代数同构**).

引理 6.1.21. 若 U 是不可约拟仿射代数簇, 则 $K(U) = \mathrm{Frac}(K[U])$.

证明: 首先证明 $K[U]$ 是 $K(U)$ 的子环. 对每个 $f \in K[U]$, $\bar{f}$ 表示 f 在 $K(U)$ 中的像, 即

$$\bar{f} = \{g \mid g\text{是}U\text{的某个开子集}U_0\text{上的正则函数, 且 } g = f\restriction_{U_0}\}.$$

考虑映射 $\varphi: K[U] \to K(U),\ f \mapsto f$. 容易验证 φ 是一个 K-代数同态. 我们断言 φ 是一个单射. 假设 $0 \neq f \in K[U]$, 由注6.1.15, 不妨设 f 在 U 的某个开子集 U_0 上形如 P/Q, 其中 P, Q 是多项式函数, 则推论6.1.16的证明表明 $U \cap \mathbb{D}(P)$ 是非空开子集, 从而 f 在 $U_0 \cap \mathbb{D}(P)$ 上是非零的, 故 $\bar{f} \neq 0$. 这表明我们可以把 $K[U]$ 视作 $K(U)$ 的子环. 进一步, 容易验证 $\varphi^*: \mathrm{Frac}(K[U]) \to K(U),\ f/g \mapsto \bar{f}/\bar{g}$ 是一个同构映射. ■

推论 6.1.22. 设 V 是不可约仿射代数簇, U 是 V 的开子集, 则 $K(U) = K(V)$.

证明: 由推论6.1.17和引理6.1.21可得. ■

引理 6.1.23. 设 U 是仿射代数簇 $V \subseteq K^n$ 的主开集, 则 U 正则同构于一个仿射代数簇.

证明: 设 $U = V \cap \mathbb{D}(g)$, 其中 $g(X)$ 是一个多项式. 令

$$W = \{(a, b) \subseteq K^{n+1} \mid a \in V,\ g(a)b = 1\},$$

则映射 $a \mapsto (a, g(a)^{-1})$ 是 U 到 W 的正则同构映射. ■

6.2 代数簇

本节仍然假设 K 是一个饱和的代数闭域. 所有的可定义对象以及参数都来自 K. 类似于用光滑函数/解析函数来粘合仿射空间, 从而得到光滑流形/解析流形, 我们也可以用有理函数来粘合仿射代数簇, 来得到抽象的代数簇.

定义 6.2.1. 称 V 是一个**代数簇**, 如果存在 V 的一个有限覆盖 $V_1, \cdots, V_m$, 一组仿射代数簇 $U_1, \cdots, U_m$, 一组双射函数 $f_i : V_i \to U_i$, $i = 1, \cdots, m$, 使得:

(i) $U_{ij} = f_i(V_i \cap V_j)$ 是 U_i 的开子集, $1 \leqslant i \leqslant m$;

(ii) $f_{ij} = f_j \circ f_i^{-1} : U_{ij} \to U_{ji}$ 是正则同构, $1 \leqslant i, j \leqslant m$.

V 上的 **Zariski 拓扑**定义如下:

$$O \subseteq V \text{是开集} \iff \text{对每个} 1 \leqslant i \leqslant m, f_i(O \cap V_i) \text{是} U_i \text{的开子集}.$$

满足以上条件的代数簇一般记作 $(V, V_i, f_i)_{1 \leqslant i \leqslant m}$ 或 (V, V_i, f_i), 称 f_{ij} 为转换函数. 称 V 是不可约的, 如果 V 不是两个真闭子集之并.

若 U_i, f_i, f_{ij} 均定义在 k 上, 则称 V 定义在 k 上. 称 $X \subseteq V$ 是可定义的是指每个 $f_i(X \cap V_i)$ 都是 U_i 的可定义子集. 显然 V 的开子集和闭子集都是可定义的. 仿射代数簇都是代数簇. 拟仿射代数簇都是主开集之并, 因此根据引理6.1.23, 它们都同构于仿射代数簇, 从而也是代数簇. 代数簇的开/闭子集也是代数簇.

引理 6.2.2. 代数簇都是 Noether 空间.

证明: 设 (V, V_i, f_i) 是一个代数簇. 反设 V 中的闭子集族 $\{D_k | \ k = 0, 1, 2, \cdots\}$ 有严格降链:

$$D_0 \supsetneq D_1 \supsetneq D_2 \supsetneq \cdots,$$

则存在 $i \leqslant n$ 使得 $\{f(V_i \cap D_k) | \ k = 0, 1, 2, \cdots\}$ 的某个无限子列是仿射代数簇 U_i 中的一族严格下降的闭集链. 这与 U_i 是 Noether 空间相矛盾. ■

以上引理表明代数簇可以(唯一地)分解为有限多个不可约代数簇之并. 设 V 是定义在 k 上的代数簇, 称 V 是 k-不可约的是指 V

不能分解为两个定义在 k 上的真闭子集之并. 显然, V 的子集 X 是 k-不可约的当且仅当每个 $f_i(X \cap V_i)$ 都在 U_i 中 k-不可约.

定义 6.2.3. 设 $(V, V_i, f_i)_{1 \leqslant i \leqslant m}$ 和 $(W, W_i, g_i)_{1 \leqslant i \leqslant n}$ 是两个代数簇, 设 $h : V \to W$ 是一个连续映射, 如果对任意的 $i \leqslant m$, $j \leqslant n$, 有

$$h_{ij} = g_j \circ h \circ f_i^{-1} : f_i(h^{-1}(W_j) \cap V_i) \to g_j(W_j)$$

是一个（拟仿射簇之间的）正则映射, 则称 h 是 V 到 W 的**正则映射/正则态射**. 若 h 是单射, 则称 h 是一个正则嵌入. 若 h 是双射且 h 的逆也是正则同态, 则称 h 是(**双**)**正则同构**. 如果每个 h_{ij} 都是 k-正则映射, 则称 h 是 k-正则映射. 我们仍然用记号 $K[V]$ 表示 V 到 K 的所有正则映射构成的环.

显然 k-正则映射是 k-可定义的连续映射. 根据引理6.1.12, 当 $\operatorname{char} K = 0$ 时, 双射的正则映射都是双正则同构.

注 6.2.4. 我们给代数簇 (V, V_i, f_i) 赋予一个可定义结构: 令 $U_i = f_i(V_i), U = U_1 \sqcup \cdots \sqcup U_m$ 是一个不相交并. 对任意的 $a, b \in U$, 定义关系

$$E(a,b) \iff a = b \text{ 或 } \exists i,j(a \in U_{ij}, b \in U_{ji}, \text{且} b = f_{ij}(a)),$$

则 E 是 U 上的一个可定义的等价关系. 由虚元消去, $V^* = U/E$ 和 $\pi_E : U \to V^*$ 都是可定义的. 令 $V_i^* = U_i/E$,

$$f_i^* : V_i^* \to U_i,\ a/E \to a,$$

$f_{ij}^* = f_{ij}$, 则 (V^*, V_i^*, f_i^*) 也是一个代数簇. 显然 $O \subseteq V^*$ 是开集当且仅当对每个 $1 \leqslant i \leqslant m$, $\pi_E^{-1}(O) \cap U_i = f_i^*(V_i^* \cap O)$ 是开集. 称 V^* 是 k-可定义的是指 U_i, U_{ij}, f_{ij} 都是 k-可定义的. 容易验证: $h_i : V_i \to V^*$, $a \mapsto f_i(a)/E$ 给出了 V 到 V^* 的双射正则同构. 利用该同构, 可

以赋予 (V, V_i, f_i) 可定义结构. 事实上, 也可以通过规定 $X \subseteq V$ 可定义当且仅当每个 $f_i(X)$ 都是 U_i 的可定义子集来赋予 (V, V_i, f_i) 可定义结构. 这两种定义方式是等价的. 同样地, 对于代数簇 V, 我们称 $p \in S_V(k)$ 是泛型是指 $\mathrm{MR}(p) = \mathrm{MR}(V)$.

引理 6.2.5. 设 (V^*, V_i^*, f_i^*) 如注 6.2.4 所述, 则

(i) $\mathrm{MR}(V^*) = \max\{\mathrm{MR}(U_i) | i = 1, \cdots, m\}$;

(ii) 如果 V^* 是不可约的, 则 $\mathrm{Md}(V^*) = 1$ 且对每个 $1 \leqslant i \leqslant m$ 有 $\mathrm{MR}(V^*) = \mathrm{MR}(U_i)$.

证明: 显然, $j : U_i \to U/E$, $a \mapsto a/E$ 是一个单射, 故 $\max\{\mathrm{MR}(U_i) | i = 1, \cdots, m\} \leqslant \mathrm{MR}(V^*)$. 另一方面, $\pi_E : U \to V^*$ 是满射, 故

$$\mathrm{MR}(U) = \max\{\mathrm{MR}(U_i) | i = 1, \cdots, m\} \geqslant \mathrm{MR}(V^*).$$

如果 V^* 是不可约的, 则其开子集也都是不可约的, 故每个 $V_i^* = U_i/E$ 都不可约, 从而 U_i 不可约. 设 $p, q \in S_{V^*}(K)$ 是泛型, 则存在 $i, j \leqslant m$ 使得 $p \in S_{V_i^*}(K)$, $q \in S_{V_j^*}(K)$, 从而 $f_i^*(p) \in S_{U_i}(K)$ 和 $f_j^*(q) \in S_{U_j}(K)$ 分别为 U_i 和 U_j 上的泛型. 现在 $U_{ij} = f_i^*(V_i^* \cap V_j^*)$ 是 U_i 的开子集, 从而 $f_i^*(p) \in S_{U_{ij}}(K)$. 同理 $f_j^*(p) \in S_{U_{ji}}(K)$. 由于 $f_{ij}^* : U_{ij} \to U_{ji}$ 是一个可定义双射, 故 $f_{ij}^*(f_i^*(p))$ 是 U_{ji} 在 K 上的泛型, 从而是 U_j 的泛型. 由于 U_j 不可约, 它在 K 上只有一个泛型, 故 $f_{ij}^*(f_i^*(p)) = f_j^*(q)$, 从而 $f_i^*(p)/E = f_j^*(p)/E$. 这表明 $p = q$, 即 $S_V^*(K)$ 中只有一个泛型, 故 $\mathrm{Md}(V^*) = 1$. 以上证明还表明对每个 $i \leqslant m$, 都有 $\mathrm{MR}(V^*) = \mathrm{MR}(U_i)$. ■

引理 6.2.6. 设 (V^*, V_i^*, f_i^*) 如注 6.2.4 所述, 且定义在 k 上, $p \in S_{V^*}(k)$, 则存在定义在 k 上的 k-不可约闭子集 $Z^* \subseteq V^*$, 使得

(i) Z^* 是 p 中公式所能定义的最小的闭集;

(ii) $p \in S_{Z^*}(k)$ 是 Z^* 在 k 上唯一的泛型.

证明: 取一个 V_i^* 使得 $p \in S_{V_i^*}(k)$, 则 $q_i = f_i^*(p) \in S_{U_i}(k)$. 由于 $f_i^*: V_i^* \to U_i$ 是可定义双射, 故 $\mathrm{MR}(p) = \mathrm{MR}(q_i)$. 令

$$J = \{j \leqslant n | \, q_i \in S_{U_{ij}}(k)\} \cup \{i\}.$$

对每个 $j \in J$, 如果 $j \neq i$, 则令 $q_j = f_{ij}^*(q_i)$. 对每个 $j \in J$, 令 D_j 为 q_j 中的公式所能定义的最小的仿射闭子集. 根据推论5.8.3, 每个 D_j 都是 k-不可约的仿射代数簇并且 q_j 是 $S_{D_j}(k)$ 中唯一的泛型. 对每个 $j \in J$, 令 $Y_{ji} = D_j \cap U_{ji}$, 其中 $U_{ii} = U_i$, 则 Y_{ji} 是 U_{ji} 的 k-不可约闭子集且是 U_{ji} 中含有 q_j 的最小的闭子集. 同理, 对每个 $j \in J$, 令 $Y_{ij} = U_{ij} \cap D_i$. 则 Y_{ij} 是 U_{ij} 中的含有 q_i 的最小的闭子集.

由于 $f_{ij}^*: U_{ij} \to U_{ji}$ 是同构, 故 $f_{ij}^*(Y_{ij})$ 也是 U_{ji} 中含有 q_j 的最小的闭子集, 即 $f_{ij}^*(Y_{ij}) = Y_{ji}$. 对任意的 $j, l \in J$, 我们同样可以利用 q_j, q_l 来定义集合 Y_{jl} 和 Y_{lj}. 同理可证, $f_{jl}^*(Y_{jl}) = Y_{lj}$.

令 $Z = \bigcup_{j \in J}(D_j \cap U_j)$, $Z^* = Z/E \subseteq V^*$, 则以上分析表明, 对每个 $l \leqslant n$, 有

$$f_l^*(Z^* \cap V_l^*) = \pi_E^{-1}(Z^*) \cap U_l = \begin{cases} D_l \cap U_l, & 若 l \in J, \\ \emptyset, & 若 l \notin J, \end{cases}$$

故 Z^* 是 V^* 的定义在 k 上的闭子集且是 k-不可约的. 而 $p = (f_i^*)^{-1}(q_i)$ 是 $(f_i^*)^{-1}(D_i \cap U_i) = (D_i \cap U_i)/E$ 上的型, 故也是 $Z^* = Z/E$ 上的型. 根据引理6.2.5,

$$\begin{aligned} \mathrm{MR}(Z^*) &= \max\{\mathrm{MR}(D_j \cap U_j) | \, j \in J\} = \max\{\mathrm{MR}(q_j) | \, j \in J\} \\ &= \mathrm{MR}(q_i) = \mathrm{MR}(p), \end{aligned}$$

故 p 是 Z^* 上的泛型. 如果 p' 是 $S_{Z^*}(k)$ 中的另一个泛型, 则存在 $j \in J$

使得 $f_j^*(p') \neq f_j^*(p)$. 而 $f_j^*(Z^*) = D_j \cap U_j$, 这表明 $S_{D_j \cap U_j}(k)$ 中有两个泛型, 这是一个矛盾. 因此 Z^* 在 k 中只有一个泛型. 同理可证 Z^* 是 p 中公式所定义的最小的闭集. ■

显然, 引理6.2.6是推论5.8.3的推广, 它表明一个(抽象)代数簇 V 在 k 上的型空间 $S_V(k)$ 与 V 的 k-不可约闭子集族一一对应. 从现在开始, 我们总是假设代数簇 (V, V_i, f_i) 具有如上可定义结构.

设 V 是一个代数簇, X 是 V 的可定义子集, $\mathrm{cl}_{\mathrm{Zari}_V}(X)$ 表示 X 在 V 中的闭包, 即 V 中包含 X 的最小的闭子集. 在没有歧义的情况下, 仍然将 $\mathrm{cl}_{\mathrm{Zari}_V}(X)$ 记作 $\mathrm{cl}_{\mathrm{Zari}}(X)$. 推论5.8.11表明, 对于 K^n 的可定义子集 X 而言, X 在(仿射代数簇)K^n 中的闭包 $\mathrm{cl}_{\mathrm{Zari}}(X)$ 满足 $\mathrm{MR}(\mathrm{cl}_{\mathrm{Zari}}(X)) = \mathrm{MR}(X)$ 且 $\mathrm{MR}(\mathrm{cl}_{\mathrm{Zari}}(X) \backslash X) < \mathrm{MR}(X)$. 该结论可以推广到一般的代数簇上.

推论 6.2.7. 设 V 是定义在 k 上的代数簇, X 是 V 的 k-可定义子集, 则 $\mathrm{cl}_{\mathrm{Zari}}(X)$ 也是 k-可定义的, 并且有

$$\mathrm{MR}(\mathrm{cl}_{\mathrm{Zari}}(X)) = \mathrm{MR}(X), \ \mathrm{MR}(\mathrm{cl}_{\mathrm{Zari}}(X) \backslash X) < \mathrm{MR}(X). \tag{6.1}$$

证明: 根据 $\mathrm{cl}_{\mathrm{Zari}}(X)$ 的定义, 对任意的 $\sigma \in \mathrm{Aut}(K/k)$, 有 $\sigma(X) = X$, 从而 $\sigma(\mathrm{cl}_{\mathrm{Zari}}(X)) = \mathrm{cl}_{\mathrm{Zari}}(X)$. 因此 $\mathrm{cl}_{\mathrm{Zari}}(X)$ 是 k-可定义的.

对于式 (6.1), 对 $\mathrm{MR}(X)$ 归纳证明. 令 M 是包含 k 的一个小模型. 设 $\mathrm{Md}(X) = d$, $p_1, \cdots, p_d \in S_X(M)$ 是 X 在 M 上的所有泛型, 则 $p_1, \cdots, p_d \in S_V(M)$. 根据引理6.2.6, 每个 p_i 中都有一个最小的闭子集 X_i. 令 $Y = X \backslash \bigcup_{i=1}^d X_i$, 则 $\mathrm{MR}(Y) < \mathrm{MR}(X)$. 根据归纳假设, 有

$$\mathrm{MR}(\mathrm{cl}_{\mathrm{Zari}}(Y)) = \mathrm{MR}(Y) < \mathrm{MR}(X), \ \mathrm{MR}(\mathrm{cl}_{\mathrm{Zari}}(Y) \backslash Y) < \mathrm{MR}(Y).$$

显然 $D = \mathrm{cl}_{\mathrm{Zari}}(Y) \cup \bigcup_{i=1}^d X_i$ 是包含 X 的闭集, 故 $\mathrm{cl}_{\mathrm{Zari}}(X) \subseteq D$, 从而

$$\mathrm{MR}(\mathrm{cl}_{\mathrm{Zari}}(X)) \leqslant \mathrm{MR}(D) = \mathrm{MR}(X) \leqslant \mathrm{MR}(\mathrm{cl}_{\mathrm{Zari}}(X)),$$

即 $\mathrm{MR}(X)=\mathrm{MR}(\mathrm{cl}_{\mathrm{Zari}}(X))$. 另一方面,

$$\mathrm{MR}(\mathrm{cl}_{\mathrm{Zari}}(X)\backslash X)\leqslant \mathrm{MR}(D\backslash X)\leqslant \mathrm{MR}(\mathrm{cl}_{\mathrm{Zari}}(Y))<\mathrm{MR}(\mathrm{cl}_{\mathrm{Zari}}(X)).$$

因此有 $\mathrm{MR}(\mathrm{cl}_{\mathrm{Zari}}(X)\backslash X)<\mathrm{MR}(\mathrm{cl}_{\mathrm{Zari}}(X))=\mathrm{MR}(X)$. ■

推论 6.2.8. 设 V 和 W 是不可约代数簇, 如果 V 是 W 的真子集, 则 $\mathrm{MR}(V)<\mathrm{MR}(W)$.

证明: 由于 W 不可约, 故其开子集 $O=W\backslash V$ 是稠密的, 从而 $\mathrm{cl}_{\mathrm{Zari}}(O)=W$. 根据推论6.2.7, 有 $\mathrm{MR}(W\backslash O)<\mathrm{MR}(O)=\mathrm{MR}(W)$. 因此 $\mathrm{MR}(V)=\mathrm{MR}(W\backslash O)<\mathrm{MR}(W)$. ■

类似于推论5.8.18, 我们也可以得到下述推论.

推论 6.2.9. 设 V 是代数簇, 则 V 不可约当且仅当 $\mathrm{Md}(V)=1$.

由引理3.4.4可得下述推论.

推论 6.2.10. 设 V, W 是定义在 k 上的代数簇, 则 $V\times W$ 不可约当且仅当 V 和 W 均不可约.

注 6.2.11. 设 V 是一个代数簇, X 是 V 的可定义子集, 则 X 也是 V 的一个不可约子空间, 即不存在闭子集 $V_1, V_2\subseteq V$ 使得 $X\subseteq V_1\cup V_2$, 且 $X\cap V_1, X\cap V_2$ 都是 X 的真子集. 容易验证: X 不可约当且仅当 $\mathrm{cl}_{\mathrm{Zari}}(X)$ 不可约. 由推论 6.2.8, $\mathrm{MR}(\mathrm{cl}_{\mathrm{Zari}}(X)\backslash X)<\mathrm{MR}(X)$, 故 $\mathrm{Md}(X)=\mathrm{Md}(\mathrm{cl}_{\mathrm{Zari}}(X))$. 由推论 6.2.9 可知 X 不可约当且仅当 $\mathrm{Md}(X)=1$.

定义 6.2.12. 设 V 是一个不可约代数簇, 则 V 上的有理函数是 V 的某个仿射开子集到 K 的正则函数. 设 f, g 是 V 上的两个有理函数, 如果

$$f\restriction_{\mathrm{dom}(f)\cap\mathrm{dom}(g)}=g\restriction_{\mathrm{dom}(f)\cap\mathrm{dom}(g)},$$

则规定 $f = g$. 用 $K(V)$ 表示 V 上的全体有理函数的集合.

注 6.2.13. 设 V 是一个不可约代数簇. 由于 V 上的非空开集两两相交, 故对 V 的任意开子集 O, 有 $K(O) = K(V)$. 特别地, 设 U 是 V 的一个仿射开子集, 则 $K(V) = K(U)$, 从而 $K(V)$ 也是域, 称为V **上的函数域**. 类似于引理*6.1.21*, 我们也看证明 $K(V)$ 是 $K[V]$ 的分式域.

定义 6.2.14. 设 V 和 W 是不可约代数簇, 如果存在 V 的一个仿射开子集 U_1, W 的一个仿射开子集 U_2, 以及一个正则同构 $f: U_1 \to U_2$, 则称 V 和 W **双有理同构**, 并称 f 是 V 到 W 的双有理同构.

引理 6.2.15. 对于不可约代数簇 V 和 W, V 双有理同构于 W 当且仅当存在 $K(V)$ 到 $K(W)$ 的固定 K 的域同构, 即 K-代数同构, 记作 $K(V) \cong_K K(W)$.

证明: 不可约代数簇上的有理函数与其开子集上的有理函数相同, 故不妨设 $V \subseteq K^n$ 和 $W \subseteq K^m$ 都是仿射的. 若 $\varphi: V \to W$ 是一个正则映射, 则 $\varphi^*: K[W] \to K[V]$, $f \mapsto f \circ \varphi$ 是 K-代数同态. 故当 φ 是正则同构时, φ^* 是 K-代数同构, 从而可以扩张为 $K(W)$ 到 $K(V)$ 的 K-代数同构, 即固定 K 的域同构.

反之, 设 $\psi: K(V) \to K(W)$ 是 K-代数同构, 令 $x_i \in K[V]$ 为坐标投射函数 $a \mapsto a_i$, 令 $\psi(x_i) = P_i \in K(W)$, $i = 1, \cdots, n$. 取开子集 $U \subseteq W$ 使得每个 P_i 都定义在 U 上. 显然

$$\psi_*: U \to K^n,\ b \mapsto (P_1(b), \cdots, P_n(b))$$

是正则映射. 对任意的多项式 $F \in K[X_1, \cdots, X_n]$, $F\restriction_V \in K[V]$, 而

$$\psi(F\restriction_V) = F(P_1(Y_1, \cdots, Y_m), \cdots, P_n(Y_1, \cdots, Y_m)).$$

若 $F \in \mathbb{I}(V)$, 则 $F\restriction_V = 0_{K[V]} \in K[V]$, 从而

$$\psi(F\restriction_V) = F(P_1,\cdots,P_n) = 0_{K[W]} \in K(W).$$

这表明存在 W 的开子集 U' 使得 $F(P_1,\cdots,P_n)\restriction_{U'}= 0$. 不妨设 $U = U'$, 则对任意的 $b \in U$, 以及任意的 $F \in \mathbb{I}(V)$, 有

$$F(\psi_*(b)) = F(P_1(b),\cdots,P_n(b)) = 0.$$

故 $\psi_*(U) \subseteq V$.

同理, 令 $y_j : W \to K,\ b \mapsto b_j$ 为坐标投射函数, $Q_j = \psi^{-1}(y_j)$,

$$(\psi^{-1})_* : O \to K^m,\ a \mapsto (Q_1(a),\cdots,Q_m(a)),$$

则存在 W 的开子集 O 使得 $(\psi^{-1})_*(O) \subseteq U$. 由于

$$x_i \overset{\psi}{\longmapsto} P_i(y_1,\cdots,y_m) \overset{\psi^{-1}}{\longmapsto} P_i(Q_1(x_1,\cdots,x_n),\cdots,Q_m(x_1,\cdots,x_n)) = x_i,$$

故对任意的 $b \in O$, 有

$$b \overset{\psi_*^{-1}}{\longmapsto} Q(b) = (Q_1(b),\cdots,Q_m(b)) \overset{\psi_*}{\longmapsto} (P_1(Q(b)),\cdots,P_n(Q(b))) = b,$$

ψ_* 是 W 的一个开子集到 V 的一个开子集的正则同构, 从而是 W 到 V 的双有理同构. ■

注 6.2.16. 设 V 是不可约代数簇, U 是 V 的仿射开子集, 则根据推论 6.1.2、引理 6.2.5 和引理 6.2.15, 有

$$\mathrm{MR}(V) = \mathrm{MR}(U) = \mathrm{tr.deg}(K(U)/K) = \mathrm{tr.deg}(K(V)/K),$$

$\mathrm{Md}(V) = \mathrm{Md}(U) = 1$.

定义 6.2.17. 设 E/k 是一个有限域扩张. 如果存在 $a \in E$ 使得 $E =$

$k(a)$, 则称 E/k 是一个**单扩张**.

引理 6.2.18. 设 k 是无限域, $a, b \in k^{\mathrm{alg}}$ 且 b 在 k 上可分, 则 $k(a,b)/k$ 是一个单扩张.

证明: 设 $f(X) = \mathrm{irr}(a,k), g(X) = \mathrm{irr}(b,k)$. 设 $\deg(f) = n, \deg(g) = m$. 令 $a_0 = a, \cdots, a_n$ 是 f 的所有根, $b_0 = b, \cdots, b_m$ 是 g 的所有根. 由于 g 可分, 故对任意 $0 < j \leqslant m$, 都有 $b \neq b_j$. 因此对任意的 $0 \leqslant i \leqslant n$ 以及 $1 \leqslant j \leqslant m$, 方程 $a_i + b_j X = a + bX$ 的解是 $c_{ij} = (a - a_i)/(b_j - b)$. 任取 $c \in k \backslash \{c_{ij} | \, 0 \leqslant i \leqslant n, 1 \leqslant j \leqslant m\}$. 令 $\alpha = a + cb$. 我们来验证 $k[a,b] = k[\alpha]$.

令 $h(X) = f(\alpha - cX)$. 显然 $h(b) = f(\alpha - cb) = f(a) = 0$. 当 $0 < j \leqslant m$ 时, $h(b_j) = f(\alpha - cb_j) = 0$ 当且仅当存在 $0 \leqslant i \leqslant n$ 使得 $\alpha - cb_j = a_i$, 即 $c = (a - a_i)/(b_j - b) = c_{ij}$. 这是一个矛盾. 故 b 是 $h(X)$ 和 $g(X)$ 唯一的公共根, 从而 $h(X)$ 与 $g(X)$ 的最大公因子为 $X - b$. 由于 $g, h \in k(\alpha)[X]$, 故 $X - b \in k(\alpha)[X]$, 从而 $b \in k(\alpha)$. 因此 $a, b \in k(\alpha)$, 即 $k(a,b)/k = k(\alpha)/k$ 是一个单扩张. ■

根据引理6.2.18, 我们可直接得到以下推论.

推论 6.2.19. 设 k 是无限域, E/k 是有限扩张. 如果 E/k 是可分的, 则 E/k 是单扩张.

引理 6.2.20. 设 k 是完美域. $a = (a_1, \cdots, a_n) \in K^n$. 如果 $\mathrm{tr.deg}(k(a)/k) = d$, 则存在 $\{a_1, \cdots, a_n\}$ 的一个子集 $\{b_1, \cdots, b_d\}$ 以及 $c \in k(a)$ 使得 $\dim(b_1, \cdots, b_d/k) = d$ 且 $k(a) = k(b_1, \cdots, b_d, c)$

证明: 不妨设 $\{a_1, \cdots, a_d\}$ 在 k 上代数独立. 若 k 的特征为 0, 则 $k(a)/k(a_1, \cdots, a_d)$ 是一个有限可分扩张, 根据推论6.2.19, 存在 $b \in k(a)$ 使得 $k(a) = k(a_1, \cdots, a_d)(b) = k(a_1, \cdots, a_d, b)$.

下面假设 $\mathrm{char}\, k = p > 0$. 仍然设 $\{a_1, \cdots, a_d\}$ 在 k 上代数独立. 由于 a_{d+1} 在 $k(a_1, \cdots, a_d)$ 上是代数的, 因此存在不可约多项式

$P \in k[X_1, \cdots, X_{d+1}]$ 使得 $P(a_1, \cdots, a_{d+1}) = 0$. 令 $A_1 = \{a_1, \cdots, a_{d+1}\}$. 由于 k 是完美的, 因此对每个 $g \in k[X_1^p, \cdots, X_{d+1}^p]$, 都存在 $f \in k[X_1, \cdots, X_{d+1}]$ 使得 $g = f^p$. 由于 P 不可约, 故 $P \notin k[X_1^p, \cdots, X_{d+1}^p]$. 因此存在 $1 \leqslant i_1 \leqslant d+1$ 使得 $\partial P / \partial X_{i_1} \neq 0$. 这表明 a_{i_1} 在 $k(A_1 \backslash \{a_{i_1}\})$ 上是代数且可分的. 显然 $A_1 \backslash \{a_{i_1}\}$ 在 k 上也是代数独立的. 此时我们有 a_{i_1} 在 $k(A_1 \backslash \{a_{i_1}\})$ 上是代数且可分的, a_{d+2} 在 $k(A_1 \backslash \{a_{i_1})$ 上是代数的. 根据引理6.2.18, 可找到 $b \in k(A_1, a_{d+2})$ 使得 $k(A_1, a_{d+2}) = k(A_1 \backslash \{a_{i_1}\}, b)$. 如果 $n = d+2$, 则引理得证. 否则, 有

$$k(a) = k(A_1 \backslash \{a_{i_1}\}, b, a_{d+3}, \cdots, a_n).$$

令 A_2 为 $\{a_1, \cdots, a_{d+3}\} \backslash \{a_{i_1}, a_{d+2}\}$. 重复以上的论证可知: 存在 $i_2 \in \{1, \cdots, d+3\} \backslash \{i_1, d+2\}$ 使得 a_{i_2} 在 $k(A_2 \backslash \{a_{i_2}\})$ 上是代数且可分的. 显然 $A_2 \backslash \{a_{i_2}\}$ 在 k 上也是代数独立的, 因此 b 在 $k(A_2 \backslash \{a_{i_2}\})$ 上是代数的. 再次使用引理6.2.18, 可找到 $b' \in k(A_2, b)$ 使得 $k(A_2 \backslash \{a_{i_2}\}, b') = k(A_2, b)$. 如果 $n = d+3$, 则引理得证. 否则, 有

$$k(a) = k(A_2 \backslash \{a_{i_2}\}, b', a_{d+4}, \cdots, a_n).$$

将以上论证重复 $n-d-1$ 次, 最终可以找到 $\{a_1, \cdots, a_n\}$ 的一个子集 $A_{n-d-1} = \{b_1, \cdots, b_d\}$ 以及 $c \in k(a)$ 满足引理的要求. ■

引理 6.2.21. 设 V 是不可约代数簇, 则存在不可约多项式 $f(X_0, \cdots, X_m, Y)$ 使得 V 双有理同构于 $\mathbb{V}(f) \subseteq K^{m+1}$.

证明: 设 V 定义在 k 上, 且 k 是代数闭的. 令 a 是 V 的仿射开子集 V_0 在 k 上的一个泛点. 由于 k 是 K 的初等子结构, 根据引理6.1.1和引理6.2.15, 有 $k(V) = k(V_0) \cong k(a)$. 设 $a = (a_1, \cdots, a_n)$, $\dim(a/k) = \dim(V_0) = m$. 根据引理6.2.20, 不妨设 $a_1, \cdots, a_m$ 在 k 上代数独立, 且存在 $b \in k(a)$ 使得 $k(a) = k(a_1, \cdots, a_m, b)$. 令 $k_1 = k(a_1, \cdots, a_m)$. 取

$f \in k[X_1, \cdots, X_m, Y]$ 使得 $f(a_1, \cdots, a_m, Y)$ 是 b 在 k_1 上的极小多项式. 如果 $g(X_1, \cdots, X_m, Y) \in k[X_1, \cdots, X_m, Y]$ 整除 $f(X_1, \cdots, X_m, Y)$, 则 $g(a_1, \cdots, a_m, Y)$ 也整除 $f(a_1, \cdots, a_m, Y)$, 从而

$$g(a_1, \cdots, a_m, Y) = f(a_1, \cdots, a_m, Y).$$

由于 $a_1, \cdots, a_m$ 在 k 上代数独立, 故

$$g(X_1, \cdots, X_m, Y) = f(X_1, \cdots, X_m, Y),$$

即 f 是不可约多项式, 从而 $\mathbb{V}(f)$ 是不可约的. 现在 $(a_1, \cdots, a_m, b)$ 是 $W = \mathbb{V}(f)$ 的泛点, 故

$$k(W) \cong k(a_1, \cdots, a_m, b) = k(a) \cong k(V).$$

根据引理6.2.15, V 与 W 双有理同构. ■

6.3 代数簇的切空间与光滑性

设 $f \in K[X_1, \cdots, X_n]$, $a = (a_1, \cdots, a_n) \in K^n$, 定义 f 在点 a 的微分多项式 $(\mathrm{d}f)_a$ 为映射

$$\frac{\partial f}{\partial X_1}(a)(X_1 - a_1) + \cdots + \frac{\partial f}{\partial X_n}(a)(X_n - a_n).$$

显然 $(\mathrm{d}X_i)_a = (X_i - a)$ 且

$$(\mathrm{d}f)_a = \sum_{i=1}^{n} \frac{\partial f}{\partial X_i}(a)(\mathrm{d}X_i)_a.$$

设 $V \subseteq K^n$ 是一个仿射代数簇, $a = (a_1, \cdots, a_n) \in V$, 则 V 在 a 处的**切空间**, 记作 $T_a(V)$, 定义为 $\mathbb{V}(\{(\mathrm{d}f)_a | f \in \mathfrak{a}\})$. 令 $\mathrm{d}(\mathbb{I}(V))_a = \{(\mathrm{d}f)_a | f \in \mathbb{I}(V)\}$, 则 $T_a(V) = \mathbb{V}(\mathrm{d}(\mathbb{I}(V))_a)$.

假设 $V = \mathbb{V}(f_1, \cdots, f_l)$, 其中 $f_i \in K[X]$, $X = (X_1, \cdots, X_n)$. 设 $g = \sum_{i=1}^{l} h_i f_i$, 其中 $h_i \in K[X]$, 则

$$(\mathrm{d}g)_a = \sum_{i=1}^{l} h_i(a)(\mathrm{d}f_i)_a + f_i(a)(\mathrm{d}h_i)_a.$$

由于 $f_1(a) = \cdots = f_l(a) = 0$, 故当 $(\mathrm{d}f_1)_a = \cdots = (\mathrm{d}f_l)_a = 0$ 时, 有 $(\mathrm{d}g)_a = 0$. 因此

$$T_a(V) = \mathbb{V}((\mathrm{d}f_1)_a, \cdots, (\mathrm{d}f_l)_a).$$

设 V 是不可约的, 称 V 在 a 处**光滑/非奇异**是指 $\dim(T_a(V)) = \dim(V)$, 否则称 a 为 V 的一个奇异点. 如果 V 是可约的, V_0 是包含 a 的维数最大的不可约分支, 此时称 V 在 a 处光滑是指 $\dim(T_a(V)) = \dim(V_0)$(等价地, V_0 在 a 处光滑). 若 V 是一个不可约代数簇, 称 a 光滑是指 a 在某个仿射开子集 $U \subseteq V$ 上是光滑的 (该定义与仿射开子集的选取无关).

注 6.3.1. 显然 $T_a(V) - a$ 是 K^n 的线性子空间. 我们一般将 $T_a(V)$ 视作 "以 a 为原点的线性空间" . 对任意的 $\varphi : V \to K$ 以及 $b \in T_a(V)$, $(\mathrm{d}\varphi)_a(b)$ 可视作 φ 在 a 点沿着方向 $b - a$ 取的导数.

对 K 上有限维线性空间 W, 我们用 $\mathrm{Hom}(W, K)$表示 W 到 K 的全体线性映射, 称作 W 的对偶空间. $\mathrm{Hom}(W, K)$ 也是 K 上的线性空间, 且维数与 W 相同. 我们将 $T_a(V)$ 视作以 a 为原点的线性空间, 即 $\mathbb{T}_a(V) = T_a(V) - a$ 才是真正的线性空间, 因此我们定义

$\mathrm{Hom}(T_a(V), K)$ 为形如

$$b \in T_a(V) \mapsto \sum_{i=1}^{n} \lambda_i(b_i - a_i)$$

的函数集合, 其中 $\lambda_1, \cdots, \lambda_n \in K$. 即

$$\mathrm{Hom}(T_a(V), K) = \{g | \exists f \in \mathrm{Hom}(\mathbb{T}_a(V), K)(g(X) = f(X-a))\}.$$

命题 6.3.2. 设 $V = \mathbb{V}(f_1, \cdots, f_l)$, 令 $\mathfrak{m}_a = \{f \in K[V] | f(a) = 0\}$, 则

$$\mathrm{d}_a : \mathfrak{m}_a \to \mathrm{Hom}(T_a(V), K),\ f \mapsto (\mathrm{d}f)_a$$

是满射, 且 $\ker(\mathrm{d}_a) = \mathfrak{m}_a^2$, 即 $\mathfrak{m}_a/\mathfrak{m}_a^2 \cong \mathrm{Hom}(T_a(V), K)$.

证明: 设 $\varphi \in \mathrm{Hom}(T_a(V), K)$, 则存在 $\lambda_1, \cdots, \lambda_n \in K$ 使得对任意的 $b \in T_a(V)$ 则 $\varphi(b) = \sum_{i=1}^{n} \lambda_i(b_i - a_i)$. 令 $f(x)$ 为一次多项式 $\sum_{i=1}^{n} \lambda_i(X_i - a_i)$, 则 $f \in \mathfrak{m}_a$ 且 $(\mathrm{d}f)_a = \varphi$, 因此 d_a 是满射.

现在设 $g \in \mathfrak{m}_a$ 使得 $(\mathrm{d}g)_a = 0$. 不妨设 g 是一个多项式. 现在

$$(\mathrm{d}g)_a = \sum_{i=1}^{n} \frac{\partial g}{\partial X_i}(a)(X_i - a_i)$$

在 $T_a(V)$ 上为零, 故 $(\mathrm{d}g)_a \in \mathbb{I}(T_a(V))$, 从而存在 $c_1, \cdots, c_l \in K$ 使得 $(\mathrm{d}g)_a = \sum_{j=1}^{l} c_j(\mathrm{d}f_j)_a$. 考虑多项式 $h = g - \sum_{j=1}^{l} c_j f_j$ 在 a 点的 Taylor 展开. 由于 $h(a) = 0$ 且

$$\sum_{j=1}^{l} c_j(\mathrm{d}f_j)_a = (\mathrm{d}g)_a - \sum_{j=1}^{l} c_j(\mathrm{d}f_j)_a = 0,$$

因此 $h \in \mathfrak{m}_a^2$. 显然 h 与 g 在 V 上是同一个函数, 因此 $g \in \mathfrak{m}_a^2$. ■

现在仍假设 $f=(f_1,\cdots,f_l), V=\mathbb{V}(f)$, 令

$$\mathrm{Jac}(f)=(\frac{\partial f_i}{\partial X_j})=\begin{bmatrix}\frac{\partial f_1}{\partial X_1} & \cdots & \frac{\partial f_1}{\partial X_n}\\ \vdots & & \vdots\\ \frac{\partial f_l}{\partial X_1} & \cdots & \frac{\partial f_l}{\partial X_n}\end{bmatrix},$$

则 $\mathrm{Jac}(f)$ 可以看作 V 到 $K^{l\times n}$ 的正则映射, 而

$$\mathrm{Jac}(f)(a)=\begin{bmatrix}\frac{\partial f_1}{\partial X_1}(a) & \cdots & \frac{\partial f_1}{\partial X_n}(a)\\ \vdots & & \vdots\\ \frac{\partial f_l}{\partial X_1}(a) & \cdots & \frac{\partial f_l}{\partial X_n}(a)\end{bmatrix}$$

是线性函数 $(\mathrm{d}f_1)_a,\cdots,(\mathrm{d}f_l)_a$ 的系数矩阵. 显然,

$$\dim(T_a(V))=n-\mathrm{Rank}(\mathrm{Jac}(f)(a)).$$

对每个 $r\in\mathbb{N}$, $\mathrm{Rank}(\mathrm{Jac}(f)(a))<r$ 当且仅当 $\mathrm{Jac}(f)(a)$ 所有的 $r\times r$ 的子式的行列式均为 0. 故

$$\{a\in V|\ \mathrm{Rank}(\mathrm{Jac}(f)(a))<r\}$$

是 V 的闭子集, 而

$$O=\{a\in V|\ \mathrm{Rank}(\mathrm{Jac}(f)(a))>r\}=\{a\in V|\ \mathrm{Rank}(\mathrm{Jac}(f)(a))\geqslant r+1\}$$

是 V 的一个开子集. 故光滑点集 $\{a\in V|\ \dim(T_a(V))=\dim(V)\}$ 是 V 的开子集. 如果 $V=\mathbb{V}(g)$ 是一个非常数多项式 g 的零点集, 则

$$\mathrm{Jac}(g)(a)=(\frac{\partial g}{\partial X_1}(a),\cdots,\frac{\partial g}{\partial X_n}(a)),$$

从而 $\dim(T_a(V))\geqslant n-1=\dim(V)$.

设 $U \subseteq K^m$ 是不可约仿射/拟仿射簇,

$$\varphi : U \to K^n,\ a = (a_1, \cdots, a_m) \mapsto (\varphi_1(a), \cdots, \varphi_n(a))$$

是一个正则映射,其中 $\varphi_1, \cdots, \varphi_n \in K[U]$. 令

$$\mathbf{Jac}(\varphi)(a) = \begin{bmatrix} \frac{\partial \varphi_1}{\partial X_1}(a) & \cdots & \frac{\partial \varphi_1}{\partial X_m}(a) \\ \vdots & & \vdots \\ \frac{\partial \varphi_n}{\partial X_1}(a) & \cdots & \frac{\partial \varphi_n}{\partial X_m}(a) \end{bmatrix},$$

则定义 $(\mathrm{d}\varphi)_a : K^m \to K^n$ 为

$$(\mathrm{d}\varphi)_a(X) = \mathbf{Jac}(\varphi)(a)(X - a),$$

其中 $X - a$ 是列向量 $(X_1 - a_1, \cdots, X_m - a_m)$. 称 $(\mathrm{d}\varphi)_a$ 为 φ 在 a 处的微分. 显然, 当 $\varphi = \mathrm{id}$ 时, $\mathbf{Jac}(\varphi)(a)$ 总是单位矩阵.

引理 6.3.3. 设 $V \subseteq K^m, W \subseteq K^n$ 是不可约仿射代数簇, U 是 V 的开子集, $\varphi : U \to K^n$ 是正则映射, 且 $\varphi(U) \subseteq W$. 如果 $a \in V$ 且 $b = \varphi(b)$, 则 $(\mathrm{d}\varphi)_a$ 把 $T_a(V)$ 映射到 $T_b(W)$.

证明: 设 $\mathbb{I}(V) \subseteq K[X], \mathbb{I}(W) \subseteq K[Y]$, 其中 $X = (X_1, \cdots, X_m)$, $Y = (Y_1, \cdots, Y_n)$. 令 $\varphi : U \to K^n$ 为以下映射:

$$x = (x_1, \cdots, x_m) \mapsto (\varphi_1(x), \cdots, \varphi_n(x)),$$

其中 $\varphi_1, \cdots, \varphi_n \in K[U]$. 根据注6.1.15, 存在 h, $Q_1, \cdots, Q_n \in K[X]$ 使得 $U \subseteq \mathbb{D}(h)$ 且 $\varphi_i = Q_i/h$. 对任意的 $f(Y) \in K[Y]$, 有

$$(f \circ \varphi) = f(\varphi_1(X), \cdots, \varphi_n(X)).$$

显然,存在充分大的 $r \in \mathbb{N}$ 使得 $h^r(X)(f \circ \varphi)(X) \in K[X]$. 由于 $\varphi(U) \subseteq W$, 故当 $f(Y) \in \mathbb{I}(W)$ 时, 有 $(f \circ \varphi)(U) = f(\varphi(U)) = 0$, 即 $h^r(X)(f \circ \varphi)(X)$ 在 U 上取值为 0. 由于 V 不可约, 故 $h^r(X)(f \circ \varphi)(X)$ 在 V 上取值为 0, 从而 $h^r(X)(f \circ \varphi)[X] \in \mathbb{I}(V)$, 即

$$f \in \mathbb{I}(W) \implies \exists r \in \mathbb{N}(h^r(X)(f \circ \varphi)(X) \in \mathbb{I}(V)).$$

任取 $x \in T_a(V)$ 以及 $g \in \mathbb{I}(W)$, 取充分大的 $r \in \mathbb{N}$ 使得 $h^r(g \circ \varphi) \in \mathbb{I}(V)$, 则 $\mathrm{d}(h^r(g \circ \varphi))_a(x) = 0$. 现在

$$\mathrm{d}(h^r(g \circ \varphi))_a = (\mathrm{d}h^r)_a(g \circ \varphi)(a) + h^r(a)\mathrm{d}(g \circ \varphi)_a.$$

由于 $\varphi(a) = b \in W$, 而 $g \in \mathbb{I}(W)$, 故 $(g \circ \varphi)(a) = 0$, 从而

$$\mathrm{d}(h^r(g \circ \varphi))_a = h^r(a)(\mathrm{d}(g \circ \varphi))_a.$$

另一方面, 由于 $h^r(g \circ \varphi) \in \mathbb{I}(V)$ 而 $x \in T_a(V)$, 故 $h^r(a)\mathrm{d}(g \circ \varphi)_a(x) = 0$. 由于 $a \in U \subseteq \mathbb{D}(h)$, 故 $\mathrm{d}(g \circ \varphi)_a(x) = 0$. 根据链式法则, 有

$$(\mathrm{d}(g \circ \varphi))_a = (\mathrm{d}g)_b \circ (\mathrm{d}\varphi)_a,$$

从而

$$0 = (\mathrm{d}(g \circ \varphi))_a(x) = ((\mathrm{d}g)_b \circ (\mathrm{d}\varphi)_a)(x) = (\mathrm{d}g)_b((\mathrm{d}\varphi)_a(x)).$$

即对任意的 $g \in \mathbb{I}(W)$, 都有 $(\mathrm{d}g)_b((\mathrm{d}\varphi)_a(x)) = 0$, 从而 $(\mathrm{d}\varphi)_a(x) \in T_b(W)$. ■

假设 $\varphi: U \to O$ 和 $\psi: O \to Z$ 都是正则映射, 其中 U, O, Z 是仿射/拟仿射簇. $a \in U$, $b = \varphi(a) \in O$, $c = \psi(b) \in Z$, 则根据链式法则,

有

$$d(\psi \circ \varphi)_a = (d\psi)_b \circ (d\varphi)_a$$

是 $T_a(U)$ 到 $T_c(Z)$ 的线性映射. 如果 $\psi : U \to O$ 与 $\varphi : O \to U$ 为互逆的正则映射, 则

$$d(\psi \circ \varphi)_a = d(\mathrm{id}_U)_a : T_a(U) \to T_a(U)$$

和

$$d(\varphi \circ \psi)_b = d(\mathrm{id}_O)_b : T_b(O) \to T_b(O)$$

均是恒等映射, 故 $(d\varphi)_a$ 和 $(d\psi)_b$ 都是可逆的. 一个直接的推论是:

推论 6.3.4. 设 V 与 W 是两个不可约仿射代数簇, 令 $U \subseteq V$ 和 $O \subseteq W$ 分别为仿射开子集, 并且 $\varphi : U \to O$ 是正则同构, 则对任意的 $a \in U$, 有

$$(d\varphi)_a : T_a(V) \to T_{\varphi(a)}(W)$$

是正则同构. 将 $T_a(V)$ 和 $T_{\varphi(a)}(W)$ 分别视作原点为 a 和 $\varphi(a)$ 的向量空间, 则 $(d\varphi)_a$ 是线性同构.

引理 6.3.5. 设 $f \in k[X_1, \cdots, X_n]$ 是一个不可约多项式, 且不是常数, $a \in V = \mathbb{V}(f)$ 是 V 在 k 上的泛点, 则 $\dim(T_a(V)) = \dim(V)$.

证明: $\dim(T_a(V)) = n - \mathrm{Rank}\left(\mathrm{Jac}(f)(a)\right) \geqslant n - 1 = \dim(V)$, 其中

$$\mathrm{Jac}(f)(a) = \left(\frac{\partial f}{\partial X_1}(a), \cdots, \frac{\partial f}{\partial X_n}(a)\right).$$

如果 $\dim(T_a(V)) = n$, 则 $\mathrm{Rank}(\mathrm{Jac}(f)(a)) = 0$, 从而

$$\frac{\partial f}{\partial X_1}(a) = \cdots = \frac{\partial f}{\partial X_n}(a) = 0.$$

根据引理5.8.4, $\mathrm{tp}(a/k)$ 是 $S_V(k)$ 中唯一的泛型, 并且任意定义在 k 上的含有 a 的 Zariski 闭集都包含 V. 故有

$$V \subseteq \mathbb{V}(\frac{\partial f}{\partial X_1}), \cdots, \mathbb{V}(\frac{\partial f}{\partial X_n}).$$

由 Hilbert 零点定理,

$$\frac{\partial f}{\partial X_1}, \cdots, \frac{\partial f}{\partial X_n} \in \sqrt{(f)} = (f),$$

即 f 整除每个 $\partial f/\partial X_i$. 由于 f 非常数, 故某个 $\partial f/\partial X_i$ 非零且次数低于 f, 这是一个矛盾. ■

推论 6.3.6. 设 V 是定义在 k 上的不可约仿射代数簇, $a \in V$ 是 k 上的泛点, 则 $\dim(T_a(V)) = \dim(V)$.

证明: 根据引理6.2.21, 存在一个不可约多项式 $f \in k[X_1, \cdots, X_n]$ 使得 V 与 $W = \mathbb{V}(f)$ 双有理同构. 设 $U \subseteq V, O \subseteq W$ 为定义在 k 上的开子集, $\varphi : U \to O$ 是定义在 k 上的正则同构映射. 由于 a 是泛点, 故 $a \in U$. 由于 $\dim(\varphi(a)/k) = \dim(a/k)$, 故 $b = \varphi(a)$ 是 W 的泛点. 根据引理6.3.5, $\dim(T_b(W)) = \dim(W)$. 根据推论6.3.4,

$$\dim(T_a(V)) = \dim(T_b(W)) = \dim(W) = \dim(V).$$

■

推论 6.3.7. 设 $V \subseteq K^n$ 是不可约仿射代数簇, 则对任意的 $a \in V$ 有 $\dim(T_a(V)) \geqslant \dim(V)$, 且

$$\{b \in V | \dim(T_a(V)) > \dim(V)\}$$

是 V 的真闭子集, 即 V 有一个稠密开子集是光滑的.

证明: 不妨设 V 是定义在 k 上的. 首先, $S=\{b\in V|\dim(T_b(V))<\dim(V)\}$ 是 V 的 k-可定义开子集. 如果 S 非空, 则 S 含有一个 k 上的泛点 a, 而 $\dim(T_b(V))=\dim(V)$. 这是一个矛盾.

另一方面, $\{b\in V|\dim(T_a(V))>\dim(V)\}$ 是 V 的闭子集且不包含泛点 a, 故是 V 的真闭子集. ■

由推论6.3.7可直接的得到以下推论.

推论 6.3.8. 设 V 是一个不可约代数簇, 则 V 有一个稠密开子集是光滑的.

6.3.1 切空间的内在刻画

假设 $\mathfrak{a}\subseteq K[X]$ 是一个素理想, 其中 $X=(X_1,\cdots,X_n)$. 则 $V=\mathbb{V}(\mathfrak{a})$ 是一个不可约仿射代数簇. 不妨设 $a=\bar{0}=(0,\cdots,0)\in V$. 令 $\mathfrak{m}_{\bar{0}}=\{f\in K[V]|\,f(\bar{0})=0\}$, 则 $\mathfrak{m}_{\bar{0}}$ 由坐标函数 $(X_1,\cdots,X_n)$ 生成. 对任意的 $f\in\mathfrak{m}_{\bar{0}}$, 将 f 在 a 点 Taylor 展开,

$$f(X)=f(\bar{0})+\sum_{i=1}^{n}\frac{\partial f}{\partial X_i}(\bar{0})X_i+\text{高阶项}.$$

可得 $f-(\mathrm{d}f)_{\bar{0}}\in{\mathfrak{m}_{\bar{0}}}^2$. 故 $\mathfrak{m}_{\bar{0}}/\mathfrak{m}_{\bar{0}}^2$ 中的元素都可视作一次多项式, 因此 $\mathfrak{m}_{\bar{0}}/\mathfrak{m}_{\bar{0}}^2$ 是 K 上的向量空间. 显然, 对任意的 $f\in\mathfrak{a}$, 有 $f\restriction_V=0$, 从而 $f-(\mathrm{d}f)_{\bar{0}}=-(\mathrm{d}f)_{\bar{0}}\in{\mathfrak{m}_{\bar{0}}}^2$. 特别地, $\mathrm{d}(\mathfrak{a})_{\bar{0}}\subseteq\mathfrak{m}_{\bar{0}}^2$.

我们设 $\mathrm{d}(\mathfrak{a})_{\bar{0}}$ 由一组线性函数 (一次多项式)$\{f_1,\cdots,f_r\}$ 生成. 不妨假设 $f_1,\cdots,f_r$ 在 K 上线性无关, 则存在变元 $Y_1,\cdots,Y_{n-r}\subseteq\{X_1,\cdots,X_n\}$ 使得

$$f_1,\cdots,f_r,Y_1,\cdots,Y_{n-r}$$

在 K 上线性无关. 不妨设 $Y_i=X_i$, 则

$$f_1/\mathfrak{m}_{\bar{0}}^2,\cdots,f_r/\mathfrak{m}_{\bar{0}}^2,X_1/\mathfrak{m}_{\bar{0}}^2,\cdots,X_{n-r}/\mathfrak{m}_{\bar{0}}^2$$

也能生成线性空间 $\mathfrak{m}_{\bar{0}}/\mathfrak{m}_{\bar{0}}^2$. 由于 $f_1, \cdots, f_r \in \mathfrak{m}_{\bar{0}}^2$,故 $X_1/\mathfrak{m}_{\bar{0}}^2, \cdots, X_{n-r}/\mathfrak{m}_{\bar{0}}^2$ 构成 $\mathfrak{m}_{\bar{0}}/\mathfrak{m}_{\bar{0}}^2$ 的一组线性基.

另一方面, $K[X]$ 中的线性函数(即一次多项式)构成一个 n-维 K-线性空间, 因此 $X_1, \cdots, X_n$ 可以被 $X_1, \cdots, X_{n-r}, f_1, \cdots, f_r$ 线性表示, 故 $K[X] = K[X_1, \cdots, X_{n-r}, f_1, \cdots, f_r]$ 且

$$\varphi : g(X) \mapsto g(X_1, \cdots, X_{n-r}, f_1, \cdots, f_r)$$

是 $K[X]$ 的一个环自同构. 因此, 映射

$$\eta : \ K[X_1, \cdots, X_n] \to K[X_1, \cdots, X_{n-r}],$$
$$g(X_1, \cdots, X_{n-r}, f_1, \cdots, f_r) \mapsto g(X_1, \cdots, X_{n-r}, 0, \cdots, 0)$$

是一个满同态且 $\ker(\eta) = (f_1, \cdots, f_r) = \mathrm{d}(\mathfrak{a})_{\bar{0}}$, 从而 $T_{\bar{0}}(V) = \mathbb{V}(\mathrm{d}(\mathfrak{a})_{\bar{0}})$ 的坐标环 $K[X]/\mathrm{d}(\mathfrak{a})_{\bar{0}}$ 同构于 $K[X_1, \cdots, X_{n-r}]$. 考虑 η 诱导的同构

$$\bar{\eta} : K[X]/\mathrm{d}(\mathfrak{a})_{\bar{0}} \to K[X_1, \cdots, X_{n-r}].$$

对任意的 $b \in \mathbb{V}(\mathrm{d}(\mathfrak{a})_{\bar{0}})$, 令 $\mathfrak{m}_b = \{f \in K[X]/\mathrm{d}(\mathfrak{a})_{\bar{0}} |\ f(b) = 0\}$, 则 $\bar{\eta}(\mathfrak{m}_b) \subseteq K[X_1, \cdots, X_{n-r}]$ 也是一个极大理想. 由 Hilbert 零点定理, 存在 $c \in K^{n-r}$ 使得

$$\bar{\eta}(\mathfrak{m}_b) = \mathfrak{n}_c = \{f \in K[X_1, \cdots, X_{n-r}] |\ f(c) = 0\}.$$

事实上, $c = (b_1, \cdots, b_{n-r}, 0, \cdots, 0)$: 设

$$f(X) = g(X_1, \cdots, X_{n-r}, f_1(X), \cdots, f_r(X)).$$

由于 $f_1, \cdots, f_r \in \mathrm{d}(\mathfrak{a})_{\bar{0}}$, 故

$$f(b) = g(b_1, \cdots, b_{n-r}, f_1(b), \cdots, f_r(b)) = 0.$$

当且仅当 $g(b_1,\cdots,b_{n-r},0,\cdots,0)=0$. 这表明 $c=(b_1,\cdots,b_{n-r},0,\cdots,0)$.

回忆 $\{X_1/\mathfrak{m}_{\bar{0}}^2,\cdots,X_{n-r}/\mathfrak{m}_{\bar{0}}^2\}$ 是 $\mathfrak{m}_{\bar{0}}/\mathfrak{m}_{\bar{0}}^2$ 在 k 上的一组基. 对每个 $c\in K^{n-r}$, 设 $c=(c_1,\cdots,c_{n-r})$, 定义 K-线性映射 $\psi_c:\mathrm{Hom}(\mathfrak{m}_{\bar{0}}/\mathfrak{m}_{\bar{0}}^2,K)$ 为

$$\psi_c:\mathfrak{m}_{\bar{0}}/\mathfrak{m}_{\bar{0}}^2\to K,\ X_i/\mathfrak{m}_{\bar{0}}^2\mapsto c_i.$$

我们称映射

$$b\in T_{\bar{0}}(V)\mapsto \mathfrak{m}_b\mapsto \bar{\eta}(\mathfrak{m}_b)=\mathfrak{n}_c\mapsto c\mapsto \psi_c\in \mathrm{Hom}(\mathfrak{m}_{\bar{0}}/\mathfrak{m}_{\bar{0}}^2,K) \quad (6.2)$$

是 $T_{\bar{0}}(V)$ 到 $\mathrm{Hom}(\mathfrak{m}_{\bar{0}}/\mathfrak{m}_{\bar{0}}^2,K)$ 的一个**典范同态**. 以上分析表明以下命题成立.

命题 6.3.9. $T_{\bar{0}}(V)$ 到 $\mathrm{Hom}(\mathfrak{m}_{\bar{0}}/\mathfrak{m}_{\bar{0}}^2,K)$ 的一个典范同态是一个 K-线性同构.

现在设 V 是一个不可约代数簇, $a\in V$. 令 $\mathfrak{m}_a=\{f\in K[V]\mid f(a)=0\}$, 则 $\mathfrak{m}_a$ 是 $K[V]$ 的一个极大理想. 令

$$\mathcal{O}_a(V)=\{f/g\in K(V)\mid f,g\in K[V]\text{且}g\notin\mathfrak{m}_a\},$$

则 $\mathcal{O}_a(V)$ 是一个局部环, 即它只有一个极大理想. 称 $\mathcal{O}_a(V)$ 为 V 在 a 处的局部环 (或 $K[V]$ 在 $\mathfrak{m}_a$ 处的局部化). 对任何包含 a 的开子集 U_0, 有 $K(V)=K(U_0)$, 因此根据定义, $\mathcal{O}_a(V)=\mathcal{O}_a(U_0)$. 直观上, $\mathcal{O}_a(V)$ 是 a 附近的有理函数, 与具体开集 U_0 的选取无关. $\mathcal{O}_a(V)$ 有唯一的极大理想 $\mathfrak{n}_a=\{f\in\mathcal{O}_a(V)\mid f(a)=0\}$. 容易验证, $\mathfrak{n}_a/\mathfrak{n}_a^2\cong\mathfrak{m}_a/\mathfrak{m}_a^2$. 根据命题6.3.9, 我们定义 V 在 a 点的切空间 $T_a(V)$ 为 $\mathrm{Hom}(\mathfrak{n}_a/\mathfrak{n}_a^2,K)(\cong\mathrm{Hom}(\mathfrak{m}_a/\mathfrak{m}_a^2,K))$, 即 K-空间 $\mathfrak{n}_a/\mathfrak{n}_a^2$ 到 K 的所有线性函数构成的 K-空间.

之所以将切空间 $T_a(V)$ 定义为 $\mathrm{Hom}(\mathfrak{m}_a/\mathfrak{m}_a^2,K)$, 是因为我们希

望将 $T_a(V)$ 中的元素看作一个**导子**：如果 $\sigma \in \mathrm{Hom}(\mathcal{O}_a(V), K)$ 满足

$$\forall f, g \in \mathcal{O}_a(V)\ \sigma(fg) = f(a)\sigma(g) + g(a)\sigma(f),$$

则称 σ 是一个 $\mathcal{O}_a(V)$ 上的导子. $\mathcal{O}_a(V)$ 上的所有导子构成的集合记作 $\mathrm{Der}(\mathcal{O}_a(V), K)$. 设 $\sigma \in \mathrm{Der}(\mathcal{O}_a(V), K)$, 由于 $\mathcal{O}_a(V) = K + \mathfrak{m}_a$, 而当 f 为常数时, $\sigma(f) = 0$, σ 可视作映射

$$\sigma : \mathfrak{m}_a \to K,$$

由于 $\sigma(f \cdot g) = f(a)\sigma(g) + g(a)\sigma(f)$, 故 σ 在 $\mathfrak{m}_a^2$ 上取值为零, 故 σ 可视作映射

$$\sigma : \mathfrak{m}_a/\mathfrak{m}_a^2 \to K.$$

即 $\mathrm{Der}(\mathcal{O}_a(V), K) \subseteq \mathrm{Hom}(\mathfrak{m}_a/\mathfrak{m}_a^2, K)$. 另一方面, 容易验证: 如果 $\tau \in \mathrm{Hom}(\mathcal{O}_a(V), K)$ 满足:

- 如果 $f \in \mathcal{O}_a(V)$ 是常函数, 则 $\tau(f) = 0$;
- 如果 $f \in \mathfrak{m}_a^2$, 则 $\tau(f) = 0$,

则 τ 是一个导子. 因此, $\mathrm{Hom}(\mathfrak{m}_a/\mathfrak{m}_a^2, K) = \mathrm{Der}(\mathcal{O}_a(V), K)$. 直观上, $T_a(V)$ 中的元素 $b = (b_1, \cdots, b_n)$ 给出一个方向 $b - a$, 其对应的导子为 D_b. 对 $\mathcal{O}_a(V)$ 中的函数 f, $D_b(f)$ 是 f 在 a 点沿着 $b - a$ 方向的导数:

$$D_b : f \mapsto \sum_{i=1}^{n} \frac{\partial f}{\partial X_i}(a)(b_i - a_i).$$

显然, $b \mapsto D_b$ 是一个单射, 命题6.3.9表明它也是满射.

6.4 射影代数簇

射影空间 $\mathbb{P}^n$ 是 K^{n+1} 中所有通过 $(0,\cdots,0)$ 的直线的集合. 对 $x,y\in K^{n+1}\backslash\{(0,\cdots,0)\}$, 定义 $E(x,y)$ 当且仅当存在 $\lambda\in K$ 使得 $x=\lambda y$, 则 $\mathbb{P}^n=(K^{n+1}\backslash\{(0,\cdots,0)\})/E$. 用 $(x_0:\cdots:x_n)$ 表示 $(x_0,\cdots,x_n)$ 的等价类. 对每个 $i\leqslant n$, 令

$$A_i^n=\{(x_0:\cdots:x_n)\in\mathbb{P}^n|\,x_i\neq 0\},$$

则 $\mathbb{P}^n=\bigcup_{i\leqslant n}A_i^n$, 且

$$f_i:(x_0:\cdots:x_i:\cdots:x_n)\mapsto(\frac{x_0}{x_i},\cdots,\frac{x_{i-1}}{x_i},\frac{x_{i+1}}{x_i},\cdots,\frac{x_n}{x_i}) \tag{6.3}$$

是 A_i^n 到 K^n 的双射, 则 $(\mathbb{P}^n,A_i^n,f_i)$ 是定义在 $\emptyset$ 上的代数簇. 显然 $\mathbb{P}^n$ 是不可约的, 并且双有理同构于 K^n. 称 $\mathbb{P}^n$ 为 n-**维射影空间**.

引理 6.4.1. 若 V 是 $K[X_0,\cdots,X_n]$ 中一族齐次多项式的零点集, 则 $V^*=(V\backslash\{(0,\cdots,0)\})/E\subseteq\mathbb{P}^n$ 是闭子集; 反之, 如果 $V^*\subseteq\mathbb{P}^n$ 是闭子集, 则存在 $K[X_0,\cdots,X_n]$ 中一族齐次多项式的零点集 V 使得 $V^*=(V\backslash\{(0,\cdots,0)\})/E$.

证明: 设 $V\subseteq K^{n+1}$ 是齐次多项式 $h(X)$ 的零点集. 显然对任意的 $a\in K^n$, 有 $h(a)=0$ 当且仅当对任意的 $\lambda\in K$ 有 $h(\lambda a)=0$. 令 $V^*=(V\backslash\{(0,\cdots,0)\})/E$, 则对每个 $i\leqslant n$, $f_i(V^*)\subseteq K^n$ 恰好是

$$h(X_0,\cdots,X_{i-1},1,X_{i+1},\cdots,X_n)$$

的零点集, 故 V^* 是 $\mathbb{P}^n$ 的闭子集. 显然, 如果 V 是 $K[X_0,\cdots,X_n]$ 中一族齐次多项式的零点集, 则 V^* 也是 $\mathbb{P}^n$ 中一族闭集的交, 从而也是闭

集.

另一方面, 设 $W^* \subseteq \mathbb{P}^n$ 是闭子集, 则对每个 $i \leqslant n$, $W_i = f_i(W^*) \subseteq K^n$ 是闭集. 设 $W_i = \mathbb{V}(h_{i0}, \cdots, h_{il})$, 其中

$$h_{ij} \in K[X_0, \cdots, X_{i-1}, X_{i+1}, \cdots, X_n].$$

若 $\deg(h_{ij}) = d$, 则令

$$h_{ij}^* = X_i^d h_{ij}(X_0/X_i, \cdots, X_{i-1}/X_i, X_{i+1}/X_i, \cdots, X_n/X_i).$$

显然, $h_{ij}^* \in K[X_0, \cdots, X_n]$ 是齐次多项式. 令 $W = \mathbb{V}(h_{ij}^*)_{i \leqslant n, j \leqslant l}$. 容易验证 $W^* = (W \backslash \{(0, \cdots, 0)\})/E$. ■

引理6.4.1表明 $\mathbb{P}^n$ 的闭子集恰好对应 $K[X_0, \cdots, X_n]$ 中一族齐次多项式的零点集. $\mathbb{P}^n$ 的闭子集称为**射影代数簇**, 开子集称为**拟射影代数簇**. 显然, 仿射代数簇和拟仿射代数簇都是拟射影代数簇.

代数簇 (V, V_i, f_i) 和 (W, W_i, g_i) 的**直积**是代数簇

$$(V \times W, V_i \times W_j, (f_i, g_j)).$$

需要注意, 代数簇 $V \times W$ 的拓扑不是积拓扑. 如果 $f_1, \cdots, f_l \in K[X_1, \cdots, X_m]$, $g_1, \cdots, g_t \in K[Y_0, \cdots, Y_n]$, $V = \mathbb{V}(f_1, \cdots, f_l)$ 和 $W = \mathbb{V}(g_1, \cdots, g_t)$ 是仿射代数簇, 则 $V \times W = \mathbb{V}(f_1, \cdots, f_l, g_1, \cdots, g_t)$ 也是仿射代数簇.

称一个代数簇 V 是**可分**的是指: 对角线 $\Delta_V = \{(a, a) | a \in V\}$ 是 $V \times V$ 的闭子集. 显然, 仿射/拟仿射代数簇都是可分的, 其对角线被方程组 "$X_i = X_i$" 定义.

引理 6.4.2. 设 $\varphi : X \to Y$ 是代数簇之间的正则态射. 如果 Y 是可分的, 则 φ 的图像

$$\Gamma_\varphi = \{(x, \varphi(x)) | \, x \in X\}$$

是 $X \times Y$ 的闭子集.

证明: 令 $\Delta_Y = \{(a,a)|\, a \in Y\}$, 则 Δ_Y 是 $Y \times Y$ 的闭子集. 令

$$\psi = \varphi \times 1_Y : X \times Y \to X \times Y,\ (x,y) \mapsto (f(x), y),$$

则 ψ 是一个正则态射且 $\Gamma_\varphi = \psi^{-1}(\Delta_Y)$. 故 Γ_φ 是闭的. ■

引理 6.4.3. 设 $\varphi_1, \varphi_2 : X \to Y$ 是代数簇之间的两个正则态射. 如果 Y 是可分的, 则

$$E_{\varphi_1,\varphi_2} = \{(x \in X|\, \varphi_1(x) = \varphi_2(x)\}$$

是 X 的闭子集.

证明: 考虑正则态射

$$(\varphi_1 \times \varphi_2) : X \to Y \times Y,\ x \mapsto (\varphi_1(x) = \varphi_2(x)).$$

令 $\Delta_Y = \{(b,b)|\, b \in Y\}$, 则 Δ_Y 是 $Y \times Y$ 的闭子集, 且

$$E_{\varphi_1,\varphi_2} = (\varphi_1 \times \varphi_2)^{-1}(\Delta_Y).$$

故 E_{φ_1,φ_2} 也是 X 的闭子集. ■

一个直接的推论是:

推论 6.4.4. 设 $\varphi_1, \varphi_2 : X \to Y$ 是代数簇之间的两个正则态射. 如果 Y 是可分的且存在 X 的一个稠密子集 U 使得 $\varphi_1 \restriction_U = \varphi_2 \restriction_U$, 则 $\varphi_1 = \varphi_2$.

命题 6.4.5. 射影空间 $\mathbb{P}^n$ 是可分的.

证明: 显然,$\bigcup_{i,j} A_i^n \times A_j^n$ 是 $\mathbb{P}^n \times \mathbb{P}^n$ 的一个仿射覆盖. 只需验证每个 $\Delta_{\mathbb{P}^n} \cap (A_i^n \times A_j^n)$ 都是 $A_i^n \times A_j^n$ 的闭子集, 即 $(f_i \times f_j)(\Delta_{\mathbb{P}^n} \cap (A_i^n \times A_j^n))$ 是 $(f_i \times f_j)(A_i^n \times A_j^n)$ 的闭子集.

如果 $i = j$, 不妨设 $i = j = 0$, 则 $\Delta_{\mathbb{P}^n} \cap (A_0^n \times A_0^n) = \Delta_{A_0^n}$. 坐标函数

$$f_0 \times f_0 : A_0^n \times A_0^n \to K^n \times K^n,$$
$$((1 : x_1 : \cdots : x_n), (1 : y_1 : \cdots : y_n)) \mapsto ((x_1, \cdots, x_n), (y_1, \cdots, y_n))$$

表明 $(f_0 \times f_0)(\Delta_{A_0^n}) = \Delta_{K^n}$ 是 $K^n \times K^n$ 的闭子集.

如果 $i \neq j$, 不妨设 $i = 0, j = 1$, 则坐标函数为

$$f_0\tau \times f_1 : A_0^n \times A_1^n \to K^n \times K^n,$$
$$((1 : x_1 : \cdots : x_n), (y_0 : 1 : y_2 : \cdots : y_n)) \to ((x_1, \cdots, x_n), (y_0, y_2, \cdots, y_n)).$$

对任意的 $0 \leqslant s, t \leqslant n$, 令

$$F_{st}(X_s, Y_t) = \begin{cases} X_1Y_0 - 1\,, & s = 1, t = 0, \\ Y_t - Y_0X_t\,, & 0 \leqslant t \leqslant n, s = 0, t \neq 1, \\ X_s - Y_sX_t\,, & 0 \leqslant s \leqslant n, t = 1, s \neq 0, \\ X_sY_t - X_tY_s\,, & 0 \leqslant s, t \leqslant n, s \neq 0, t \neq 1, \end{cases}$$

则

$$(f_i \times f_j)(\Delta_{\mathbb{P}^n} \cap (A_i^n \times A_j^n)) = \mathbb{V}(\{F_{st} | \, 0 \leqslant s, t \leqslant n, s \neq 0, t \neq 1\}),$$

从而是 $(f_i \times f_j)(A_i^n \times A_j^n)$ 的闭子集. ■

引理 6.4.6. 设 $V \subseteq K^m$ 是一个仿射代数簇, $X \subseteq V \times \mathbb{P}^n$ 是一个闭子集. 设 $Z = (Z_1, \cdots, Z_m), Y = (Y_0, \cdots, Y_n)$ 是两组变元, 则存在关于变

元组 Y 的齐次多项式 $g_1, \cdots, g_l \in K[Z, Y]$ 使得

$$X = \{(z, (y/E)) \in V \times \mathbb{P}^n | \, g_1(z, y) = \cdots = g_l(z, y) = 0 \wedge y \neq 0\}.$$

证明: X 是闭集当且仅当对每个 $i \leqslant n$, 有

$$X_i = \{(z, f_i(y/E)) \in V \times K^n | \, (z, y/E) \in X\}$$

是 $V \times K^n$ 的闭子集, 其中 f_i 由式 (6.3) 给出. 为了简化记号, 不妨设每个 X_i 是一个多项式的零点集, 即

$$X_i = \mathbb{V}(h_i(Z, Y_0, \cdots, Y_{i-1}, Y_{i+1}, \cdots, Y_n)),$$

其中

$$h_i(Z, Y_0, \cdots, Y_{i-1}, Y_{i+1}, \cdots, Y_n) \in K[Z, Y_0, \cdots, Y_{i-1}, Y_{i+1}, \cdots, Y_n].$$

设 $\deg(h_i) = d$, 则

$$h_i^*(Z, Y) = Y_i^d h_i(Z, Y_0/Y_i, \cdots, Y_{i-1}/Y_i, Y_{i+1}/Y_i, \cdots, Y_n/Y_i)$$

是关于 $Y_0, \cdots, Y_n$ 的齐次多项式. 则

$$X = \{(z, y/E) \in V \times \mathbb{P}^n | \, h_0^*(z, y) = \cdots = h_n^*(z, y) = 0 \wedge y \neq 0\}.$$

■

同理可证下述引理.

引理 6.4.7. 设 $V \subseteq \mathbb{P}^m \times \mathbb{P}^n$ 是一个闭子集, 则存在关于变元组 $X = (X_0, \cdots, X_m)$ 和变元组 $Y = (Y_0, \cdots, Y_n)$ 均齐次的多项式 $g_1, \cdots, g_l \in$

$K[X, Y]$ 使得

$$V = \{((x/E), (y/E)) \in \mathbb{P}^m \times \mathbb{P}^n | g_1(x, y) = \cdots = g_l(x, y) = 0 \wedge x, y \neq 0\}.$$

推论 6.4.8. 射影/拟射影代数簇都是可分的.

证明: 设 $V \subseteq \mathbb{P}^n$ 是闭(开)子集, 则根据引理6.4.7, $V \times V$ 也是 $\mathbb{P}^n \times \mathbb{P}^n$ 的闭(开)子集. 根据命题6.4.5, 有 $\Delta_V = \Delta_{\mathbb{P}^n} \cap (V \times V)$ 是 $V \times V$ 的闭子集. ■

如无特别说明, 我们默认本章中出现的代数簇都是可分的.

定理 6.4.9 (Segre 嵌入定理)**.** $\mathbb{P}^n \times \mathbb{P}^m$ 是一个射影代数簇.

证明: 考虑映射

$$\sigma : \mathbb{P}^n \times \mathbb{P}^m \to \mathbb{P}^{(m+1)(n+1)-1},$$
$$((x_0 : \cdots : x_n), (y_0 : \cdots : y_n)) \mapsto (x_0 y_0 : \cdots : x_i y_j : \cdots : x_m y_m).$$

显然, σ 是一个正则嵌入. 用 (Z_{ij}) 来表示 $\mathbb{P}^{(m+1)(n+1)-1}$ 的齐次坐标. 令 Σ 表示 σ 的像, 则 Σ 是齐次多项式组

$$\{Z_{ij} Z_{st} - Z_{sj} Z_{it} | \, i, s \leqslant n, \; j, t \leqslant m\}$$

的零点集, 从而是 $\mathbb{P}^{(m+1)(n+1)-1}$ 的闭子集. 故 $\mathbb{P}^n \times \mathbb{P}^m$ 是射影代数簇. ■

根据 Bézout 定理, 我们不能期望 $\mathbb{P}^m \times \mathbb{P}^n$ 与 $\mathbb{P}^{m+n}$ 同构.

定理 6.4.10 (Bézout 定理)**.** 设 $f, g \in k[X_0, X_1, X_2]$ 是两个齐次多项式, 其中 $\deg(f) = m$, $\deg(g) = n$. 令 C 与 D 分别为 f 和 g 在 $\mathbb{P}^2$ 中的零点. 如果 C 与 D 没有相同的不可约分支, 则 C 与 D(在计算重根的意

义下)有 mn 个交点. 特别地, $\mathbb{P}^2$ 中的任何两条曲线(维数为 1 的闭子集)相交非空.

任取 $a \neq b \in \mathbb{P}^1$, 则 $\{a\} \times \mathbb{P}^1$ 与 $\{b\} \times \mathbb{P}^1$ 是 $\mathbb{P}^1 \times \mathbb{P}^1$ 中两条不相交的曲线, 因此 $\mathbb{P}^1 \times \mathbb{P}^1$ 与 $\mathbb{P}^2$ 不同构.

6.5 射影代数簇的完备性

定义 6.5.1. 称一个代数簇 X 是**完备**的是指: 对任意代数簇 Y, 投射函数 $\pi : X \times Y \to Y$ 是闭映射.

显然, 完备代数簇的直积还是完备的. 以上定义中的"完备性"在 Hausdorff 空间中能够刻画紧致性. 类似于紧集的闭子集都是紧的, 完备代数簇的闭子集都是完备的(见引理6.5.10).

例 6.5.2. 仿射代数簇 K 不是完备的. 令 $Z = \mathbb{V}(X_1X_2 - 1)$, 则 $Z \subseteq K \times K$ 是闭子集, 而 $\pi_{X_2}(Z) = K \backslash \{0\}$ 不是闭的.

注 6.5.3. 由于代数簇都有一个仿射代数簇的覆盖, 故代数簇 X 是完备的当且仅当对任意仿射代数簇 V, 投射函数 $\pi : X \times V \to V$ 是闭映射.

称一个公式 $\phi(x)$ 是**正公式**是指 ϕ 中不含有否定. 显然 $\phi(K)$ 是 Zariski 闭集当且仅当 ϕ 等价于一个无量词的正公式.

定理 6.5.4 (Lyndon-Robinson 引理). 设 T 是一个一阶 $\mathcal{L}$-理论, $\phi(x)$ 是一个 $\mathcal{L}$-公式, 如果对任意的模型 $M, N \models T$, M 的任意的子结构 A, 任意的同态 $\sigma : A \to N$, 以及任意的 $a \in A^{|x|}$, 都有

$$M \models \phi(a) \implies N \models \phi(\sigma(a)),$$

则存在一个无量词的正公式 $\psi(x)$ 使得 $T \models \forall x(\phi(x) \leftrightarrow \psi(x))$.

证明: 令

$$\Sigma(x) = \{\theta(x) |\ \theta(x)\text{是无量词的正公式且}T \vDash \forall x(\theta(x) \to \phi(x))\}.$$

只需证明存在 $\psi \in \Sigma$ 使得 $T \vDash \forall x(\phi(x) \to \psi(x))$. 否则

$$T \cup \{\neg\theta(x) |\ \theta \in \Sigma\} \cup \{\phi(x)\}$$

一致, 从而存在 $M \vDash T$ 以及 $a \in M^{|x|}$ 使得 $M \vDash \{\neg\theta(a) |\ \theta \in \Sigma\} \cup \{\phi(a)\}$. 令

$$\Psi(x) = \{\theta(x) |\ M \vDash \theta(a)\text{且}\theta\text{是无量词的正公式}\}.$$

我们断言: $T \cup \Psi(x) \cup \neg\phi(x)$ 一致. 否则存在 $\theta^*(x) \in \Psi(x)$ 使得 $T \vDash \forall x(\theta^*(x) \to \phi(x))$, 从而 $\theta^* \in \Sigma(x)$, 这是一个矛盾.

令 $N \vDash T$ 且 $b \in N^{|x|}$ 使得 $N \vDash T \cup \Psi(b) \cup \neg\phi(b)$, A 为 a 在 M 中生成的子结构, B 为 b 在 N 中生成的子结构, 则

$$A = \{\tau^M(a) |\ \tau\text{是一个}\mathcal{L}\text{-项}\},\ B = \{\tau^N(b) |\ \tau\text{是一个}\mathcal{L}\text{-项}\}.$$

显然, $\sigma : \tau^M(a) \mapsto \tau^N(b)$ 是 A 到 $B \subseteq N$ 的同态. 而 $M \vDash \phi(a)$ 且 $N \vDash \neg\phi(\sigma(a))$, 这是一个矛盾. ■

设 $\mathcal{O}$ 是一个整环, F 是其分式域. 如果它满足对于任意的 $x \in F$ 有 $x \in \mathcal{O}$ 或者 $x^{-1} \in \mathcal{O}$, 则称 $\mathcal{O}$ 是 F 的**赋值环**. 每个赋值环都是局部环, 即它具有唯一的极大理想.

定理 6.5.5 (Chevalley 扩张引理). 设 F 是一个域, $R \subseteq F$ 是子环, $\mathfrak{p} \subseteq R$ 是素理想, 则存在 F 的赋值环 $\mathcal{O}$ 使得 $\mathcal{O}$ 的极大理想 $\mathfrak{m}$ 是 $\mathfrak{p}$ 的延伸: $\mathfrak{p} = \mathfrak{m} \cap R$.

Chevalley 扩张引理的证明见 [2], 定理 3.1.1.

推论 6.5.6. 设 F 是一个域, $A \subseteq F$ 是一个子环, $\sigma : A \to K$ 是一个同态, 则存在 F 的赋值环 $\mathcal{O} \supseteq A$ 使得 σ 可以扩张为同态 $\eta : \mathcal{O} \to K$.

证明: 显然 $\ker(\sigma) = \mathfrak{p}$ 是 A 的素理想, 这是因为 $\sigma(A) \subseteq K$ 是一个整环. 不妨设 F 是 A 的分式域, 令 $\mathcal{O} \subseteq F$ 为赋值环使得 $\mathcal{O}$ 的极大理想 $\mathfrak{m}$ 是 $\mathfrak{p}$ 的延伸. 现在 $\bar{\sigma} : A/\mathfrak{p} \to K, a/\mathfrak{p} \mapsto \sigma(a)$ 是一个嵌入, 而 $A/\mathfrak{p} = A/(A \cap \mathfrak{m})$ 可以视作域 $\mathcal{O}/\mathfrak{m}$ 的子环. 由于 K 是饱和的代数闭域, 故 $\bar{\sigma}$ 可以扩张为嵌入 $\bar{\eta} : \mathcal{O}/\mathfrak{m} \to K$. 显然

$$\eta : \mathcal{O} \to K,\ a \mapsto a/\mathfrak{m} \mapsto \bar{\eta}(a/\mathfrak{m})$$

是 σ 的一个扩张. ■

引理 6.5.7. 设 $\mathcal{O}$ 是赋值环且 K 是 $\mathcal{O}$ 的分式域, $\mathbb{G}_m$ 是 K 的乘法群, 则存在一个有序 Abel 群 $(\Gamma, <, 0_\Gamma)$ 以及群同态 $v : \mathbb{G}_m \to \Gamma$ 使得 $\mathcal{O} = \{x \in K \mid v(x) \geqslant 0_\Gamma\} \cup \{0_K\}$.

证明: 令 $\mathcal{O}^\times$ 为 $\mathcal{O}$ 中乘法可逆元的集合, 即 $\{x \in \mathcal{O} \mid \exists y \in \mathcal{O}(xy = 1_K)\}$. 则 $\mathcal{O}^\times$ 是 $\mathbb{G}_m$ 的子群. 令 $\Gamma = \mathbb{G}_m/\mathcal{O}^\times$, v 为映射 $x \mapsto x/\mathcal{O}^\times$, $0_\Gamma = 1_K/\mathcal{O}^\times$. 我们定义 Γ 上的序为:

$$\forall x, y \in \mathbb{G}_m(x/\mathcal{O}^\times \leqslant y/\mathcal{O}^\times \iff yx^{-1} \in \mathcal{O}).$$

容易验证 $(\Gamma, <, 0_\Gamma)$ 满足引理描述的性质. ■

推论 6.5.8. 设 $\mathcal{O}$ 是赋值环, 则对任意的 $b = (b_1, \cdots, b_n) \in K^n$, 存在一个 $\lambda \in K$ 使得 $\lambda b = (\lambda b_1, \cdots, \lambda b_n) \in \mathcal{O}^n$.

证明: 令 $(\Gamma, <, 0_\Gamma)$ 和 v 如上, 规定 $v(0) = \infty > \Gamma$. 不妨设某个 b_i 不是 0. 取 $\lambda \in K$ 使得 $v(\lambda) = \min\{v(b_1), \cdots, v(b_n)\}$, 以及 $a \in K$ 使得 $v(a) = \lambda$, 则 $a^{-1}b \in \mathcal{O}^n$. ■

命题 6.5.9. 射影空间 $\mathbb{P}^n$ 是完备的.

证明: 根据引理6.4.6, 只需证明: 对任意一组关于 $Y=(Y_1,\cdots,Y_n)$ 齐次的多项式

$$h_1,\cdots,h_l\in K[X,Y], \text{其中 } X=(X_1,\cdots,X_m),$$

形如

$$\phi(X):=\exists Y(\bigwedge_{i=1}^{l}h_i(X,Y)=0)$$

的公式总是等价于一个无量词的正公式.

假设存在 $a\in K^m$ 使得 $K\vDash\phi(a)$(否则 ϕ 等价于句子"$0=1$"). 令 $A\subseteq K$ 是 a 生成的子结构. 设 $K\equiv K'$ 且 $\sigma:A\to K'$ 是一个同态. 不妨设 K' 是 $|K|^+$-饱和的. 根据推论6.5.6, 存在 K 的赋值环 $\mathcal{O}\supseteq A$ 使得 σ 可以扩张为同态 $\eta:\mathcal{O}\to K'$. 设 $b\in A^n$ 使得 $K\vDash\bigwedge h_i(a,b)=0$. 根据推论, 存在 $\lambda\in K$ 使得 $b'=(\lambda b_1,\cdots,\lambda b_n)\in\mathcal{O}^n$. 由于每个 h_i 都关于 Y 是齐次的, 故 $K\vDash(\bigwedge_{i=1}^{l}h_i(a,b')=0)$. 由于 $\eta:\mathcal{O}\to K'$ 是同态, 故 $K'\vDash(\bigwedge h_i(\sigma(a),\eta(b'))=0)$, 从而 $K'\vDash\phi(\sigma(a))$. 根据 Lyndon-Robinson 引理, $\phi(X)$ 等于一个无量词的正公式. ■

引理 6.5.10. 设 X 是完备的不可约代数簇, W 是 X 的闭子集, 则 W 是完备的. 特别地, 射影代数簇都是完备的.

证明: 设 Y 是一个代数簇, 需要证明 $\pi_Y:W\times Y\to Y$ 是闭映射. 显然 $W\times Y$ 是 $X\times Y$ 的闭子集. 若 $Z\subseteq W\times Y$ 是闭的, 则 Z 也是 $X\times Y$ 的闭子集. 故 $\pi_Y(Z)$ 是 Y 的闭子集. ■

引理 6.5.11. 设 X 是完备的代数簇, Y 是代数簇, $f:X\to Y$ 是正则态射, 则 $f(X)$ 是完备的. 如果 Y 是可分的, 则 f 是闭映射.

证明: 首先证明 $f(X)$ 是完备的. 设 Z 是一个代数簇, 令 $\pi_Z : f(X) \times Z \to Z$ 和 $\pi_Z^* : f(X) \times Z \to Z$ 均为投射函数, $f \times 1_Z : X \times Z \to f(X) \times Z$, $(x,z) \mapsto (f(x),z)$ 为正则态射, 则下图交换:

$$\begin{array}{ccc} X \times Z & \xrightarrow{f \times 1_Z} & f(X) \times Z \\ \pi_Z \downarrow & \swarrow \pi_Z^* & \\ Z & & \end{array}$$

若 $W \subseteq f(X) \times Z$ 是闭的, 则 $(f \times 1_Z)^{-1}(W)$ 也是闭的, 从而 $\pi_Z^*((f \times 1_Z)^{-1}(W)) = \pi_Z(W)$ 是闭的, 故 $f(X)$ 完备.

下面证明当 Y 可分时, f 是闭映射. 令 Z 是 X 的闭子集, $\Gamma_{f\restriction_Z} \subseteq Z \times Y$ 为 $f\restriction_Z$: $Z \to Y$ 的图像, $\pi_Y : X \times Y \to Y$ 是投射函数, 则 $f(Z) = \pi_Y(\Gamma_{f\restriction_Z})$. 根据引理6.4.2, $\Gamma_{f\restriction_Z}$ 是 $Z \times Y$ 的闭子集. 根据引理6.5.10, Z 也是完备的, 故 $f(Z)$ 是闭的. ■

推论 6.5.12. 设 X 是完备的不可约代数簇, 则任意正则函数 $\varphi : X \to K$ 都是常函数. 特别地, $K[X] \cong K$.

证明: 设 $f \in K[X]$, 则 $f : X \to K$ 是正则映射, 根据引理6.5.11, $f(X) \subseteq K$ 是闭子集且是完备的. 由于 K 不完备, 故 $f(X) \neq K$, 从而是 K 的有限子集. 由于 X 不可约, 故 $f(X)$ 不可约, 从而是单点集. ■

同理可证下述推论.

推论 6.5.13. 设 X 是完备的不可约代数簇, $\varphi : X \to \mathbb{P}^1$ 是一个正则态射, 则 φ 是单点集或者是满射.

推论6.5.12表明, 对任意的 $n \in \mathbb{N}$, $K[\mathbb{P}^n] \cong K$.

推论 6.5.14. 设 X 是完备的不可约代数簇, W 是一个仿射代数簇, $\varphi : X \to W$ 是一个正则态射, 则 φ 是一个常函数. 特别地, 完备的不可约仿射代数簇是单点集.

证明: 设 $W \subseteq K^n, \varphi = (\varphi_1, \cdots, \varphi_n)$, 其中每个 $\varphi_i \in K[X]$, 从而是常函数. 故 φ 是常函数. ■

引理 6.5.15 (刚性定理). 设 X, Y, Z 是不可约代数簇, X 是完备的, $f: X \times Y \to Z$ 是一个正则同态. 如果存在 $y_0 \in Y$, $z_0 \in Z$ 使得 $f(X \times \{y_0\}) = \{z_0\}$, 则对任意的 $y \in Y$, 存在 $z \in Z$, 使得 $f(X \times \{y\}) = \{z\}$.

证明: 令 $U \subseteq Z$ 是包含 z_0 的一个仿射开子集. $V = f^{-1}(Z \backslash U)$ 是 $X \times Y$ 的闭子集. 由于 X 是完备的, 故

$$\pi_Y(V) = \{y \in Y | \, \exists x \in X((x, y) \in V)\}$$

是 Y 的闭子集. 令 $O = Y \backslash \pi_Y(V)$, 则 $y_0 \in O$, 且对任意的 $b \in O$, 有 $f(X \times \{b\}) \subseteq U$, 故 $x \mapsto f(x, b)$ 是 X 到 U 的正则态射, 从而是常函数.

对任意的 $a_1, a_2 \in X$, 令

$$W_{a_1, a_2} = \{y \in Y | \, f(a_1, y) = f(a_2, y)\},$$

则 W_{a_1, a_2} 是 Y 的闭子集. 现在 $y_0 \in O$ 非空, 且 $O \subseteq W_{a_1, a_2}$. 由于 Y 不可约, 故 $W_{a_1, a_2} = Y$. ■

推论 6.5.16. 设 X, Y, Z 是不可约代数簇, X 是完备的, $f: X \times Y \to Z$ 是一个正则同态. 如果存在 $x_0 \in X$, $y_0 \in Y$, 以及 $z_0 \in Z$ 使得

$$f(X \times \{y_0\}) = \{z_0\} = f(\{x_0\} \times Y),$$

则 $f(X \times Y) = \{z_0\}$.

证明: 对任意的 $y \in Y$, 有 $f(x_0, y) = \{z_0\}$. 根据引理6.5.15, 有 $f(X \times \{y\}) = \{z_0\}$. 故 $f(X \times Y) = \{z_0\}$. ■

我们已经知道射影代数簇都是完备的. 另一方面, 有下述定理.

定理 6.5.17 (Chow 引理). 设 k 是 K 的子域 (k 不必是代数闭域), X 是定义在 k 上的完备代数簇, 则存在定义在 k 上的射影代数簇 $\tilde{X}$ 以及定义在 k 上的满正则态射 $\tilde{f}: \tilde{X} \to X$, 并且 $\tilde{f}$ 是双有理同构.

证明: 不妨设 X 是不可约的. 设 $X = U_1 \cup \cdots \cup U_n$ 是 X 的一个仿射开覆盖, 令 $Y_i \supseteq U_i$ 是包含 U_i 作为仿射开子集的一个射影代数簇. 可以假设 U_i 和 Y_i 都是定义在 k 上的. 令 $U = \bigcap_{i=1}^n U_i$, 则 U 是 X 的稠密开子集. 令 $Y = \prod_{i=1}^n Y_i$, 根据 Segre 嵌入定理, Y 是一个射影代数簇. 考虑映射

$$\Delta : U \to U^n \to Y,\ x \mapsto (x, \cdots, x)$$

和映射

$$\Psi : U \to X \times Y,\ x \mapsto (x, \Delta(x)),$$

则 $\Psi(U)$ 是 Δ 的图像 Γ_Δ. 令 Z^* 为 $\Gamma_\Delta = \Psi(U)$ 在 $X \times Y$ 中的闭包, 根据引理6.5.10, Z^* 也是完备的. 令 $f : Z^* \to X$ 为映射 $\pi_X : X \times Y \to X$ 在 Z^* 上的限制.

断言 [1]: $f^{-1}(U) = \Psi(U)$.

证明断言 [1]: 根据6.4.8, Y 是可分的, 从而根据引理6.4.2, $\Psi(U) = \Gamma_\Delta$ 是 $U \times Y$ 的闭子集, 故 $\Psi(U) = (U \times Y) \cap Z^*$. 另一方面,

$$f^{-1}(U) = \pi_X^{-1}(U) \cap Z^* = (U \times Y) \cap Z^*.$$

□断言 [1] 证毕

这表明 $\Psi \circ f$ 是 $\Psi(U)$ 上的恒等函数, 故 f 是一个 Z^* 到 X 的双有理同构. 根据引理6.5.11, f 是一个闭映射. 由于 $U \subseteq \mathrm{image}(f)$, 且 U 在 X 中稠密, 故 f 是满射.

现在,只需证明 Z^* 正则同构于一个射影代数簇. 令 $g: Z^* \to Y$ 为 $\pi_Y: X \times Y \to Y$ 在 Z^* 上的限制. 同理,由于 $\Psi(U) = \Gamma_\Delta$ 是 $U \times \Delta(U)$ 的闭子集,因此

$$g^{-1}(\Delta(U)) = \pi_Y^{-1}(\Delta(U)) \cap Z^* = (X \times \Delta(U)) \cap Z^* = \Psi(U).$$

故 $(g\restriction_{\Psi(U)}) \circ \Psi = \Delta$ 是 U 到 $\Delta(U)$ 的正则同构,从而 $g\restriction_{\Psi(U)}$ 是 $\Psi(U)$ 到 $\Delta(U)$ 的正则同构. 根据引理6.5.11, g 是一个闭映射,故 image(g) 也是一个射影代数簇,因此只需验证 $g: Z^* \to \text{image}(g)$ 是一个正则同构.

令 $p_i: Y \to Y_i$ 为投射函数,令 $V_i = p_i^{-1}(U_i)$,则

$$V_i = Y_1 \times \cdots \times Y_{i-1} \times U_i \times Y_{i+1} \times \cdots \times Y_n.$$

断言 [2]: $f^{-1}(U_i) \subseteq g^{-1}(V_i) = (p_i \circ g)^{-1}(U_i)$.

证明断言 [2]: 令 $W_i = f^{-1}(U_i)$. 只需验证 $f\restriction_{W_i}: W_i \to U_i \subseteq Y_i$ 与 $(p_i \circ g)\restriction_{W_i}: W_i \to Y_i$ 是同一个映射. 显然

$$(f\restriction_{W_i})\restriction_{f^{-1}(U)} = f\restriction_{f^{-1}(U)} = ((p_i \circ g)\restriction_{W_i})\restriction_{f^{-1}(U)} = (p_i \circ g)\restriction_{f^{-1}(U)}.$$

由于 $f^{-1}(U)$ 是 W_i 的稠密开子集,故根据推论6.4.3,有 $f\restriction_{W_i} = (p_i \circ g)\restriction_{W_i}$. □断言 [2] 证毕

由于 $\{U_i | i \leqslant n\}$ 是 X 的一族开覆盖,故 $\{g^{-1}(V_i) | i \leqslant n\}$ 是 Z^* 的一族开覆盖. 对任意的 $(x, y) \in Z^* \subseteq X \times Y$, $(x, y) \in g^{-1}(V_i)$ 当且仅当 $p_i(y) \in U_i$. 故对任意的 $a, b \in Z^*$,当 $a \in g^{-1}(V_i), b \notin g^{-1}(V_i)$ 时,有 $p_i(g(a)) \in U_i$ 而 $p_i(g(b)) \notin U_i$,从而 $g(a) \neq g(b)$.

因此只需验证:对每个 $1 \leqslant i \leqslant n$, $g\restriction_{g^{-1}(V_i)}: g^{-1}(V_i) \to V_i$ 都是正则同构. 注意到 $g^{-1}(V_i) = (X \times V_i) \cap Z^*$. 由于 Z^* 是 $\Gamma_\Delta = \Psi(U)$ 在

$X \times Y$ 中的闭包, 故 $g^{-1}(V_i)$ 是 $\Psi(U)$ 在 $X \times V_i$ 中的闭包. 令

$$h_i : V_i \to U_i \to X$$

为投射 $p_i \restriction_{V_i}: V_i \to U_i$ 和包含映射 $U_i \to X$ 的复合, $\Gamma_{h_i} \subseteq V_i \times X$ 为函数 h_i 的图像, 则 Γ_{h_i} 是 $V_i \times X$ 的闭子集. 显然,

$$\pi_Y \restriction_{\Gamma_{h_i}} : \Gamma_{h_i} \to \pi_Y(\Gamma_{h_i})\ (\subseteq V_i)$$

是一个正则同构. 将 Γ_{h_i} 视作 $X \times V_i$(正则同构于 $V_i \times X$) 的闭子集. 显然有 $\Gamma_\Delta \subseteq \Gamma_{h_i}$, 从而 Γ_Δ 在 $X \times V_i$ 中的闭包 $g^{-1}(V_i)$ 也是 Γ_{h_i} 的子集. 现在

$$g \restriction_{g^{-1}(V_i)} = \pi_Y \restriction_{g^{-1}(V_i)} = (\pi_Y \restriction_{\Gamma_{h_i}}) \restriction_{g^{-1}(V_i)},$$

即 $g \restriction_{g^{-1}(V_i)}$ 恰好是 $\pi_Y \restriction_{\Gamma_{h_i}}$ 在 $g^{-1}(V_i)$ 上的限制. 由于 $\pi_Y \restriction_{\Gamma_{h_i}}$ 是正则同构, 故 $g \restriction_{g^{-1}(V_i)}: g^{-1}(V_i) \to \pi_Y(g^{-1}(V_i))$ 也是正则同构.

综上所述, $g : Z^* \to \mathrm{image}(g)$ 是正则同构, 从而复合映射

$$\tilde{f} : \tilde{X} = \mathrm{image}(g) \xrightarrow{g^{-1}} Z^* \xrightarrow{f} X$$

满足引理的要求. ■

6.6 局部域上的完备代数簇

设 F 是一个域, 如果 F 上有一个非离散的拓扑, 使得域的运算都是连续的, 则称 F 是一个拓扑域. 如果对任意 $a \in F$ 都存在一个开邻域 B 使得 B 的闭包是紧的, 则称 F 是一个局部域. [25] 的 2-4 节证明了任何局部域都同构且同胚于 $\mathbb{R}$(实数域), $\mathbb{Q}_p$(p 进数域), 或者 $\mathbb{F}_q((X))$(有限域 $\mathbb{F}_q$ 上的 Laurent 级数) 的有限扩张.

现在设 k 是一个局部域, 称 k 上的拓扑为**强拓扑**. 对任意 k-可定义的 Zariski 闭集 $X \subseteq K^n$, $X(k) = X \cap k^n$ 是 k 在其强拓扑下的 k^n 的闭子集. 如果 $X = (V, V_i, f_i)$ 是定义在 k 上的代数簇, 即每个 $U_i = \text{image}(f_i) \subseteq K^n$ 都是 k-可定义的, 并且转换函数

$$f_{ij} : f_i(V_i \cap V_j) \to f_j(V_i \cap V_j)$$

也都是 k-可定义的, 令 $V_i(k) = f_i^{-1}(U_i(k))$, $V(k) = \bigcup_i V_i(k)$, 则 $X(k) = (V(k), V_i(k), f_i \restriction_{V_i(k)})$ 是 k 上的流形, 其转换函数为 f_{ij} 在 $U_{ij}(k)$ 上的限制. 称 $X(k)$ 为 X 的 k-**有理点**.

$\mathbb{P}^n$ 的 k-有理点

$$\mathbb{P}^n(k) = \{(x_0 : \cdots : x_n) | \, x_0, \cdots, x_n \in k\}$$

在强拓扑下作为 k 上的流形是紧空间. 若 $X \subseteq \mathbb{P}^n$ 是射影代数簇, 则 $X(k)$ 在强拓扑下是 $\mathbb{P}^n(k)$ 的闭子集, 从而也是紧集.

定理 6.6.1. 设 k 是一个局部域, X 是定义在 k 上的完备代数簇, 则 $X(k)$ 在强拓扑下是紧空间.

证明: 对 $\text{MR}(X)$ 归纳证明. 根据 Chow 引理 (定理6.5.17), 存在定义在 k 上的射影代数簇 $\tilde{X}$, 定义在 k 上的满正则态射 $\tilde{f} : \tilde{X} \to X$, 以及定义在 k 上的开子集 $V \subseteq \tilde{X}$ 和 $U \subseteq X$ 使得 $U = \tilde{f}(V)$ 是 X 的稠密的开子集, 且 $\tilde{f} \restriction_V : V \to U$ 是正则同构. 令 $g = \tilde{f} \restriction_V$. 因为 g^{-1} 是 k-可定义的, 故将 $U(k)$ 映到 $V(k)$, 即 $g = \tilde{f} \restriction_{V(k)} : V(k) \to U(k)$ 是双射. 由于 $\tilde{f} \restriction_{\tilde{X}(k)} : \tilde{X}(k) \to X(k)$ 是连续映射, 故 $\tilde{f}(\tilde{X}(k))$ 是 $X(k)$ 在强拓扑下的紧子集. 由于 $\tilde{f} \restriction_{V(k)} : V(k) \to U(k)$ 是双射, 故 $U(k) = \tilde{f}(V(k)) \subseteq \tilde{f}(\tilde{X}(k))$.

令 $Z = X \backslash U$, 则 Z 是 X 的闭子集, 从而是完备的. 由于 U 是稠密的, $X = \text{cl}_{\text{Zari}}(U)$, 故 $\text{MR}(Z) < \text{MR}(X)$. 根据归纳假设, 有 $Z(k)$ 在强

拓扑下是紧的. 显然

$$X(k) = Z(k) \cup U(k) = Z(k) \cup \tilde{f}(\tilde{X}(k)),$$

从而 $X(k)$ 在强拓扑下是紧空间. ■

7

代数群

在第4章，我们讨论了 ω-稳定群的一般性质. 显然, 定义在代数闭域中的群都是 ω-稳定群. 本章我们重点讨论定义在代数闭域中的群, 并证明他们都是代数. 在本章中, 我们仍然假设 K 是一个饱和的代数闭域, k 是 K 的一个子域. 所有的代数簇都是 K 中的代数簇.

7.1 代数群

定义 7.1.1. 设 V 是 k 上的代数簇, 如果定义在 k 上的正则态射

$$\mu : V \times V \to V \text{ (乘法)和 } \mathrm{inv} : V \to V \text{ (逆)}$$

以及 $\mathrm{id}_G \in V(k)$ 使得 $G = (V, \mu, \mathrm{inv}, \mathrm{id}_G)$ 是一个群, 则称 G 是一个定义在 k 上的**代数群**.

例 7.1.2. 令 $\mathrm{GL}(n, K)$ 为 K 上所有 $n \times n$ 可逆矩阵组成的群, 则 $\mathrm{GL}(n, K) = \mathbb{D}(\det(X_{ij}))$ 是一个拟仿射簇, 这里 $\det(X_{ij})$ 表示矩阵 $(X_{ij})_{n\times n}$ 的行列式. $\mathrm{GL}(n, K)$ 是仿射空间 $K^{n\times n}$ 的开子集, 因此是不

可约的. 称 $\mathrm{GL}(n,K)$ 的闭子群为**线性代数群**, 也称为**仿射代数群**. 特别地, K 的加法群 $\mathbb{G}_a$ 和乘法群 $\mathbb{G}_m$ 都是线性群:

$$\mathbb{G}_a \cong \left\{ \begin{bmatrix} 1 & a \\ 0 & 1 \end{bmatrix} \mid a \in \mathbb{G}_a \right\}, \mathbb{G}_m \cong \left\{ \begin{bmatrix} a & 0 \\ 0 & a \end{bmatrix} \mid a \in \mathbb{G}_m \right\}.$$

由于代数簇都是可定义的, 因此代数群都是可定义群, 从而都是 ω-稳定群. 根据量词消去, 如果 G 是定义在域 k 上的代数群, 则 G 被一个无量词的公式定义, 记作 $G(x)$. 其上的群运算也被无量公式定义, 因此

$$G(k) = \{a \in k^{|x|} \mid K \models G(a)\} = \{a \in k^{|x|} \mid k \models G(a)\}$$

也是 k 中的可定义群. 需要注意, 当子域 k 不是代数闭域时, $G(k)$ 不一定是 ω-稳定的.

显然, 代数群 G 都是拓扑群. 由于 $\mathrm{inv} \circ \mathrm{inv}$ 是 G 上的恒等映射, 故 $\mathrm{inv}: G \to G$ 是 (代数簇) 同构. 同理, 对每个 $a \in G$,

$$L_a : G \to G,\ x \mapsto ax,$$
$$R_a : G \to G,\ x \mapsto xa$$

都是 (代数簇) 同构.

引理 7.1.3. 设 G 是一个代数群, $G = V_1 \cup \cdots \cup V_n$ 是 G 的一个不可约分解, 且 $\mathrm{id}_G \in V_1$, 则

(i) V_1 是 G 的子群 (从而也是代数群);

(ii) 每个 V_i 都是 V_1 的陪集;

(iii) $\mathrm{MR}(G) = \mathrm{MR}(V_1)$ 且 $\mathrm{Md}(G) = n$.

证明: 对任意的 $a \in G$, L_a 是 G 的代数簇同构, 从而 $aV_1 \cup \cdots \cup aV_n$ 也是 G 的一个不可约分解, 故

$$\{aV_1, \cdots, aV_n\} = \{V_1, \cdots, V_n\}.$$

断言: 设 $i \neq j \leqslant n$, 则 $V_i \cap V_j = \emptyset$.

证明断言: 否设 $a \in V_i \cap V_j$, 则对任意的 $b \in G$, 存在 $i' \neq j' \leqslant n$ 使得

$$b = (ba^{-1})a \in (ba^{-1})V_i \cap (ba^{-1})V_j = V_{i'} \cap V_{j'},$$

这表明

$$G = \bigcup_{i \neq j \leqslant n} (V_i \cap V_j | \, i < j \leqslant n),$$

从而 $\mathrm{MR}(G) = \max\{\mathrm{MR}(V_i \cap V_j) | \, i < j \leqslant n\}$. 当 $i \neq j$ 时, $V_i \cap V_j$ 是 V_i 和 V_j 的真闭子集, 而 V_i, V_j 不可约, 故

$$\mathrm{MR}(V_i \cap V_j) < \mathrm{MR}(V_i), \mathrm{MR}(V_j) \leqslant \mathrm{MR}(G),$$

这是一个矛盾. 故**断言**成立. $\square_{\text{断言证毕}}$

下面证明 V_1 是一个子群. 对任意的 $a \in V_1$, 有 $a \in V_1 \cap aV_1$, 根据**断言**, 有 $aV_1 = V_1$. 对任意的 $X \subseteq G$, 将 X 在 inv 下的像记作 X^{-1}. 显然 $G = G^{-1} = V_1^{-1} \cup \cdots \cup V_n^{-n}$ 也是一个不可约分解, 故

$$\{V_1^{-1}, \cdots, V_n^{-1}\} = \{V_1, \cdots, V_n\}.$$

由于 $e \in V_1^{-1} \cap V_1$, 根据**断言**, 有 $V_1^{-1} = V_1$, 故 V_1 是一个群. 同理, 对任意的 $b \in V_i$, 有 $b \in V_i \cap bV_1$, 从而 $V_i = bV_1$, 故每个 V_i 都是 V_1 的陪集. **(iii)** 是 **(i)** 和 **(ii)** 的直接推论. ■

引理 7.1.4. 设 G 是一个代数群, 则 G^0 是 G 的一个不可约分支. 特别

地, $G = G^0$ 当且仅当 G 不可约.

证明: 设 $\{V_1, \cdots, V_n\}$ 是 G 的全部不可约分支, 且 $e \in V_1$, 则 V_1 是 G 的有限指数子群, 故 $G^0 \leqslant V_1$, 从而 G^0 是 V_1 的闭子群. 由于 $\dim(G^0) = \dim(V_1)$, 故 $G^0 = V_1$. ■

设 G 是一个代数群, 称 G 是**连通的**, 是指 G 没有非平凡的开闭子集. 以上引理表明 G 是连通的当且仅当它是可定义连通的, 等价地, $G = G^0$ 是不可约的.

根据推论4.1.14和定理4.1.15, 有下述推论.

推论 7.1.5. 设 G 是一个不可约代数群, U 是 G 的非空开子集, 则

(i) $G = UU$;

(ii) 存在有限多个 $g_1, \cdots, g_n \in G$ 使得 $G = g_1U \cup \cdots \cup g_nU$.

引理 7.1.6. 设 G 是代数群, 则 G 上处处光滑.

证明: 设 $G = V_1 \cup \cdots \cup V_n$ 是不可约分解, V_1 是 G 的子群. 根据推论6.3.8, V_1 有一个稠密仿射开子集 U 是光滑的. 对任意的 $a \in G$, $L_a : U \mapsto aU$ 是正则同构, 根据推论6.3.4, aU 也是光滑的. 故 $G = \bigcup_{a \in G} aU$ 是处处光滑的, 从而是光滑的. ■

引理 7.1.7. 若 G 是代数群, 则 G 是可分的.

证明: 映射

$$\mu : G \times G \to G,\ (a, b) \mapsto ab^{-1}$$

是正则映射, 故 $\mu^{-1}(\mathrm{id}_G) = \Delta_G = \{(x, x) | \ x \in G\}$ 是 $G \times G$ 的闭子集. ■

引理 7.1.8. 设 G 是定义在 k 上的代数群, $H \leqslant G$ 是子群, 则 H 的 Zariski 闭包是代数群.

证明: 令 $X = \mathrm{cl}_{\mathrm{Zari}}(H)$ 为 H 在 G 中的闭包. 对任意的 $h \in H$,

$$hX = h\mathrm{cl}_{\mathrm{Zari}}(H) = \mathrm{cl}_{\mathrm{Zari}}(hH) = \mathrm{cl}_{\mathrm{Zari}}(H) = X.$$

对每个 $a \in X$, 令 $X_a = \{b \in X|\ ba \in X\}$, 则 X_a 是一个闭集. 令 $Y = \{b \in X|\ bX \subseteq X\}$, 则 $Y = \bigcap_{a \in X} X_a$ 也是一个闭集, 且 $H \subseteq Y$. 故 $Y = X$, 从而 X 是子群. ■

引理 7.1.9. 设 G 是定义在 k 上的代数群, $H \leqslant G$ 是子群, 则 H 是可定义子群当且仅当 H 是 G 的闭子群. 特别地, H 也是代数群.

证明: 显然, G 的闭子群都是代数群, 从而是可定义的. 反之, 设 H 是可定义的, 则 $\mathrm{cl}_{\mathrm{Zari}}(H)$ 是 G 的闭子群. 如果 $H \neq \mathrm{cl}_{\mathrm{Zari}}(H)$, 取 $a \in (\mathrm{cl}_{\mathrm{Zari}}(H) \backslash H)$, 则

$$\mathrm{MR}(\mathrm{cl}_{\mathrm{Zari}}(H) \backslash H) \geqslant \mathrm{MR}(aH) = \mathrm{MR}(H),$$

这与推论6.2.7矛盾. 故 H 是闭的. ■

可定义映射不一定是正则的, 但是代数群之间的可定义同态都是正则的.

命题 7.1.10. 设 G 和 H 是定义在 k 上的代数群, $f : G \to H$ 是 k-可定义的群同态, k 是是特征为 p 代数闭域. 如果 $p = 0$, 则 f 是定义在 k 上的正则映射; 如果 $p > 0$, 则 f 是定义在 k 上的 p-正则映射.

证明: 根据7.1.9, $\mathrm{image}(f)$ 是 H 的可定义子群, 因此也是 H 的闭子群. 若 $f : G \to \mathrm{image}(f)$ 是正则映射 (或 p-正则映射), 则 $f : G \to H$ 也是正则映射 (或 p-正则映射). 故不妨设 f 是满射. 令 r 是 G^0 在 k 上的一个泛型, 根据引理4.1.19, $q = f(r)$ 是 H^0 在 k 上的一个泛型. 令 $a \models r$, 根据引理6.1.12, 当 $p = 0$ 时, 存在定义在 k 上的有理函数

$\eta(x)$ 使得 $f(a) = \eta(a)$, 即 $f(x) = \eta(x) \in r$; 当 $p > 0$ 时, 存在定义在 k 上的有理函数 $\chi(x)$ 以及 $n \in \mathbb{N}^{>0}$ 使得 $f(a) = (\mathbf{Fr}^n \circ \chi)(a)$, 即 $f(x) = (\mathbf{Fr}^n \circ \chi)(x) \in r$.

由紧致性, 当 $p = 0$(或 $p > 0$) 时, 存在 G 的仿射开子集 $U \subseteq G^0$ 使得 $r \vDash U$ 且 $\eta \restriction_U = f \restriction_U$(或 $(\mathbf{Fr}^n \circ \chi) \restriction_U = f \restriction_U$), 即 $f \restriction_U$ 是正则 (或 p-正则) 映射. 根据定理4.1.15, 存在 $g_1, \cdots, g_n \in G(k)$ 使得

$$G = g_1 U \cup \cdots \cup g_n U.$$

对每个 $y \in g_i U$, 有 $f(y) = f(g_i g_i^{-1} y) = f(g_i) f(g_i^{-1} y)$, 即 $f \restriction_{g_i U}: g_i U \to H$ 为以下复合映射:

$$g_i U \xrightarrow{L_{g_i^{-1}}} U \xrightarrow{f} f(U) \xrightarrow{L_{f(g_i)}} H.$$

由于 G 和 H 是代数群, 故左乘映射 $L_{g_i^{-1}}$ 和 $L_{f(g_i)}$ 都是正则映射. 由于当 $p = 0$(或 $p > 0$) 时, f 在 U 上是正则 (或 p-正则) 的, 故 $f \restriction_{g_i U}: g_i U \to H$ 是正则 (或 p-正则) 的, 即 f 在 G 上处处正则 (或 p-正则), 从而是正则 (或 p-正则) 映射. ■

7.2 Abel 簇

定义 7.2.1. 设 G 是一个连通的代数群. 如果 G 是完备的代数簇, 则称 G 为 **Abel 簇**.

引理 7.2.2. Abel 簇都是交换的.

证明: 考虑正则态射

$$\varphi : G \times G \to G,\ (x, y) \mapsto xyx^{-1}y^{-1},$$

则

$$\varphi(G, \mathrm{id}_G) = \varphi(\mathrm{id}_G, G) = \mathrm{id}_G .$$

根据推论6.5.16, $\varphi(G \times G) = \{\mathrm{id}_G\}$, 从而 G 是交换的. ■

由于 Abel 簇 G 有交换性, 因此一般用 0_G 表示 G 的幺元, 用 $a+b$ 和 $a-b$ 表示 $a \cdot b$ 和 $a \cdot b^{-1}$.

引理 7.2.3. 设 $f : G \to H$ 是 Abel 簇之间的正则态射, 则

$$f^* : G \to H,\ x \mapsto f(x) - f(0_G)$$

是群同态.

证明: 考虑正则态射

$$\varphi : G \times G \to H,\ (x, y) \mapsto f(x+y) - f(x) - f(y),$$

则 $\varphi(G, 0_G) = \varphi(0_G, G) = \{-f(0_G)\}$, 故对任意的 $x, y \in G$, 有

$$f(x+y) - f(x) - f(y) = -f(0_G),$$

从而

$$f^*(x+y) = f(x+y) - f(0_G) = f(x) + f(y) - 2f(0_G) = f^*(x) + f^*(y).$$

显然 $f^*(0_G) = f(0_G) - f(0_G) = 0_H$, 故 f^* 是群同态. ■

例 7.2.4. 设 $\operatorname{char} K \neq 2, 3$, $E \subseteq K^2$ 是被方程 $Y^2 = X^3 + aX + b$ 定义的, 其中 $a, b \in K$. 称这样的 E 为椭圆曲线. 显然 E 关于 X 轴对称, 即

$$(x, y) \in E \iff (x, -y) \in E,$$

其射影曲线 E^* 对应的齐次方程为

$$Y^2Z = X^3 + aXZ^2 + bZ^3.$$

E 可以视作 E^* 的仿射子集

$$\{(x:y:1) \in E^* |\, (x,y) \in E\}.$$

将 $(0:1:0) = \infty$ 视作 E^* 的无限远点, 则 $E^* = E \cup \{\infty\}$. 对任意的 $P, Q \in E$, 令 I 为经过 P, Q 的直线, 则由 Bézout 定理 (定理 6.4.10), 存在第三个点 $R \in E^*$ 与 P, Q 共线. 事实上,

(i) 如果 I 不是垂线 $X = a$, 则 I 和 E 还有一个交点;

(ii) 如果 I 是垂线 $X = a$, 则其对应的射影直线是 $X = aZ$, 它经过 $\infty \in E^*$.

令 R^* 为 R 关于 X 轴的对称点, 规定 $P \oplus Q = R^*$, 并且规定 ∞ 为幺元, 则 $(E^*, \oplus, \infty)$ 是一个交换群.

定理 7.2.5 (Barsotti-Chevalley 定理). 设 G 代数群, 则 G 有唯一的线性正规子群 N 使得 G/N 是一个 Abel 簇, 即存在正合列

$$0 \to N \to G \to A \to 0,$$

其中 A 是 Abel 簇.

Barsotti-Chevalley 定理的证明可参考 [9]. 设 G, N, A 如上, G 定义在 k 上, 由于 N 是唯一的, 即在 $\mathrm{Aut}(G)$ 下保持不变, 从而是 $\mathrm{Aut}(K/k)$ 不变的. 故 N 和 A 都定义在 k 上.

7.3 代数群的仿射商群

我们将在本节证明任意代数群商掉其中心都是仿射代数群.

定理 7.3.1 (Krull 交定理). 设 R 是一个 Noether 局部环, $\mathfrak{m}$ 是 R 的极大理想, 则 $\bigcap_{n\in\mathbb{N}^{>0}}\mathfrak{m}^n=(0)$.

证明: 设 $\{e_1,\cdots,e_r\}$ 是 $\mathfrak{m}$ 的一组生成元. 设 $X=(X_1,\cdots,X_r)$ 是一组变元, 对每个 $n\in\mathbb{N}^{>0}$, 令 $R[X]_n$ 为 $R[X]$ 中所有的 n-次齐次多项式构成的集合, 则

$$\mathfrak{m}^n=\{f(e_1,\cdots,e_r)|\ f\in R[X]_n\},$$

令

$$H_n=\{f\in R[X]_n|\ f(e_1,\cdots,e_r)\in\bigcap_{n\in\mathbb{N}^{>0}}\mathfrak{m}^n\},$$

$I\subseteq R[X]$ 为 $\bigcup_{n\in\mathbb{N}^{>0}}H_n$ 生成的理想. 根据 Hilbert 基定理, $R[X]$ 是 Noether 环, 因此存在有限子集

$$\{f_1,\cdots,f_l\}\subseteq\bigcup_{n\in\mathbb{N}^{>0}}H_n$$

生成 I. 假设每个 f_i 为 d_i 次齐次多项式. 令 $d=\max\{d_i|\ i=1,\cdots,l\}$.

现在设 $a\in\bigcap_{n\in\mathbb{N}^{>0}}\mathfrak{m}^n$, 则 $a\in\mathfrak{m}^{d+1}$, 从而存在 $d+1$ 次齐次多项式 $h(X)$ 使得 $a=h(e_1,\cdots,e_r)$. 根据定义, $h\in H_{d+1}\subseteq I$, 故存在 $g_1,\cdots,g_l\in R[X]$ 使得

$$h(X)=g_1(X)f_1(X)+\cdots+g_l(X)f_l(X).$$

由于 $f_1,\cdots,f_l$ 和 h 都是齐次的, 不妨设每个 g_i 都是 $(d+1)-d_i$ 次齐次

多项式 (g_i 的其他次数的单项式最终会被消掉). 由于 $(d+1)-d_i \geqslant 1$, 故 $g_i(e_1,\cdots,e_r)\in\mathfrak{m}$, 从而有

$$h(e_1,\cdots,e_r)=\sum_{i=1}^{l} g_i(e_1,\cdots,e_r)f_i(e_1,\cdots,e_r)\in\mathfrak{m}\cdot\bigcap_{n\in\mathbb{N}^{>0}}\mathfrak{m}^n.$$

我们得到了 $\mathfrak{m}\cdot\bigcap_{n\in\mathbb{N}^{>0}}\mathfrak{m}^n=\bigcap_{n\in\mathbb{N}^{>0}}\mathfrak{m}^n$. 假设 $\bigcap_{n\in\mathbb{N}^{>0}}\mathfrak{m}^n\neq(0)$, 设 $D=\{a_1,\cdots,a_s\}$ 为 $\bigcap_{n\in\mathbb{N}^{>0}}\mathfrak{m}^n$ 的一组极小生成元, 即 D 的任何真子集都不能生成 $\bigcap_{n\in\mathbb{N}^{>0}}\mathfrak{m}^n$. 而 $a_s\in\mathfrak{m}\cdot\bigcap_{n\in\mathbb{N}^{>0}}\mathfrak{m}^n$ 表明: 存在 $b_1,\cdots,b_s\in\mathfrak{m}$ 使得

$$a_s=b_1a_1+\cdots+b_sa_s,$$

从而 $(1-b_s)a_s=b_1a_1+\cdots+b_{s-1}a_{s-1}$. 由于 $\mathfrak{m}$ 是局部环 R 的极大理想, 故 $1-b_s$ 在 R 中可逆, 从而

$$a_s=(1-b_s)^{-1}b_1a_1+\cdots+(1-b_s)^{-1}b_{s-1}a_{s-1},$$

即 $\{a_1,\cdots,a_{s-1}\}$ 也可生成 $\bigcap_{n\in\mathbb{N}^{>0}}\mathfrak{m}^n$. 这是一个矛盾. 因此 $\bigcap_{n\in\mathbb{N}^{>0}}\mathfrak{m}^n=(0)$. ■

设 V 是一个代数簇, $P\in V$, 回忆 $\mathcal{O}_P(V)$ 中的元素为定义在 P 的某个开邻域上的正则函数, 即

$$\mathcal{O}_P(V)=\{f|\text{存在包含}P\text{的开子集}O\subseteq V\text{使得}f\in K[O]\}.$$

则 $\mathcal{O}_P(V)$ 是一个 Noether 局部环, 其唯一的极大理想为

$$\mathfrak{n}_P=\{f\in\mathcal{O}_P(V)|\ f(P)=0\}.$$

对任意的 $r\in\mathbb{N}^{>0}$, $\mathcal{O}_P(V)/\mathfrak{n}_P^r$ 是 K 上的线性空间. 将有理函数 $f\in\mathcal{O}_P(V)$ 在点 P 做 Talor 展开 $f=\sum_{m=0}^{\infty}f_m$, 其第 m 项 f_m 是一个 m 次的齐次多项式, 且 $f_m\in\mathfrak{n}_P^m$. 故对任意的 $r\in\mathbb{N}^+$, 存在一个次数不

超过 $r-1$ 的多项式 g 使得 $f-g\in\mathfrak{n}_P^r$, 这表明 $\mathcal{O}_P(V)/\mathfrak{n}_P^r$ 是一个有限维 K-向量空间.

设 $(G,\cdot,\mathrm{id}_G)$ 是一个代数群, V 是一个代数簇, 如果正则态射 $\varphi: G\times V\to V$ 满足:

(i) 对每个 $g\in G, \varphi_g: V\to V,\ x\mapsto\varphi(g,x)$ 是代数簇同构;

(ii) 对每个 $g,h\in G, x\in V, \varphi(g,\varphi(h,x))=\varphi(g\cdot h,x)$,

则称 $\varphi: G\times V\to V$ 是 G 在 V 上的**作用**. 一般将 $\varphi_h(x)=\varphi(h,x)$ 记作 $h(x)$, 即将 $h\in G$ 视作一个自同构 $h: V\to V$. 如果对任意的 $g\in G, g: V\to V$ 是恒等映射当且仅当 $g=\mathrm{id}_G$, 则称该作用是**忠实的**. 如果 $a\in V$ 使得 $\varphi(G,a)=\{a\}$, 即对任意的 $g\in G$, 有 $g(a)=a$, 则称 a 是该作用下的一个**不动点**.

命题 7.3.2. 设 G 是一个代数群, V 是一个代数簇, $\varphi: G\times V\to V$ 是 G 在 V 上的忠实作用. 如果 V 有一个不动点 P, 则 G 是仿射的.

证明: 设 $f\in\mathcal{O}_P(V)$, 即存在包含 P 的开集 U 使得 f 是 U 上的有理函数. 设 $g\in G$, 由于 $g: V\to V$ 是代数簇同构且固定 P, 故存在 U 的开子集 U_0 使得 $p\in U_0$ 且 $g(U_0)\subseteq U$, 从而 $f\circ g$ 是 U_0 上的有理函数, 故

$$\varphi^*: G\times\mathcal{O}_P(V)\to\mathcal{O}_P(V),\ (g,f)\mapsto f\circ g$$

是 G 对 $\mathcal{O}_P(V)$ 的一个作用. 容易验证, 对每个 $g\in G$,

$$\varphi_g^*: \mathcal{O}_P(V)\to\mathcal{O}_P(V),\ f\mapsto f\circ g$$

是环同构. 令 $\mathfrak{n}_P$ 是 $\mathcal{O}_P(V)$ 的极大理想, 则对任意的 $r\in\mathbb{N}^{>0}$, φ_g^* 都诱导了 $\mathcal{O}_P(V)/\mathfrak{n}_P^r$ 的作为 K 上线性空间的自同构. 即对每个 $r\in\mathbb{N}^{>0}$, 有一个代数群同态

$$\rho_r: G\to\mathrm{GL}(\mathcal{O}_P(V)/\mathfrak{n}_P^r),$$

这里的 $\mathrm{GL}(\mathcal{O}_P(V)/\mathfrak{n}_P^r)$ 是线性空间 $\mathcal{O}_P(V)/\mathfrak{n}_P^r$ 的自同构群. 令 d_r 为 $\mathcal{O}_P(V)/\mathfrak{n}_P^r$ 在 K 上的线性维数, 则 $\mathrm{GL}(\mathcal{O}_P(V)/\mathfrak{n}_P^r)$ 自然同构于 K 上的全体 d_r 阶可逆矩阵构成的群 $\mathrm{GL}(d_r, K)$. 令 $G_r = \ker(\rho_r)$, 则对任意的 $r \leqslant t$, 有 $G_t \leqslant G_r$. 现在每个 G_r 都是 G 的可定义子群, 从而是闭子群. 根据降链条件, 存在充分大的 $m \in \mathbb{N}$ 使得 $\bigcap_{r\in\mathbb{N}} G_r = G_m$.

显然, 对任意的 $h \in G_r$ 以及 $f \in \mathcal{O}_P(V)$, 有 $\varphi_h^*(f) - f \in \mathfrak{n}_P^r$, 即 $f\circ h - f \in \mathfrak{n}_P^r$. 因此, 当 $h \in G_m$ 时, 有 $f \circ h - f \in \mathfrak{n}_P^r$ 对任意的 $r \in \mathbb{N}$ 都成立.

另一方面, 对任意的 $g \in G$, $X_g = \{x \in V | \, g(x) = x\}$ 是 V 的闭子集. 由于 G 在 V 上忠实地作用, 故当 $g \neq \mathrm{id}_G$ 时, X_g 是 V 的真子集. 由于 V 不可约, 故 $V\backslash X_g$ 是 V 的稠密开子集. 令 $U \subseteq K^n$ 是包含 P 的一个仿射开子集, 则 $g\restriction_U$ 不是 U 上的恒等函数, 否则 $U \subseteq X_g$ 蕴涵着 $X_g = V$, 即 g 是 V 上的恒等映射, 这是一个矛盾. 令

$$x_i : (a_1, \cdots, a_n) \to a_i, \; i = 1, \cdots, n$$

是 U 上的坐标函数. 存在 $y \in U$ 使得 $g(y) \neq y$, 从而存在 $i \leqslant n$ 使得 $x_i \circ g(y) \neq x_i(y)$, 故存在 $i \leqslant n$ 使得 $(x_i \circ g) \neq x_i \in \mathcal{O}_P(V)$, 即在 P 的任意开邻域 U_P 都有 $x_i \circ g\restriction_{U_P} \neq x_i\restriction_{U_P}$. 由 Krull 交定理, 有 $\bigcap_{r\in\mathbb{N}} \mathfrak{n}_P^r = (0)$, 故存在充分大的 $m^* \geqslant m$ 使得 $(x_i \circ g) - x_i \notin \mathfrak{n}_P^{m^*}$. 而当 $g \in G_m$ 时, 有 $(x_i \circ g) - x_i \in \mathfrak{n}_P^r$ 对任意的 $r \in \mathbb{N}$ 都成立, 因此必然有 $g = \mathrm{id}_G$. 这表明 $G_m = \{\mathrm{id}_G\}$, 因此 $\rho_m : G \to \mathrm{GL}(\mathcal{O}_P(V)/\mathfrak{n}_P^m)$ 是一个嵌入且 $\rho_m(G)$ 闭的, 即 G 同构于一个仿射群. ■

定理 7.3.3 ([10] 定理 5.1.4). 设 k 是一个完美域, G 是 k-可定义的代数群, N 是 G 的 k-可定义的正规闭子群, 则存在一个 k-可定义的代数群 Q 以及 k-可定义的代数群满态射 $\eta : G \to Q$ 使得 $N = \ker(\eta)$, 且对任意 k-可定义的代数群 E 以及 k-可定义的代数群同态 $\varphi : G \to E$, 当 $N \subseteq \ker(\varphi)$ 时, 存在唯一的 k-可定义的代数群同态 $\tilde{\varphi} : Q \to E$ 使

得下图交换：

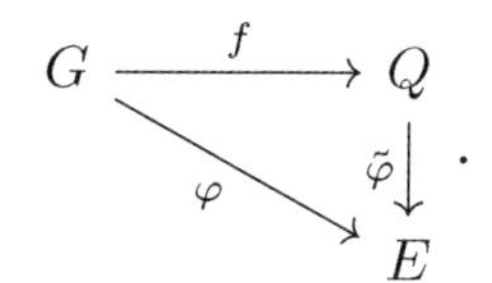

我们称 Q 是 G 关于 N 的**商代数群**.

注 7.3.4. 设 G 是一个拓扑群, H 是 G 的闭子群, 则可以给 H 的 (左) 陪集空间 G/H 定义一个拓扑：令 $\pi : G \to G/H$ 为自然的投射, 则规定 $U \subseteq G/H$ 是闭集当且仅当 $\pi^{-1}(U)$ 是 G 的闭子集. 称 G/H 上的拓扑为**商拓扑**. 若 H 是正规子群, 则商群 G/H 也是拓扑群. 显然, 在该拓扑下 $\pi : G \to G/H$ 是连续的.

若 G 是代数群, N 是 G 的正规闭子群, Q 是定理 7.3.3 给出的 G 关于 N 的商代数群, 则 $Z \subseteq Q$ 是闭子集当且仅当 $\eta^{-1}(Z)$ 是 G 的闭子集. 显然, $\eta(g) \mapsto g/N$ 是 Q 到商群 G/N 的一个拓扑群同构. 也就是说商群 G/N(作为拓扑群) 同构于一个代数群 Q. 因此, 在没有歧义的情况下, 用 G/N 表示 G 关于 N 的商代数群.

事实上, 根据代数闭域理论的虚元消去, G/N 是一个可定义群. 利用本章第 4 节给出的 Hrushovski-Weil 群块定理 (定理 7.5.1), 在特征为 0 的情形下, 可定义群都是代数群 (事实上特征 > 0 时也成立).

推论 7.3.5. 设 G 是一个代数群, $C(G)$ 为 G 的中心, 即

$$g \in C(G) \iff \forall h \in G(gh = hg),$$

则 $G/C(G)$ 是一个仿射群. 特别地, 当 G 无中心, 即 $C(G) = \{\mathrm{id}_G\}$ 时, G 是仿射的.

证明： 考虑 $G/C(G)$ 在 G 上的作用：$(g/C(G), h) \mapsto ghg^{-1}$. 该作用是忠实的, 且 id_G 是一个不动点, 故 $G/C(G)$ 是仿射的. ■

推论 7.3.6. 设 G 是一个代数群, $A \leqslant G$ 是代数子群, 如果 A 是一个 Abel 簇, 则 $A \leqslant C(G)$.

证明: 根据推论7.3.5, 存在群同态 $\rho : G \to \mathrm{GL}(n, K)$ 使得 $\ker(\rho) = C(G)$. 显然 $\rho\restriction_A : A \to \mathrm{GL}(n, K)$ 也是群同态, 从而是正则态射. 根据引理6.1.23, 存在仿射代数簇 $W \subseteq K^m$ 使得 $\tau : \mathrm{GL}(n, K) \to W$ 是一个代数簇同构, 从而

$$a \mapsto \rho(a) \mapsto \tau(\rho(a))$$

是 A 到 W 的正则态射. 根据推论6.5.14, $\tau(\rho(A))$ 是一个单点集, 从而 $\rho(A)$ 也是单点集, 故 $\rho(A) = \{\mathrm{id}_G\}$. 这表明 $A \subseteq C(G)$. ■

设 G 是一个代数群, $T_{\mathrm{id}_G}(G)$ 是 G 在幺元 id_G 处的切空间. 如果 $\varphi : G \to G$ 是一个 (代数群的) 自同构, 则

$$(\mathrm{d}\varphi)_{\mathrm{id}_G} : T_{\mathrm{id}_G}(G) \to T_{\mathrm{id}_G}(G)$$

也是一个 K-线性同构 (见推论6.3.4), 这里我们将 $T_{\mathrm{id}_G}(G)$ 视作以 id_G 为原点的向量空间. 令 $\mathrm{GL}(T_{\mathrm{id}_G}(G))$ 为 $T_{\mathrm{id}_G}(G)$ 的所有线性自同构, 则 $(\mathrm{d}\varphi)_{\mathrm{id}_G} \in \mathrm{GL}(T_{\mathrm{id}_G}(G))$. 显然 $\mathrm{GL}(T_{\mathrm{id}_G}(G))$ 自然同构于 $\mathrm{GL}(m, K)$, 其中 $m = \dim(G) = \dim(T_{\mathrm{id}_G}(G))$. 现在 $\mathrm{GL}(T_{\mathrm{id}_G}(G))$ 也是一个代数群且

$$\dim(\mathrm{GL}(T_{\mathrm{id}_G}(G))) = \dim(\mathrm{GL}(m, K)) = m^2,$$

故 $\mathrm{GL}(T_{\mathrm{id}_G}(G))$ 在幺元处的切空间是 m^2 维的向量空间 (以 $\mathrm{GL}(T_{\mathrm{id}_G}(G))$ 的幺元为原点), 因此可视作 K 上的所有 $m \times m$ 矩阵的集合 $\mathrm{Mat}(m, K)$, 它恰好又是 m 维向量空间的所有自同态构成的环, 因此我们将 $\mathrm{GL}(T_{\mathrm{id}_G}(G))$ 在幺元处的切空间看作 $T_{\mathrm{id}_G}(G)$ 的全体线性自同态, 记作 $\mathrm{End}(T_{\mathrm{id}_G}(G))$.

现在对每个 $g \in G$, 映射 $\mathrm{Int}(g) : G \to G,\ x \mapsto gxg^{-1}$ 是一个自同构 (这种自同构称为内自同构). 因此,

$$\mathrm{Ad}: G \to \mathrm{GL}(T_{\mathrm{id}_G}(G)),\ g \mapsto (\mathrm{dInt}(g))_{\mathrm{id}_G}$$

是一个代数群同态. 我们称 Ad 为 G 的联络表示. 注意到 $(\mathrm{dAd})_{\mathrm{id}_G}$ 是切空间 $T_{\mathrm{id}_G}(G)$ 到切空间 $\mathrm{End}(T_{\mathrm{id}_G}(G))$ 的同态, 我们将 Ad 在 id_G 处的微分 $(\mathrm{dAd})_{\mathrm{id}_G}$ 记作 ad. 对任意的 $x, y \in T_{\mathrm{id}_G}(G)$, 我们定义映射:

$$[-,-]: T_{\mathrm{id}_G}(G) \times T_{\mathrm{id}_G}(G) \to T_{\mathrm{id}_G}(G), (x, y) \mapsto \mathrm{ad}(x)(y),$$

则 $(T_{\mathrm{id}_G}(G), [-,-])$ 满足以下公理:

- $[-,-]$ 是双线性的, 即

$$\forall a, b \in K \forall x, y \in T_{\mathrm{id}_G}(G)([ax, by] = a[x, by] = b[ax, y]);$$

- $\forall x \in T_{\mathrm{id}_G}(G)([x, x] = 0)$;
- $\forall x, y, z \in T_{\mathrm{id}_G}(G)([x, [y, z]] + [y, [z, x]] + [z, [x, y]] = 0)$.

我们称 $(T_{\mathrm{id}_G}(G), [-,-])$ 为 G 的 **Lie 代数**, 称 $[-,-]$ 为 **Lie 括号** (见 [10], 10.d).

例如, 当 $G = \mathrm{GL}(n, K)$ 时, $T_{\mathrm{id}_G}(G)$ 恰好是 $\mathrm{Mat}(n, K)$, 其 Lie 括号运算定义为 $[A, B] = AB - BA$. 直观上, $[A, B]$ 可以这样计算: 将 ϵ 视作 "无限小的数量", 则考虑以下 "导数"

$$\frac{(I_n + \epsilon A)B(I_n - \epsilon A) - B}{\epsilon} = \frac{\epsilon(AB - BA) - \epsilon^2 ABA}{\epsilon}.$$

当 "$\epsilon \to 0$" 时, 上式为 $AB - BA = \mathrm{ad}(A)(B)$. 我们在代数上的处理方式是直接令 $\epsilon^2 = 0$, 例如 ϵ 是 $K[X]/(X^2)$ 中 X 的像. 当 K 的特征为 0 时, $\ker(\mathrm{Ad})$ 恰好是 G 的中心 (见 [1], 3.15). 因此当 G 无中心时, G 可以嵌入 $\mathrm{GL}(m, K)$, 从而是一个仿射代数群. 这给出推论7.3.5的另一个证明.

7.4 Borel 群闭包定理与导群

本节将证明 Borel 的群闭包定理,源自 [1] 的命题 2.2. 事实上 Borel 的群闭包定理是 Zil'ber 不可分解定理(定理4.2.2)的直接推论(见注7.4.2). 但是我们仍然想给出 Borel 的证明,这是因为 Borel 的证明有其独特的优势,Pillay 将该方法推广并应用在实数域 $\mathbb{R}$ 和 p-进数域 $\mathbb{Q}_p$ 中的一类半代数群上,证明了"半代数版"的 Borel 的群闭包定理 [15].

定理 7.4.1 (Borel 群闭包定理). 设 G 是 k 上的代数群, $\{X_i| \ i\in I\}$ 是 k 上的一族不可约的 k-可定义子集, 且每个 X_i 都包含 id_G. 令 H 是由 $\bigcup_{i\in I} X_i$ 生成的子群, 则 H 是 G 的代数子群且 $\mathrm{Md}(H)=1$. 更精确地说: 存在 $m\leqslant 2\,\mathrm{MR}(G), \alpha(1),\cdots,\alpha(m)\in I$, 以及 $\epsilon_1,\cdots,\epsilon_m\in\{1,-1\}$ 使得

$$H=X_{\alpha(1)}^{\epsilon_1}\cdot X_{\alpha(2)}^{\epsilon_2}\cdots X_{\alpha(m)}^{\epsilon_m}.$$

证明: 我们首先证明以下断言.

断言 [1]: 对 G 的任意子集 X,Y, 有

(i) $\mathrm{cl}_{\mathrm{Zari}}(X^{-1})=\mathrm{cl}_{\mathrm{Zari}}(X)^{-1}$;

(ii) $\mathrm{cl}_{\mathrm{Zari}}(X)\mathrm{cl}_{\mathrm{Zari}}(Y)\subseteq\mathrm{cl}_{\mathrm{Zari}}(XY)$;

(iii) 若 X,Y 均是不可约的可定义集, 则 XY 也不可约.

证明断言 [1]: **(i)** 由于群的逆映射是正则同构, 故 $\mathrm{cl}_{\mathrm{Zari}}(X)^{-1}$ 是包含 X^{-1} 的闭子集. 任取包含 X^{-1} 的闭集 V, 则 V^{-1} 也是包含 X 的闭集, 故 $\mathrm{cl}_{\mathrm{Zari}}(X)\subseteq V^{-1}$, 从而 $\mathrm{cl}_{\mathrm{Zari}}(X)^{-1}\subseteq V$. 这表明 $\mathrm{cl}_{\mathrm{Zari}}(X)^{-1}$ 是包含 X^{-1} 的最小的闭集. 这就证明了 **(i)**.

(ii) 对每个 $y \in Y$, $R_y : x \mapsto xy$ 也是 G 的正则同构, **(i)** 的论证表明

$$\mathrm{cl}_{\mathrm{Zari}}(X)y = \mathrm{cl}_{\mathrm{Zari}}(Xy) \subseteq \mathrm{cl}_{\mathrm{Zari}}(XY).$$

因此 $\mathrm{cl}_{\mathrm{Zari}}(X)Y \subseteq \mathrm{cl}_{\mathrm{Zari}}(XY)$. 特别地, 对每个 $x \in \mathrm{cl}_{\mathrm{Zari}}(X)$, 有 $xY \subseteq \mathrm{cl}_{\mathrm{Zari}}(XY)$, 因此

$$x\mathrm{cl}_{\mathrm{Zari}}(Y) = \mathrm{cl}_{\mathrm{Zari}}(xY) \subseteq \mathrm{cl}_{\mathrm{Zari}}(XY),$$

从而 $\mathrm{cl}_{\mathrm{Zari}}(X)\mathrm{cl}_{\mathrm{Zari}}(Y) \subseteq \mathrm{cl}_{\mathrm{Zari}}(XY)$, 这就证明了 **(ii)**.

(iii) 首先, 根据注6.2.11, X, Y 不可约当且仅当 $\mathrm{Md}(X) = \mathrm{Md}(Y) = 1$. 根据引理3.4.4, $\mathrm{Md}(X \times Y) = 1$, 因此 $X \times Y$ 也不可约. 考虑群乘法 $\sigma : X \times Y \to XY$. 如果 XY 是可约的, 即存在 XY 的真闭子集 V_1, V_2 使得 $XY = V_1 \cup V_2$, 则 $\sigma^{-1}(V_1), \sigma^{-1}(V_2)$ 是 $X \times Y$ 的两个真闭子集且 $X \times Y = \sigma^{-1}(V_1) \cup \sigma^{-1}(V_2)$. 这与 $X \times Y$ 不可约矛盾.

□**断言 [1] 证毕**

对每个有限序列 $\alpha = (\alpha(1), \cdots, \alpha(t))$ 以及 $\epsilon = (\epsilon_1, \cdots, \epsilon_t) \in \{1, -1\}^t$, 令

$$X_\alpha^\epsilon = X_{\alpha(1)}^{\epsilon_1} X_{\alpha(2)}^{\epsilon_2} \cdots X_{\alpha(t)}^{\epsilon_t}.$$

断言 [1]-(iii) 表明 X_α^ϵ 也是不可约的. 对 I 的任意有限序列 β 以及任意的 $\mu \in \{1, -1\}^{|\beta|}$, 由于 $X_\alpha^\epsilon \subseteq X_\alpha^\epsilon X_\beta^\mu = X_{(\alpha,\beta)}^{(\epsilon,\mu)}$, 故存在 I 的有限序列 α^* 以及 $\epsilon^* \in \{1, -1\}^{|\alpha^*|}$ 使得 $X_{\alpha^*}^{\epsilon^*}$ 的 Morley 秩取值最大, 即对任意的 $i \in I$,

$$\mathrm{MR}(X_i X_{\alpha^*}^{\epsilon^*}) = \mathrm{MR}(X_i^{-1} X_{\alpha^*}^{\epsilon^*}) = \mathrm{MR}(X_{\alpha^*}^{\epsilon^*}).$$

根据推论6.2.7, 有

$$\mathrm{MR}(\mathrm{cl}_{\mathrm{Zari}}(X_i X_{\alpha^*}^{\epsilon^*})) = \mathrm{MR}(\mathrm{cl}_{\mathrm{Zari}}(X_i^{-1} X_{\alpha^*}^{\epsilon^*})) = \mathrm{MR}(\mathrm{cl}_{\mathrm{Zari}}(X_{\alpha^*}^{\epsilon^*})).$$

由于 $\mathrm{MR}(G) = m$, 故可以要求 $|\alpha^*| = |\epsilon^*| \leqslant m$. 由于不可约闭集的真

闭子集的Morley秩严格小于它自己的Morley秩,因此对任意的$i \in I$,都有

$$\mathrm{cl}_{\mathrm{Zari}}(X_i X_{\alpha^*}^{\epsilon^*}) = \mathrm{cl}_{\mathrm{Zari}}(X_i^{-1} X_{\alpha^*}^{\epsilon^*}) = \mathrm{cl}_{\mathrm{Zari}}(X_{\alpha^*}^{\epsilon^*}). \tag{7.1}$$

断言 [2]: $\mathrm{cl}_{\mathrm{Zari}}(X_{\alpha^*}^{\epsilon^*})$ 是 G 的子群.

证明断言 [2]: 根据**断言 [1]-(i)**, 有 $\mathrm{cl}_{\mathrm{Zari}}(X_{\alpha^*}^{\epsilon^*})^{-1} = \mathrm{cl}_{\mathrm{Zari}}((X_{\alpha^*}^{\epsilon^*})^{-1})$. 根据式 (7.1), 有

$$\mathrm{cl}_{\mathrm{Zari}}((X_{\alpha^*}^{\epsilon^*})^{-1}) \subseteq \mathrm{cl}_{\mathrm{Zari}}((X_{\alpha^*}^{\epsilon^*})^{-1} X_{\alpha^*}^{\epsilon^*}) = \mathrm{cl}_{\mathrm{Zari}}(X_{\alpha^*}^{\epsilon^*}),$$

即 $\mathrm{cl}_{\mathrm{Zari}}(X_{\alpha^*}^{\epsilon^*})$ 对逆运算封闭. 根据**断言 [1]-(ii)**, 有

$$\mathrm{cl}_{\mathrm{Zari}}(X_{\alpha^*}^{\epsilon^*})\mathrm{cl}_{\mathrm{Zari}}(X_{\alpha^*}^{\epsilon^*}) \subseteq \mathrm{cl}_{\mathrm{Zari}}(X_{\alpha^*}^{\epsilon^*} X_{\alpha^*}^{\epsilon^*}) = \mathrm{cl}_{\mathrm{Zari}}(X_{\alpha^*}^{\epsilon^*}),$$

即 $\mathrm{cl}_{\mathrm{Zari}}(X_{\alpha^*}^{\epsilon^*})$ 对乘法封闭. 因此 $\mathrm{cl}_{\mathrm{Zari}}(X_{\alpha^*}^{\epsilon^*})$ 是 G 的子群. $\square_{\text{断言 [2] 证毕}}$

现在对每个 $i \in I$, 有

$$X_i \subseteq \mathrm{cl}_{\mathrm{Zari}}(X_i X_{\alpha^*}^{\epsilon^*}) = \mathrm{cl}_{\mathrm{Zari}}(X_{\alpha^*}^{\epsilon^*}),$$

故 $X_{\alpha^*}^{\epsilon^*} \subseteq H \leqslant \mathrm{cl}_{\mathrm{Zari}}(X_{\alpha^*}^{\epsilon^*})$. 若存在 $g \in \mathrm{cl}_{\mathrm{Zari}}(X_{\alpha^*}^{\epsilon^*}) \backslash H$, 则 $X_{\alpha^*}^{\epsilon^*}$ 与 $gX_{\alpha^*}^{\epsilon^*}$ 互不相交, 从而 $\mathrm{Md}(\mathrm{cl}_{\mathrm{Zari}}(X_{\alpha^*}^{\epsilon^*})) \geqslant 2$, 这是一个矛盾, 因此 $H = \mathrm{cl}_{\mathrm{Zari}}(X_{\alpha^*}^{\epsilon^*})$ 是 G 的代数子群. 由于 $\mathrm{Md}(H) = 1$, 根据推论4.1.14, 有 $H = X_{\alpha^*}^{\epsilon^*} X_{\alpha^*}^{\epsilon^*} = X_{(\alpha^*, \alpha^*)}^{(\epsilon^*, \epsilon^*)}$. ■

注 7.4.2. 设 G 是代数群, 则 G 的不可约子集都是不可分解的, 这是因为: 设 H 是 G 的可定义子群, 则根据引理 7.1.9, H 是闭子群, 因此 H 的每个陪集也是 G 的闭子集. 若 $X \subseteq G$ 使得 $X/H = \{a_1 H, \cdots, a_n H\}$, 则每个 $a_i H \cap X$ 都是 X 的非空闭子集. 因此 X 不可约蕴涵 $|X/H| = 1$.

与推论4.2.6的证明了 ω 稳定群的导群仍然是可定义群. 类似的方法可以证明了以下推论.

推论 7.4.3. 设 G 是定义在 k 上可定义连通的代数群, 则

(i) G 的导群 $[G,G]$ 是一个定义在 k 上的代数群.

(ii) 对任意的 $k \prec k' \prec K$, 有 $[G(k'),G(k')] = [G,G](k')$.

根据定理4.2.7, 我们有以下推论.

推论 7.4.4. 设 G 是非交换的代数群, 如果 G 是可定义单群, 则 G 是单群.

注 7.4.5. 定理 4.2.7 和推论 7.4.4 中对"非交换性"的要求并不能去掉. 例如, 设 K 是特征为 0 的代数闭域, 则 $(\mathbb{Z},+)$ 和 $(\mathbb{Q},+)$ 都是 $(K,+)$ 的非平凡正规子群, 因此 $(K,+)$ 不是单群. 但是 $(K,+)$ 是可定义单群. 这是因为一方面 $\mathrm{MR}(K) = \mathrm{Md}(K) = 1$, 因此 K 的无限可定义子群只有它自己; 另一方面, 对 K 的每个元素 a, 以及 $n \in \mathbb{N}^{>0}$,

$$\underbrace{a + \cdots + a}_{n\text{个}a} = na \neq 0,$$

故 $(K,+)$ 也没有有限子群. 故 $(K,+)$ 是可定义单群, 但不是单群.

注 7.4.6. Peterzil, Pillay 和 Starchenko 在 [13]中将推论 7.4.4 推广到定义在实闭域的半代数群上.

7.5 Hrushovski-Weil 群块定理

定理 7.5.1 (Hrushovski-Weil 群块定理)**.** 设 k 是特征为 0 的代数闭域, $(G,\cdot)$ 是一个 k-可定义群, 则 G 上有一个定义在 k 上的代数簇结构 $G^* = (G, U_i, \chi_i)$, 并且 $(G^*,\cdot)$ 是一个定义在 k 上的代数群.

证明： 先考虑 G 是可定义连通的情形，即 $\mathrm{Md}(G)=1$. 根据量词消去，G 是有限多个定义在 k 上的拟仿射代数簇之并. 令 $V_0 \subseteq G$ 是一个定义在 k 上的拟仿射代数簇，且 $\mathrm{MR}(V_0)=\mathrm{MR}(G)$. 根据引理6.1.23，$V_0$ 正则同构于一个仿射代数簇，故不妨假设 V_0 就是仿射代数簇. 由于 $\mathrm{Md}(G)=1$，故 V_0 是不可约的. 令 p 是 $S_G(k)$ 中唯一的泛型，则 p 也是 $S_{V_0}(k)$ 中唯一的泛型. 由于 $\mathrm{Md}(p)=1$，故 p 是平稳的，根据推论3.4.3，$p\otimes p$ 也是平稳的. 假设 $a,b\vDash p$ 且 $a\underset{k}{\perp}b$，则 $(a,b)\vDash p\otimes p$. 根据引理3.4.4，有 $\mathrm{MR}(G\times G)=\mathrm{MR}(p\otimes p)$ 且 $\mathrm{Md}(G\times G)=1$. 由于 $\mathrm{MR}(a^{-1}/k)=\mathrm{MR}(a/k)$，故 $a^{-1}\vDash p$. 由于 $G=G^0$，故 $\mathrm{stab}(p)=G$，从而 $a\cdot b\vDash p$. 令 $\sigma: G\times G\to G$ 和 $\iota: G\to G$ 分别表示群乘法和群的逆运算. 因此，σ 和 ι 分别是定义在 $p\otimes p$ 和 p 上的函数，且它们的函数芽满足

$$\overline{\sigma}: p\otimes p\to p,\ \overline{\iota}: p\to p.$$

由于 $\mathrm{MR}(V_0)=\mathrm{MR}(G)$，故 $a\cdot b, a^{-1}\in V_0$. 由于 $a\cdot b\in \mathrm{dcl}(k,a,b)$，$a^{-1}\in \mathrm{dcl}(k,a)$. 由于 k 的特征为 0，因此根据引理6.1.12，存在定义在 k 上的有理函数 $f(x,y)$ 和 $h(x)$ 使得 $f(a,b)=a\cdot b, h(a)=a^{-1}$. 显然 f 和 h 也是分别定义在 $p\otimes p$ 和 p 上的函数，且满足 $\overline{f}=\overline{\sigma}, \overline{h}=\overline{\iota}$. 由紧致性，存在 $V_0\times V_0$ 的开子集 W 以及 V_0 的开子集 X 使得 $W\subseteq \mathrm{dom}(f)$ 且 $\sigma|_W=f|_W$，$X\subseteq \mathrm{dom}(h)$ 且 $\iota|_X=h|_X$. 由于

$$\mathrm{Md}(V_0\times V_0)=\mathrm{Md}(G\times G)=\mathrm{Md}(V_0)=\mathrm{Md}(G)=1,$$

故 $W\subseteq V_0\times V_0$ 和 $X\subseteq V_0$ 都是稠密开子集. 显然 $X\cap\iota(X)$ 也是 V_0 的稠密开子集，故不妨设 $V_0=X\cap\iota(X)$，即假设

$$V_0=\iota(V_0)=h(V_0)={V_0}^{-1}.$$

设 W 被公式 $\psi(x,y)$ 定义. 令

$$O=\{\beta\in V_0|\,\psi(x,\beta)\wedge\psi(x^{-1},x\cdot\beta)\in p|K\}.$$

由于 $p|K$ 在 k 上可定义, 故 O 是 V_0 的可定义子集. 显然对任意的 $\beta\in G$, 有

$$\beta\in O\iff \text{对任意的}\,\alpha\models p|(k,\beta),\text{都有}(\alpha,\beta)\in W,\text{且}(\alpha^{-1},\alpha\cdot\beta)\in W.$$

由于 $a\mathop{\downarrow}\limits_{k} b$, $a^{-1}\mathop{\downarrow}\limits_{k} a\cdot b$, 故 $(a,b)\in W$ 且 $(a^{-1},a\cdot b)\in W$, 因此 $a\in O$, 故 $\mathrm{MR}(O)=\mathrm{MR}(p)$. 显然 O 包含 V_0 的一个稠密开子集, 不妨设 O 本身是 V_0 的稠密开子集. 令

$$U=O\cap O^{-1}=O\cap h(O),$$

则 U 也是 V_0 的稠密开子集且 $U^{-1}=U$. 显然 $D=W\cap(U\times U)$ 也是 W 的稠密开子集, 从而是 $V_0\times V_0$ 的稠密开子集. 令

$$W_\sigma=\{(x,y)\in D|\,f(x,y)=\sigma(x,y)\in U\},$$

则 $W_\sigma=D\cap f^{-1}(U)$. 由于 f 是正则映射, 故 W_σ 是 X 的稠密开子集, 从而也是 $V_0\times V_0$ 的稠密开子集. 现在我们有

$$f|_{W_\sigma}=\sigma|_{W_\sigma}:W_\sigma\to U.$$

由 W 的定义可知, 对任意的 $\beta\in U$, 如果 $\alpha\models p|(k,\beta)$,

$$(\alpha,\beta),(\alpha^{-1},\alpha\cdot\beta)\in W,$$

由 W_σ 的定义可知, 有 (α,β), $(\alpha^{-1},\alpha\cdot\beta)\in W_\sigma$.

接下来, 我们将在 k 上定义 G 的代数群结构. 根据定理4.1.15, 存

在 $c_0, \cdots, c_m \in G(k)$ 使得 $G = c_0U \cup \cdots \cup c_mU$. 不妨设 $c_0 = \mathrm{id}_G$. 令 $U_i = c_iU$. 显然, 对每个 $i \leqslant m$, 有

$$\chi_i : U_i \to U,\ x \mapsto c_i^{-1}x$$

是一个 c_i-可定义双射. 将 χ_i 视作 U_i 的“坐标函数”，即 U_i 的代数簇结构由 χ_i 赋予. 下面, 验证 (G, U_i, χ_i) 是一个代数簇, 即对任意的 $0 \leqslant i, j \leqslant m$:

(i) $U_{ij} = \chi_i(U_i \cap U_j) = U \cap c_i^{-1}c_jU$ 是 U 的开子集;

(ii) $\chi_{ij} = (\chi_j \circ \chi_i^{-1}) : U_{ij} \to U_{ji}$ 是正则同构.

断言: 对任意的 $c, d \in G$, 有

$$U_{(c,d)} = \{(u, v) \in U \times U |\ cudv \in U\}$$

是 $U \times U$ 的开子集, 并且

$$\theta_{(c,d)} : U_{(c,d)} \to U,\ (x, y) \mapsto cxdy$$

是正则同态.

证明断言: 根据推论4.1.14, 存在 $c_1, c_2, d_1, d_2 \in U$ 使得 $c = c_1 \cdot c_2, d = d_1 \cdot d_2$. 设 $(u, v) \in U_{(c,d)}$, 取 $w \vDash p|(k, u, v, c_1, c_2, d_1, d_2)$, 则 $(w, c_1) \in W_\sigma$. 由于 $wc_1 \vDash p|(k, c_2)$, 故 $(wc_1, c_2) \in W_\sigma$. 类似地, 可知

$$(wc, u), (wcu, d_1), (wcud_1, d_2), (wcud, v), (w^{-1}, wcudv) \in W_\sigma,$$

因此

$$\begin{aligned}cuvd &= f(w^{-1}, wcudv) = f(w^{-1}, f(wcud, v))\\ &= f(w^{-1}, f(f(wcud_1, d_2), v))\\ &= \cdots\\ &= f(w^{-1}, f(f(f(f(f(f(w, c_1), c_2), u), d_1), d_2), v))\\ &= \eta(w, c_1, c_2, d_1, d_2, u, v),\end{aligned}$$

这里的 η 是一个以 w, c_1, c_2, d_1, d_2 为参数的正则函数. 令

$$Z_1 = \{z \in U|\, (u^{-1}, z) \in W_\sigma\},$$

由于 W_σ 是 $U \times U$ 的开子集, 故

$$W_\sigma \cap (\{u^{-1}\} \times U) = \{u^{-1}\} \times Z_1$$

是 $\{u^{-1}\} \times U$ 的开子集, 从而 Z_1 是 U 的开子集. 令

$$Y_2 = \{(x, y) \in W_\sigma|\, x \cdot y = f(x, y) \in Z_1 \subseteq U\},$$

则 $Y_2 = f^{-1}(Z_1)$ 是 W_σ 的开子集. 同理可证

$$Z_3 = \{x \in U|\, (wc, x), (wcx, d_1), (wcxd_1, d_2) \in W_\sigma\}$$

是 U 的开子集且

$$\tau : Z_3 \to U,\ x \mapsto wcxd$$

是一个正则双射, 故

$$\bar{\tau} = (\tau \times \mathrm{id}_U) :\ Z_3 \times U \to U \times U,\ (x, y) \mapsto (wcxd, y)$$

也是正则双射. 令

$$Y_4 = \bar{\tau}^{-1}(Y_2) = \{(x, y) | \, x \in Z_3 \wedge (wcxd, y) \in Y_2\},$$

则 Y_4 是 $Z_3 \times U$ 的开子集,从而也是 $U \times U$ 的开子集. 显然 $(u, v) \in Y_4$, 且对任意的 $(x, y) \in Y_4$, 都有

$$cxdy = \eta(w, c_1, c_2, d_1, d_2, x, y) \in U,$$

因此映射 $\theta_{(c,d)}$ 在 Y_4 上恰好是正则映射 η. 由于 (u, v) 是任意选取的, 故映射 $\theta_{(c,d)}$ 在 $U_{(c,d)}$ 上是正则的. □断言证毕

根据**断言**, 对任意的 $c \in U$, $U_{(c,\mathrm{id}_G)}$ 是 $U \times U$ 的开子集, 因此

$$\begin{aligned}(U \cap c^{-1}U) \times \{\mathrm{id}_G\} &= \{(x, \mathrm{id}_G) \in U \times U | \, x \in U, \, cx \in U\} \\ &= \{(x, \mathrm{id}_G) \in U_{(c,\mathrm{id}_G)} | \, x \in U\} \\ &= U_{(c,\mathrm{id}_G)} \cap (U \times \{\mathrm{id}_G\})\end{aligned}$$

是 $U \times \{\mathrm{id}_G\}$ 的开子集, 并且

$$L_c : (U \cap c^{-1}U) \times \{\mathrm{id}_G\} \to U \cap cU, \; (x, \mathrm{id}_G) \mapsto cx$$

是一个正则同构, 因此 $U \cap c^{-1}U$ 是 U 的开子集, 并且

$$L_c : (U \cap c^{-1}U) \to U \cap cU, \; x \mapsto cx$$

是一个正则同构. 特别地,

$$\chi_i(U_i \cap U_j) = c_i^{-1}(c_iU \cap c_jU) = U \cap c_i^{-1}c_jU$$

是 U 的开子集,而坐标转换函数

$$\chi_{ij}: U \cap c_i^{-1}c_jU \to U \cap c_j^{-1}c_iU,\ x \mapsto c_j^{-1}c_ix$$

是正则同构. 故 (G, χ_i, U_i) 是一个代数簇.

下面验证逆运算 $\tau : G \to G$ 也是正则映射, 即证明对任意的 $d \in U$ 以及 $0 \leqslant i, j \leqslant m$, 若 $(c_id)^{-1} \in c_jU$, 则存在开子集 $A \subseteq \chi_i(U_i) = U$ 使得 $d \in A$ 且 $x \mapsto c_j^{-1}x^{-1}c_i^{-1}$ 是 A 到 U 的正则同态. 根据**断言**, $U_{(c_j^{-1}, c_i^{-1})}$ 是 $U \times U$ 的开子集, 因此

$$(U \cap c_jUc_i) \times \{\mathrm{id}_G\} = U_{(c_j^{-1}, c_i^{-1})} \cap (U \times \{\mathrm{id}_G\})$$

是 $U \times \{\mathrm{id}_G\}$ 的开子集, 并且

$$B_{(c_j, c_i)}: (U \cap c_jUc_i) \times \{\mathrm{id}_G\} \to U \cap c_j^{-1}Uc_i^{-1},\ x \mapsto c_j^{-1}xc_i^{-1}$$

是一个正则同构, 从而 $U \cap c_jUc_i$ 是 U 的开子集, 并且

$$B_{(c_j, c_i)}: (U \cap c_jUc_i) \to U \cap c_j^{-1}Uc_i^{-1},\ x \mapsto c_j^{-1}xc_i^{-1}$$

是一个正则同构. 注意到 $x \mapsto x^{-1}$ 是 U 到 U 的正则同构, 故 $(U \cap c_jUc_i)^{-1}$ 也是 U 的开子集. 由于 $d^{-1} \in U \cap c_jUc_i$, 故 $d \in (U \cap c_jUc_i)^{-1}$. 显然

$$x \mapsto x^{-1} \mapsto c_j^{-1}x^{-1}c_i^{-1}$$

是 $(U \cap c_jUc_i)^{-1}$ 到 U 的一个正则映射.

接下来验证群的运算 $\sigma : G \times G \to G$ 是正则映射, 即证明对任意的 $c_id_1 \in U_i, c_jd_2 \in U_j$, 若 $c_id_1c_jd_2 \in c_kU$, 则存在开子集

$$B \subseteq \chi_i(U_i) \times \chi_j(U_j) = U \times U$$

使得 $(d_1, d_2) \in C$ 且 $(x, y) \mapsto c_k^{-1}(c_i x c_j y)$ 是 C 到 $U = \chi_k(U_k)$ 的正则同态. 根据**断言**,

$$U_{(c_k^{-1}c_i, c_j)} = \{(x, y) \in U \times U | \, c_k^{-1}c_i x c_j y \in U\}$$

是 $U \times U$ 的开子集, $(d_1, d_2) \in U_{(c_k^{-1}c_i, c_j)}$, 且

$$\theta_{(c_k^{-1}c_i, c_j)} : U_{(c_k^{-1}c_i, c_j)} \to U,\ (x, y) \mapsto c_k^{-1}c_i x c_j y$$

是 $U_{(c_k^{-1}c_i, c_j)}$ 上的正则映射. 故 σ 在 $G \times G$ 上是正则映射, 从而 (G, U_i, χ_i) 是一个代数群.

最后考虑 $\mathrm{Md}(G) > 1$ 的情形. 以上的证明表明 G^0 是代数群. 设 $g_0 G^0, \cdots, g_m G^0$ 是 G^0 的所有陪集, 其中 $g_0 = \mathrm{id}_G$ 且每个 $g_i \in G(k)$. 显然, 可定义映射

$$L_{g_i} : G^0 \to g_i G^0,\ x \mapsto g_i x.$$

赋予 $g_i G^0$ 一个代数簇结构. 对 $0 \leqslant i, j \leqslant d$, 存在 $0 \leqslant k \leqslant d$ 使得

$$g_i G^0 g_j G^0 = g_i g_j G^0 = g_k G^0.$$

需要验证

$$\gamma :\ G^0 \times G^0 \to G^0,\ (x, y) \mapsto g_k^{-1} g_i x g_j y$$

是一个正则映射. 存在 $c \in G(k)$ 以及 $d \in G^0(k)$ 使得 $g_k^{-1} g_i = c$, $g_j = c^{-1} d$. 显然, 只需验证

$$\rho : G^0 \to G^0,\ x \mapsto c x c^{-1}$$

是正则映射. 根据引理6.1.12, 存在定义在 k 上的 G^0 的稠密开子集 E 使得 ρ 在 E 上是正则映射. 存在 $d_1, \cdots, d_l \in G^0(k)$ 使得 $G^0 =$

$\bigcup_{i=1}^{l} d_i E$. 对每个 $y_0 \in d_i E$,

$$\rho(y_0) = \rho(d_i)\rho(d_i^{-1} y_0).$$

注意 $d_i E \to E$, $x \mapsto d_i^{-1} x$ 和 $G^0 \to G^0 : x \mapsto \rho(d_i)x$ 都是正则映射, 而且 $d_i^{-1} y_0 \in E$, $\rho : d_i E \to G^0$ 也是正则映射, 故 ρ 是 G^0 到 G^0 的正则映射, 即 G 的群乘法关于其代数簇结构是正则映射. 同理可验证群的逆运算也是正则映射. ■

Hrushovski-Weil 群块定理表明可定义群 G 上有一个代数群结构. 如果 G 上有两个代数群结构, 分别为 $H_1 = (G, f_i, U_i)$ 和 $H_2 = (G, g_j, V_j)$, 则 G 上的恒等映射 $\eta : x \mapsto x$ 是 H_1 到 H_2 的可定义同构. 根据命题7.1.10, η 是 H_1 到 H_2 的正则同构, 因此有下述推论.

推论 7.5.2. 设 K 的特征为 0, 则可定义群 G 上的代数群结构在正则同构的意义下是唯一的: 如果 G 上有两个代数群结构, 分别为 $H_1 = (G, f_i, U_i)$ 和 $H_2 = (G, g_j, V_j)$, 则 H_1 和 H_2 作为代数群是同构的. 如果 G, H_1, H_2 都定义在 k 上, 则 H_1 到 H_2 的代数群同构也定义在 k 上.

注 7.5.3. Pillay 应用 Hrushovski-Weil 群块定理的证明思路, 证明了该定理的 "半代数版本": 序-极小结构和 p-进数域 $\mathbb{Q}_p$ 中的可定义群具有一个可定义的流行结构 [14, 17].

参考文献

[1] Armand Borel. *Linear Algebraic Groups (GTM 126)*. Springer-Verlag, New York, 1991.

[2] Antonio J. Engler and Alexander Prestel. *Valued Fields*. Springer-Verlag, Berlin Heidelberg, 2005.

[3] Ehud Hrushovski. *Contributions to Stable Model Theory*. PhD thesis, University of California, Berkeley, 1986.

[4] Ehud Hrushovski. The Mordell-Lang conjecture for function fields. *J. Am. Math. Soc.*, 9:667–690, 1996.

[5] Ehud Hrushovski and Anand Pillay. Groups definable in local fields and pseudo-finite fields. *Israel Journal of Mathematics*, 85:203–262, 1994.

[6] Will Johnson. On the proof of elimination of imaginaries in algebraically closed valued fields. *Notre Dame Journal of Formal Logic*, 61:363–381, 2020.

[7] Angus Macintyre. On ω_1-categorical theories of fields. *Fundamenta Mathematicae*, 71:1–25, 1971.

[8] David Marker. *Model Theory: An Introduction (GTM 217)*. Springer-Verlag, New York, 2002.

[9] James Milne. A proof of the Barsotti-Chevalley Theorem. *arXiv*, 2013. arXiv:1311.6060v2.

[10] James Milne. *Algebraic Groups: The Theory of Group Schemes of Finite Type over a Field*. Cambridge University Press, 2017.

[11] Patrick Morandi. *Field and Galois Theory (GTM 167)*. Springer-Verlag, New York, 1996.

[12] Michael Morley. Categoricity in power. *Transactions of the American Mathematical Society*, 114(2):514–538, 1965.

[13] Ya'acov Peterzil, Anand Pillay, and Sergei Starchenko. Linear groups definable in o-minimal structures. *Journal of Algebra*, 247:1–23, 2002.

[14] Anand Pillay. Groups and fields definable in o-minimal structures. *Journal of Pure Applied Algebra*, 53:239–255, 1988.

[15] Anand Pillay. An application of model theory to real and p-adic algebraic groups. *Journal of Algebra*, 126:139–146, 1989.

[16] Anand Pillay. *Model Theory, Stability Theory and Stable Groups, The Model Theory of Groups (A. Nesin and A. Pillay, editors)*. Notre Dame Math. Lectures. University of Notre Dame Press, 1989.

[17] Anand Pillay. On fields definable in $\mathbb{Q}_p$. *Archive for Mathematical Logic*, 29:1–7, 1989.

[18] Anand Pillay. *Geometric Stability Theory*. Oxford Logic Guides. Oxford University Press, 1996.

[19] Anand Pillay. *Model Theory of Algebraically Closed Fields. Model Theory and Algebraic Geometry (E. Bouscaren, editor)*. Lecture Notes in Mathematics. Springer, 1998.

[20] Saharon Shelah. *Classification Theory*. North Holland, Amsterdam, 1990.

[21] Alfred Tarski. Contributions to the theory of models I. *Indagationes Mathematicae*, 57:572–581, 1954.

[22] Alfred Tarski. Contributions to the theory of models II. *Indagationes Mathematicae*, 57:582–588, 1954.

[23] Lou van den Dries. Some applications of a model theoretic fact to (semi-) algebraic geometry. *Indagationes Mathematicae (Proceedings)*, 85:397–401, 1982.

[24] Lou van den Dries. Alfred Tarski's elimination theory for real closed fields. *The Journal of Symbolic Logic*, 53:7–19, 1988.

[25] André Weil. *Basic Number Theory*. Springer-Verlag, Berlin-Heidelberg-New York, 1967.

[26] 郝兆宽, 杨睿之, 杨跃. 数理逻辑：证明及其限度（第二版）. 复旦大学出版社, 2020.

[27] 郝兆宽, 杨跃. 集合论——对无穷概念的探索. 复旦大学出版社, 2014.

索引

Abel 簇, 230
ACF, 16, 138
ACF_0, 138
ACF_p, 138
$\mathrm{acl}(-)$, 10
A-代数, 183
A-代数同构, 183
A-代数同态, 183
A-可定义部分型, 64
A-可定义完全型, 64
$\mathrm{Aut}(M/A)$, 5

本原单位根, 136
部分初等嵌入, 10
部分 n-型, 23
部分嵌入, 10
部分同构, 10
不可辨元序列, 27
不可分解的, 102
不可分多项式, 131
不可数范畴, 19
不可约分解, 145
不可约分支, 150
不可约空间, 150
不可约理想, 145

超越的, 130
超越基, 139
char, 126
重根, 130
初等等价, 15
初等类, 15
初等图, 18
纯不可分, 131
纯不可分扩张, 131
$\mathrm{cl}_{\mathrm{Zari}}(-)$, 170

代数闭包, 10, 130
代数闭域, 16, 130
代数不相关, 12

代数簇, 185
代数的, 130
代数独立, 139
代数扩张, 130
代数群, 225
大魔型, 25
单扩张, 193
单群, 106
单位根, 136
导群, 104
导子, 206
dcl(−), 10
$\mathrm{Def}_A(\mathcal{M})$, 13
$\mathrm{Def}_A(X)$, 13
$\mathbb{D}(g)$, 176
$\mathrm{Diag}_{\mathrm{el}}(\mathcal{M})$, 18
$\mathrm{Diag}(\mathcal{M})$, 18
典范, 111
典范参数, 54
典范同态, 205
Dim(−), 47
dim(−), 40
定义在 A 上, 10
$\mathbb{D}_k(g)$, 176
独立, 38
多元多项式环, 125

泛点, 73
泛型, 73

非分叉扩张, 76
非交换群, 15
$\perp$, 80
分叉独立, 80
分裂域, 132
分式域, 126
Fr, 131
Frac(−), 126
Frobenius 映射, 131
赋值环, 214

G^0, 94
Galois 扩张, 132
Galois 群, 132
根理想, 146
$[G, G]$, 104
公理, 14
公式, 6
广义初等类, 15
固定域, 132

函数域, 175
$\mathrm{Hom}(W, K)$, 196
环, 16

$\mathbb{I}_k(V)$, 164
irr(−, −), 130

基, 38
极大条件, 144
极小的, 40

降链条件, 150, 157
交换环, 16
交换群, 15
交换性质, 38
结构, 1
句子, 7

κ-饱和, 21
κ-范畴, 19
κ-齐次, 24
k-闭的, 164
k-不可约的, 164
可定义, 10
可定义闭包, 10
可定义部分型, 64
可定义单群, 106
可定义, 10
可定义连通分支, 94
可定义完全型, 64
可分代数簇, 208
可分多项式, 131
可分扩张, 131
可满足, 14
扩张, 4
$K[V]$, 175
$k[V]$, 175
k-序性质, 59
k-有理点, 222

λ-范畴, 19
λ-稳定, 60
理论, 14
理想, 127
连通的, 228
量词消去, 35
零元, 16

$\mathcal{M}_A$, 4
满足, 8
$\mathrm{Md}(-)$, 69
$\mathcal{M}$ 的理论, 14
Morley 度, 69, 72
Morley 秩, 69, 72
模型, 14
$\mathrm{MR}(-)$, 69

拟仿射代数簇, 176
拟影代数簇, 208
Noether 环, 144
Noether 空间, 150
n-维射影空间, 207
n-元素子集, 25

ω-稳定, 60

膨胀, 3
平稳的, 84
$p \otimes q$, 84
谱, 152
p-正则, 178
$\mathfrak{p}$-准素理想, 146

齐次子集, 25
嵌入, 3
强极小的, 40
强型, 90
切空间, 196
群, 15
群作用, 235

Ramsey 定理, 25
R 上的不可约多项式, 125
R 上的 n-元多项式环, 125
R 上的一元多项式环, 125
弱虚元消去, 56
$R[X]$, 125
$R[X_1, \cdots, X_n]$, 125

升链条件, 144
射影代数簇, 208
实现, 8, 23
实元, 53
双有理同构, 191
stab$(-)$, 95
stp, 90
素因子, 148
Sylow p-子群, 135

特征, 126
同构, 3
同态, 3

Δ-型, 32
φ-型, 64
V 上的函数域, 191

完备, 213
完备理论, 14
完美域, 131
完全超越理论, 73
完全 Δ-n-型, 32
完全 Δ-n-型空间, 32
完全 n-型, 23
维数, 40, 43
稳定化子, 95
无量词, 7

相互可定义, 12
相容, 14
项, 5
向量空间, 17
型可定义群, 99
$[X]^n$, 25
循环扩张, 135
虚元消去, 55
虚元, 53
序性质, 59

幺元, 16
一元多项式, 125
一致, 14
有理函数, 179
有限可公理化, 14

有限交性质, 20
有限可满足, 20, 63
有限扩张, 132
有限域, 16
域, 16, 126
预几何, 37
原子 $\mathcal{L}$-公式, 6
原子图, 18
约化, 4
约束变元, 7
域扩张, 126
蕴涵, 14

Zariski 闭包, 170
Zariski 闭子集, 156
Zariski 开子集, 156
Zariski 拓扑, 157, 185
真, 8
正 Boole 组合, 62
正公式, 213
正规扩张, 132
正则, 178
正则嵌入, 178, 186
正则态射, 186
正则同构, 178, 186
正则映射, 178, 186
直积 (代数簇), 208
忠实, 235
转换函数, 185
主理想, 127
准素分解, 147
准素理想, 145
子结构, 3
自同构, 3
自同构群, 3
自由变元, 7
自由出现, 6
坐标环, 175

图书在版编目(CIP)数据
模型论：ω-稳定理论与代数闭域/姚宁远著．上海：复旦大学出版社，2024.12. --(逻辑与形而上学教科书系列). -- ISBN 978-7-309-17590-5
Ⅰ. O141.4
中国国家版本馆 CIP 数据核字第 2024YN3766 号

模型论：ω-稳定理论与代数闭域
姚宁远　著
责任编辑/陆俊杰

复旦大学出版社有限公司出版发行
上海市国权路 579 号　邮编：200433
网址：fupnet@fudanpress.com　http://www.fudanpress.com
门市零售：86-21-65102580　团体订购：86-21-65104505
出版部电话：86-21-65642845
上海盛通时代印刷有限公司

开本 787 毫米×1092 毫米　1/16　印张 17　字数 221 千字
2024 年 12 月第 1 版第 1 次印刷

ISBN 978-7-309-17590-5/O · 753
定价：42.00 元